VOYAGE SCIENTIFIQUE

AUTOUR DE MA CHAMBRE

Paris. — Typographie HENNUYER, rue du Boulevard, 7.

VOYAGE SCIENTIFIQUE
AUTOUR
DE MA CHAMBRE

PAR

M. ARTHUR MANGIN

avec une préface-anecdote

PAR

M. PITRE-CHEVALIER

> J'ai voulu traiter la philosophie d'une manière qui ne fût point philosophique; j'ai tâché de l'amener à un point où elle ne fût ni trop sèche pour les gens du monde, ni trop badine pour les savants.
>
> FONTENELLE (Préface aux *Entretiens sur la pluralité des mondes*).

PARIS
AU BUREAU DU MUSÉE DES FAMILLES
RUE SAINT-ROCH, 29
1862

PRÉFACE-ANECDOTE.

Une opinion d'Arago. Au *Rocher de Cancale*. L'exemple et le précepte. La science est dans tout. La *pratique* de Polichinelle et celle d'Arago. Un idiot — trahi par lui-même. Le livre de M. A. Mangin.

« Une encyclopédie amusante peut entrer dans les quatre cents pages d'un livre bien fait, comme le monde entier doit tenir dans les sept mètres carrés de la chambre d'un homme d'esprit. »

Cette pensée, qui est le programme de l'ouvrage de M. Arthur Mangin, n'appartient ni à lui, ni à moi.

Je revendique seulement la forme que je viens de lui donner.

J'ai entendu le grand Arago la développer, il y a quatorze ou quinze ans, dans un dîner qu'il présidait, au *Rocher de Cancale,* et auquel j'assistais, comme membre du Comité des gens de lettres, avec MM. Victor Hugo, de Balzac, de Salvandy, Viennet, F. Wey, Méry, Gozlan et vingt autres confrères.

L'illustre oracle de l'Institut, de l'Observatoire et du Bureau des longitudes, l'éloquent auteur de l'*Astronomie populaire,* le docte et charmant causeur qui n'a point été remplacé, nous démontrait, avec sa verve intarissable, qu'une des plus hautes missions de notre siècle, et il ajoutait : une des plus faciles, est de rendre la science accessible et aimable à tout le monde.

Il joignit l'exemple au précepte, en nous enseignant tout ce que nous ignorions ou savions à demi, à propos des cent objets que nous avions sous les yeux. Un turbot nous initia de la sorte à la zoologie et aux mystères de l'Océan ; une salade, à la botanique et à l'agriculture ; un verre de champagne, à l'industrie et au commerce ; une lampe Carcel, à la mécanique et à la polarisation de la lumière ; une cafetière fumante, aux merveilles de la vapeur ; une pipe d'ambre, aux miracles de l'électricité ; un morceau de charbon de terre, à la géologie et à la minéralogie ; une tasse de café, à la chimie et à la médecine ; une boule de billard, à la physique et à la théorie des mondes, etc., etc., etc.

Moi, qui poursuis depuis vingt ans, dans le *Musée des familles*, le but qu'Arago nous proposait à tous ce soir-là, j'écoutais ses moindres paroles comme un Évangile scientifique ; — et je conçus dès lors la série de publications qu'ouvre aujourd'hui le *Voyage* de M. Arthur Mangin.

Quand le secrétaire perpétuel de l'Académie des sciences nous eut fait faire le tour de l'univers et des connaissances humaines dans notre salle à manger, je l'abordai devant la cheminée dont il avait fait sa tribune, et j'eus avec lui l'entretien suivant, dont ma mémoire n'a pas perdu une syllabe :

— Noble mission, en effet, cher maître, lui dis-je en reprenant sa thèse, — mais mission des plus difficiles pour tout autre... qu'Arago !

— Comment l'entendez-vous ? s'écria-t-il vivement.

— Pour transmettre la science, il faut être un savant; pour la faire aimer, il faut être un homme d'esprit. Or, rien de plus rare qu'un savant spirituel ou qu'un homme d'esprit savant. Le savant est, de sa nature, grave et ennuyeux; l'homme d'esprit, ignorant et léger. L'un fait craindre et fuir la vérité, l'autre propage l'erreur ou le mensonge. Je ne connais que vous en France capable de donner aux gens du monde la docte et charmante leçon que nous venons d'entendre, et que vous renouvelez deux fois par semaine à l'Observatoire; tous les mardis, à l'Académie des sciences, — et chaque année, dans l'*Annuaire du Bureau des longitudes.*

— Simple affaire de procédé! répliqua l'aimable orateur. Que les savants prennent les causeurs et les écrivains pour organes; que les écrivains et les causeurs prennent les savants pour conseils,—et le problème sera résolu, — au profit de tout le monde. Ce n'est pas plus compliqué que la pratique de Polichinelle, que Charles Nodier empruntait aux petits théâtres des Champs-Elysées. Vous savez cette piquante histoire?

Et Arago, relevant la voix, la raconta au milieu d'un chœur d'éclats de rire[1].

— Voulez-vous, conclut-il ensuite en me parlant à l'oreille, que je vous donne, comme Polichinelle à Nodier, ma pratique de l'Observatoire, pour faire comprendre et aimer la science la plus abstraite aux esprits les plus obtus et les plus futiles?

— Donnez, maître, donnez! m'écriai-je. Je passerai

[1] La voici en abrégé : Nodier avait la passion de Polichinelle, et voulait imiter son langage. Il aborde, un jour, le directeur du théâtre en plein

cette pratique à tous mes collaborateurs, — dussent-ils l'avaler les uns après les autres !

— Mon système est tout moral ; le voici en deux mots : dès ma première leçon, je choisis dans mon auditoire la figure la plus niaise, la plus stupide, — un crétin, si j'en trouve un, — et je ne le quitte pas des yeux jusqu'à la fin de mon cours. C'est à lui que j'adresse mes démonstrations les plus compliquées. Je les recommence et les répète jusqu'à ce que sa physionomie s'éclaire et me dise : « J'ai saisi la chose ! » Quand mon idiot m'a compris, je suis sûr d'être compris de tout le monde. Et voilà comment j'ai mis la science à la portée de la foule. — Tenez, ajouta-t-il en ramenant autour de lui le cercle attentif, mon cours de cette année sera le meilleur, le

vent, où ce drame éternel se joue en effet devant les enfants, les bonnes et les soldats.

— Monsieur, comment faites-vous pour donner à Polichinelle cette voix nasillarde qui fait rire de si bon cœur ?

— Rien de plus simple, monsieur, c'est la *pratique*.

— Ah ! oui, l'habitude. Il faut s'y exercer longtemps !

— Non, monsieur ! la pratique... voilà tout !

— Qu'est-ce donc que la pratique ?

— C'est ce petit instrument !

Et le directeur, Bambochinet ou Gringalet, tira de sa bouche et offrit à Nodier une lentille de fer-blanc, creuse et percée au milieu.

L'auteur des *Souvenirs de jeunesse* la prit avec ardeur, l'essaya avec conscience, et parla comme Polichinelle.

Il était ravi et ne s'arrêtait plus...

— Prenez garde ! s'écria l'homme à la baraque... Ces pratiques-là, c'est dangereux... On est sujet à les avaler...

— Bah ! est-ce que vous avez déjà avalé celle-ci ?

— Trois fois depuis deux jours !

Nodier cracha la pratique avec horreur, et s'enfuit jusqu'à l'Arsenal... Mais, chemin faisant, il en acheta une toute neuve, qu'il employait seul... et avalait à loisir.

plus amusant et le plus populaire que j'aie jamais fait.

— Pourquoi cela ? demanda Salvandy.

— Parce que j'ai avisé, — à l'ouverture, — un de ces imbéciles complets, qui sont un trésor pour moi, et que je suis parvenu à lui faire avaler déjà quatre leçons sur la lumière polarisée !

Un dénoûment sublime, — qu'eût envié Molière, — couronna le plaisant récit d'Arago.

Comme il achevait sa dernière phrase, la porte de la salle s'ouvrit, et on annonça un de ces amis des lettres connus par le style... de leurs cravates, et qui ne manquent pas une occasion de se rapprocher des notabilités parisiennes.

M. *** fit trois saluts au cénacle, — et resta pétrifié de joie devant Arago.

— Ah ! maître, s'écria-t-il, quel bonheur pour moi de vous rencontrer ici et de vous contempler face à face ! Vous me reconnaissez sans doute ! je suis cet auditeur assidu de vos cours que vous ne quittez pas des yeux, depuis un mois, à l'amphithéâtre de l'Observatoire !

Vous imaginez l'immense éclat de rire de l'assistance, — dans laquelle figuraient les trois hommes d'Etat du *Charivari !*

M. *** ne comprit rien à cette *polarisation du rire,* — mais il pressa avec effusion la main du grand Arago.

En donnant à M. Arthur Mangin le sujet de son *Voyage scientifique autour de ma chambre*, je lui ai raconté cette anecdote instructive, et je lui ai communiqué la pratique de l'incomparable professeur.

Elle lui réussira d'autant plus sûrement, qu'il n'en avait pas besoin près de ses lecteurs,— entre lesquels il chercherait en vain un M. ***.

Il a réellement fait le tour du monde dans sa chambre, et rattaché à son mobilier l'encyclopédie moderne, l'encyclopédie à la fois exacte et amusante.

Géographie, histoire, calorique, force et mouvement, physique dans l'art de fumer, éléments anciens et nouveaux, air et physiologie, histoire naturelle, thermomètre et baromètre, minéralogie et géologie, vapeur et électricité, chimie et alchimie, astronomie et philosophie, etc., etc., voilà tout ce que vous apprendrez, sans effort et sans fatigue, en vous promenant avec l'auteur dans sa chambre, — qui est la vôtre, — en tisonnant avec lui, en inspectant sa cheminée, ses meubles, son musée, sa bibliothèque, sa table de travail et sa table à manger.

Ses enseignements sont précis, gracieux et faciles. « Le conte fait passer le précepte avec lui. » La vérité se pare des ornements de la fable. L'anecdote s'épanouit en souriant, comme la fleur, — sur l'arbre de la science, et la fille d'Ève la plus scrupuleuse y cueillera le fruit du bien, sans y jamais trouver le fruit du mal.

Nous présentons le livre de M. Mangin à la jeunesse, aux femmes, aux gens du monde, aux savants et aux lettrés, aux enfants grands et petits, à la famille entière, en un mot, — comme un des plus grands services et un des plus précieux trésors que puisse leur offrir un savant doublé d'un homme aimable.

Après avoir charmé le salon, le cabinet et la chambre, le *Voyage scientifique* rejoindra dans la bibliothèque, pour en revenir souvent au coin du feu, les ouvrages populaires d'Arago et le *Voyage autour de ma chambre,* de Xavier de Maistre.

En empruntant au premier sa science et sa *pratique ;* — au second, son titre et son *humour;* à son dévoué confrère, son programme et son but, M. Mangin a su écrire un livre original, nouveau, marqué de son cachet, — qui est bien à lui, — et qui couronnera son nom en complétant son talent.

PITRE-CHEVALIER.

Vue générale de mes États.

AVANT-PROPOS

Le titre de ce livre rappellera d'abord au lecteur un opuscule célèbre, sorti d'une plume étrangère, et compté néanmoins parmi les chefs-d'œuvre de la littérature française. Je ne me défends point (et je m'en expliquerai tout à l'heure) d'avoir emprunté à Xavier de Maistre l'idée de chercher dans ma chambre des sujets de causerie scientifique, comme il a cherché dans la sienne des prétextes de dissertations tantôt philosophiques, tantôt plaisantes ou sentimentales. Mais là se borne l'imitation. Je sais bien que cette idée, si merveilleuse et si féconde en sa simplicité, est à elle seule un trait de génie, et aussi m'empressé-je d'en reporter le mérite à son auteur; quant au parti que j'en ai pu tirer, à moi seul en revient la responsabilité. Hormis la manière de voyager, on ne trouvera, je le répète, rien de commun entre le voyage de Xavier de Maistre et le mien; — je devrais dire le nôtre, car, plus heureux que le spirituel écrivain, j'ai eu le plaisir de voyager en compagnie et de remplir le rôle de *cicerone*, rôle toujours agréable et flatteur lorsqu'il s'agit de faire à un étranger les honneurs d'un domaine dont on est le maître souverain, et de lui en montrer toutes les richesses.

Il y a encore bien d'autres différences capitales entre les deux voyages. Ainsi, ce fut, on se le rappelle, un arrêt de ses chefs qui, à la suite d'une affaire d'honneur, força le comte de Maistre à *voyager dans sa chambre* pendant quarante-deux jours, ni plus, ni moins, au lieu de se promener partout ailleurs. Sans cette heureuse malencontre, la littérature compterait un chef-d'œuvre de moins — ce qui montre une fois de plus, soit dit en passant, combien le docteur Pangloss avait raison de soutenir que tout est pour le mieux dans le meilleur des mondes. — Quant à moi, qui ne suis point militaire, qui n'ai point de chefs, qui ne me suis pas encore battu en duel et n'ai jamais encouru de peine judiciaire ou disciplinaire, il n'eût tenu qu'à moi de prendre un omnibus, un fiacre ou un chemin de fer, et de m'en aller visiter quelque pays lointain, comme Belleville, Vaugirard, Asnières,

Argenteuil ou Saint-Denis. Si à ces excursions aventureuses j'ai préféré la paisible exploration de mon domicile, je n'ai obéi en cela qu'à un acte libre de ma volonté, provoqué, non par le besoin d'échapper à l'ennui, mais par le désir d'être utile : je dirai bientôt à qui et dans quelle occasion. Enfin, notre voyage n'a duré qu'une journée, et dans ce court espace de temps, j'ai vu et fait voir à mon hôte une foule de choses intéressantes, auxquelles mon illustre devancier ne songea pas le moins du monde.

La raison de ceci est simple. Premièrement, le lieu que nous avons visité, mon compagnon et moi, diffère, sous le rapport géographique et topographique, de celui dont M. de Maistre nous a laissé la description. Deuxièmement, soixante-six années, — et quelles années ! — se sont écoulées depuis l'époque où fut exécuté le premier voyage autour d'une chambre ; les hommes et les choses, les idées et les mœurs, les arts et les sciences, tout s'est renouvelé dans cet intervalle. Troisièmement, — abstraction faite du temps et du lieu, — une chambre, — j'entends une chambre quelconque, comme en ont tous les gens instruits et bien élevés, — est, sans contredit, le pays de la terre le plus vaste, le plus varié dans ses aspects, le plus curieux et le plus instructif à considérer pour un voyageur tant soit peu intelligent. Toutes les découvertes, toutes les observations, toutes les études y sont possibles. On y peut trouver les choses les plus étonnantes et les plus rares aussi aisément que les plus vulgaires, pourvu, bien entendu, qu'on veuille se donner la peine de les y chercher. Combien de grands hommes, sans sortir de leur chambre, ont appris et enseigné des vérités que n'ont pas entrevues les navigateurs les plus intrépides et les plus infatigables! On croit communément que Christophe Colomb découvrit l'Amérique en franchissant l'Océan atlantique avec ses vaisseaux. C'est une erreur. Les vastes et riches contrées qu'il voulait donner à l'Espagne lui étaient déjà connues lorsqu'il entreprit cette périlleuse traversée, et c'est dans sa chambre qu'il les avait réellement découvertes. Mais, dites-moi, lecteur, quoi de plus beau, de plus grand, de plus digne d'admiration que les découvertes des géologues et des paléontologues? L'histoire du monde physique n'a point pour eux de secrets. Ils savent sur le bout du doigt tous les états par lesquels notre globe a passé avant d'arriver à celui où nous le voyons; quelles révolutions il a subies, quels végétaux l'ont couvert, quels animaux l'ont habité.

à chacune des phases de sa création. Le dessin et la peinture peuvent, grâce à eux, reproduire avec exactitude, non-seulement la disposition des couches intérieures du globe jusqu'à ses profondeurs les plus inaccessibles, mais ses aspects et, si je puis ainsi dire, ses vêtements successifs, ses paysages mornes ou riants, grandioses ou bizarres, et les arbres gigantesques et les bêtes monstrueuses qui ont peuplé tour à tour ses mers, ses fleuves, ses forêts et ses montagnes. Et, je vous le demande, où donc et comment les savants ont-ils vu tout cela? Un dieu leur a-t-il donné le miraculeux privilége de pénétrer au fond des abîmes terrestres, de remonter l'incommensurable échelle des âges et d'assister à tous les actes, à tous les tableaux du grand drame cosmogonique, comme dans une loge de la Porte-Saint-Martin nous assistons aux changements à vue d'une pièce féerique? Point du tout. C'est dans leur chambre ou dans leur cabinet qu'ils ont vu ces merveilles; c'est là que la Nature leur a révélé ses secrets!

Xavier de Maistre se souciait peu du système de l'univers et des métamorphoses de la matière. Il voulait se désennuyer; il y est parvenu, s'il faut l'en croire, et il a réussi, en outre, à charmer un nombre incalculable de lecteurs. Son voyage, pourtant, n'a été qu'une flânerie d'homme d'esprit; mais il a rencontré sur son chemin d'heureuses inspirations, des idées originales, de gracieux souvenirs, et le tout, exposé dans un style vraiment littéraire, peut passer à bon droit pour une des plus agréables fantaisies de l'atticisme moderne.

Supposez maintenant qu'un philosophe, un historien, un naturaliste, un physicien, un chimiste, se soient avisés aussi d'entreprendre, sous l'influence de leurs préoccupations respectives, un voyage autour de leur chambre, et d'en publier les résultats. L'ensemble de ces récits formerait une encyclopédie où toutes les branches des connaissances humaines seraient passées en revue.

Donc on peut, en restant chez soi, et dans un espace de quelques mètres carrés, parcourir le monde entier, dans le présent et dans le passé. Tout dépend du point de vue où l'on se place, du but qu'on se propose et du parti que l'on sait tirer des ressources dont la Fortune vous a gratifié. Voilà surtout l'incomparable avantage de cette manière de voyager, si commode d'ailleurs, si peu coûteuse, exempte de périls et de fatigues, et bien faite pour tenter tous ceux chez qui l'amour du repos et de la retraite n'exclut pas le désir de s'instruire et de se rendre utiles. Un autre avantage, qui ressort manifestement des considérations ci-dessus, c'est qu'on peut refaire vingt fois, de vingt manières différentes, ce même voyage, sans se répéter soi-même, et sans s'exposer à l'accablant reproche de plagiat. Au contraire, la renommée que s'est acquise Xavier de Maistre en « ouvrant cette nouvelle carrière, » est une garantie de succès pour ses imitateurs; car s'il est glorieux de donner de bons exemples, il y a encore du mérite à les suivre. Ce mérite est le seul auquel je prétende.

VOYAGE SCIENTIFIQUE

AUTOUR DE MA CHAMBRE

INTRODUCTION.

Aperçu géographique et géologique de ma chambre. — Sa situation, son étendue, ses limites. — Nature du sol. — Flore et faune. — Climat. — Population et gouvernement. — Industrie et commerce. — Etablissements remarquables. — Encore quelques mots au lecteur.

Ma chambre est située par 0°,0′ de longitude et 48°,52′ de latitude nord. Son altitude est de 16m,23 au-dessus du sol, et, autant que je l'ai pu calculer approximativement, de 45 mètres au-dessus du niveau de la mer. Elle fait partie de l'étage tertiaire d'une de ces montagnes artificielles à formes plus ou moins régulières, que les hommes civilisés construisent et alignent de chaque côté des rues, et qu'ils nomment des maisons. Sa superficie est de 5 mètres de large sur 7 mètres de long, soit 35 mètres carrés.

Elle est bornée au nord et au sud par des cloisons formées de fragments réguliers alumino-siliceux, réunis par un ciment gypseux, ou, — pour parler le langage des gens ignorants, — de briques mastiquées avec du plâtre. C'est du moins ce que j'ai lieu de supposer, d'après les sondages que j'ai pratiqués en quelques points de ces cloisons, au moyen de clous. Le mur qui la borne à l'ouest est évidemment calcaire, c'est-à-dire composé d'assises de carbonate de chaux. Deux fenêtres de dimensions ordinaires donnent vue de ce côté sur un petit jardin flanqué de maisons à droite et à gauche, mais fermé, en face des fenêtres, par une simple grille qui s'ouvre sur la rue. Le quatrième mur, qui borne la chambre au levant, communique par une porte avec une antichambre, et de là, par une seconde porte, avec l'escalier de la maison.

On voit qu'aucun des grands Etats de l'Europe n'est pourvu de frontières naturelles qui puissent aussi bien le garantir, sans le secours d'aucun fort et sans artillerie, contre toute entreprise hostile de la part des Etats limitrophes. Aussi n'ai-je eu jamais le moindre démêlé avec mes voisins, et j'espère démontrer par une expérience concluante que les idées de l'abbé de Saint-Pierre et des amis de la paix ne sont pas tout à fait chimériques. Le sol de ma chambre consiste en une stratification ligneuse sans indice de carbonisation, et ne saurait, par conséquent, être assimilé aux lignites, qui appartiennent à des terrains de formation ignée très-ancienne. Au contraire, l'état de conservation remarquable du sol atteste évidemment une formation récente, de beaucoup postérieure à la dernière révolution de notre globe. Comme on n'y trouve pas, du reste, la moindre trace de terre végétale, la flore du pays serait absolument nulle, si la terrasse qui s'étend au dehors, sur une longueur égale à celle de la chambre et sur une largeur de 1 mètre, n'avait été transformée à grands frais en un jardin qui rappelle ceux de la reine Sémiramis.

Un treillage de bois, peint en vert, s'élève à hauteur d'homme contre la balustrade. Des caisses également peintes en vert, de 35 centimètres de largeur et autant de profondeur, règnent sur les trois côtés extérieurs de la terrasse. De la terre qui les remplit s'élancent des capucines, des pois de senteur et des liserons, qui grimpent et s'enlacent à qui mieux mieux dans les mailles du treillage, et forment, devant les fenêtres, un rideau de verdure et de fleurs. En avant de cette haie délicate croissent des pensées, des résédas, des bruyères, des géraniums, des arbustes, et même deux arbrisseaux, qui occupent chacun un des coins du balcon. Ces arbrisseaux seraient des géants en pleine terre et en pleine campagne. Ici, hélas ! ce sont de pauvres nains dont je serai obligé de me défaire lorsqu'ils s'aviseront de prendre le développement auquel la nature les a destinés. L'un est un marronnier rose et l'autre un peuplier. Ils ont tous deux le même âge : treize ans bientôt, et je ne vois pas arriver sans chagrin l'instant où il faudra m'en séparer. On saura leur histoire si l'on veut bien lire le chapitre VI de la relation de mon voyage.

Quant à la faune, elle est, je dois l'avouer, encore plus pauvre que la flore. Le règne animal est représenté chez moi par un seul et unique individu de la classe des mammifères, groupe des onguiculés, ordre des carnassiers, famille des carnivores, tribu des digitigrades, genre des *féliens* ou *félidés*, — en un mot, par un chat (*felis catus*), puisqu'il faut l'appeler par son nom ; — beau spécimen de l'espèce domestique, et non moins recommandable par la douceur et la régularité de ses mœurs que par l'ampleur de ses proportions et la beauté de sa robe épaisse et moelleuse. Je ne crois pas devoir mentionner parmi les animaux propres à la contrée les mouches importunes qui la hantent pendant l'été, et les araignées qui parfois réussissent à s'installer pour un temps dans les coins obscurs et retirés où le balai et le plumeau pénètrent difficilement. Le climat est d'une grande douceur, plutôt chaud que tempéré, grâce à l'heureuse position de la chambre, aux murs qui de toutes parts la garantissent contre les vents, et aux moyens artificiels par lesquels on parvient à conjurer les rigueurs de l'hiver. Il n'y pleut jamais que lorsque, par le mauvais temps, on oublie de fermer la fenêtre. La population est de un habitant, d'après le dernier relevé statistique. Cela explique comme quoi la constitution est à la fois monarchique et démocratique absolue. L'unique habitant jouit d'un pouvoir illimité sur tout ce qui se trouve dans le pays ; il exerce librement et souverainement les pouvoirs législatif et exécutif, traite directement avec les puissances étrangères et résume en lui seul toutes les prérogatives, fonctions et attributions du prince, du peuple et de la garde nationale (il n'y a ni armée ni marine). Je n'hésite pas à affirmer que c'est là le plus parfait de tous les gouvernements, et que dans un tel Etat les révolutions et les troubles civils ne sont nullement à craindre. Car on ne saurait assimiler à ces calamités des grands empires les quelques velléités d'insubordination que j'ai eu quelquefois à réprimer chez mon unique sujet ou esclave *Mitis,* le chat dont j'ai parlé ci-dessus.

L'industrie et le commerce sont florissants; les lettres, les sciences et les arts sont cultivés autant que le permettent les faibles ressources du pays. Les exportations consistent exclusivement en papier noirci, et les importations en papier blanc, encre, plumes, livres, effets à usage, sucre, café, chocolat, houille, tabac fabriqué, etc. Le système des monnaies, poids et mesures, est le système décimal. Il n'y a point de douanes. Les étrangers sont accueillis avec une bienveillance hospitalière, sans avoir besoin de montrer leur passe-port. Ils sont admis à visiter les monuments et curiosités de l'endroit, tels, par exemple, qu'une bibliothèque de 450 volumes, une galerie de tableaux et d'estampes estimée ensemble à une valeur d'au moins 50 francs, et un musée d'histoire naturelle renfermant une demi-douzaine de coquillages, autant d'échantillons de minéralogie, trois oiseaux empaillés et une vipère conservée dans l'esprit-de-vin.

Vous voyez, lecteur, que ma chambre n'est pas un Etat sans importance, et qu'il y a quelque gloire à en être le souverain — ou le citoyen (je vous laisse le droit de me décerner celui de ces titres qui sera le plus conforme à vos opinions politiques).

Mon amour-propre national s'est surtout exalté depuis le voyage que je fis récemment dans mon domaine, et qui m'y a fait découvrir une multitude infinie de choses qu'auparavant je n'aurais jamais imaginé d'y pouvoir trouver. Mes nombreux amis ont pensé que le récit de cette mémorable exploration serait d'une grande utilité pour le monde civilisé; c'est à leur pressante sollicitation que je me suis décidé à l'écrire et à le publier. Je me plais à espérer que mes contemporains m'en seront reconnaissants, et que la postérité ne me refusera pas une place parmi les bienfaiteurs du genre humain.

CHAPITRE I.

Arrivée d'un jeune étranger dans mes Etats. — Quelques mots indispensables touchant ce jeune homme, sa famille et ses antécédents. — Considérations sérieuses sur l'éducation de la jeunesse et sur les lettres et les sciences. — Mon visiteur se décide à entreprendre avec moi, pour son instruction, un voyage autour de ma chambre.

On est généralement très-peu soucieux des choses même les plus précieuses et les plus admirables, alors qu'on les a sous la main et qu'on en peut user à son gré. Ainsi, les gens du monde qui connaissent le moins les curiosités de Paris, ce sont les Parisiens. Ceux-là seuls les ont visitées, qui se sont trouvés dans l'obligation de les faire voir à des parents ou à des amis venus de la province. Encore ne les ont-ils regardées que d'un œil distrait, comme s'ils eussent été rassasiés de les voir; et la plupart meurent dans l'ignorance finale des merveilles dont l'univers leur envie la jouissance.

Ma chambre était pour moi, comme Paris pour les Parisiens, un pays que je savais par cœur, — sans le connaître à beaucoup près aussi bien que ce savant, — dont le nom m'échappe, — connaissait l'Egypte, où il n'était allé de sa vie. J'aurais affirmé pourtant qu'elle ne renfermait rien qui ne me fût familier; j'aurais pu énumérer tous les objets y inclus sans en oublier un seul, et en indiquant avec exactitude la place de chacun; je serais allé les yeux bandés du lit à la cheminée, du bureau à l'une ou l'autre des deux fenêtres, de la bibliothèque au musée... Plus de cent fois j'en avais fait les honneurs à des étrangers de distinction, dont je m'étais efforcé d'attirer l'attention sur tout ce que je croyais posséder de présentable. Aveugle que j'étais ! je n'avais jamais vu et montré que des choses banales que le premier venu pouvait voir comme moi dans ma chambre ou dans la sienne ; je ne connaissais de mes biens que la partie matérielle, vulgaire, insignifiante ; ma véritable richesse, mes trésors scientifiques m'avaient échappé comme une pépite d'or cachée dans une gangue grossière ! Voici à quelle occasion leur existence me fut soudain révélée, et comment je fus assez heureux pour les étaler aussitôt aux yeux étonnés d'un visiteur qui, bien moins encore que moi, s'attendait à de pareils enchantements.

J'avais, un matin, tout disposé pour commencer un travail de quelque importance. Un bon feu flambait dans la grille de ma cheminée. L'air était encore chargé de la brume odorante produite par la combustion d'une double dose de tabac dans mon calumet en racine de bruyère. Maître Mitis, subissant l'effet narcotique de cette copieuse fumigation, dormait sur son coussin comme un pacha saturé d'opium. Les livres que je pouvais avoir à consulter étaient posés sur mon bureau auprès d'une demi-rame de papier parfaitement vierge. Après m'être assis bien à l'aise, enveloppé dans ma robe de chambre, et m'être recueilli quelques instants, je venais de saisir ma plume et de la tremper dans l'encre, lorsqu'un coup de sonnette inusité vint arrêter soudain ma verve prête à se faire jour. Je ne pus réprimer un geste de dépit, et peu s'en fallut que je ne proférasse une malédiction violente à l'adresse de l'importun qui venait si mal à propos paralyser mes dispositions laborieuses. Mitis donna comme moi des signes non douteux de mécontentement. Ses yeux d'émeraude s'ouvrirent à demi, son museau se plissa, ses mâchoires, dilatées par un bâillement nerveux, laissèrent voir sa langue rose et ses dents blanches ; ses pattes se roidirent et ses ongles aigus sortirent un moment de leur gaîne ; mais, réfléchissant aussitôt, j'imagine, que le visiteur ne pouvait avoir affaire à lui, et que j'étais là pour le recevoir, il replia doucement ses pattes dans la fourrure blanche de son ventre, rentra son museau dans son épaisse cravate et reprit son sommeil à peine interrompu.

Cependant mon ministre du commerce et des affaires extérieures, — c'est ma bonne que je veux dire, —

avait ouvert au survenant et, après quelques pourparlers, s'était décidée à le laisser pénétrer dans l'antichambre. Je vis bien qu'il fallait me résigner à le recevoir et j'essuyai ma plume en soupirant.

Deux petits coups timides furent frappés à ma porte. Je dis : Entrez. On entra.

C'était un jeune homme de dix-huit ans environ : taille moyenne, bonne tournure, physionomie ouverte et intelligente, linge blanc, gants frais, bottes vernies, tenue irréprochable. Il me sembla, dès l'abord, que son visage ne m'était pas inconnu, et en rassemblant mes souvenirs j'eusse pu lui dire moi-même qui il était et d'où il venait. Il ne m'en laissa pas le temps ; après m'avoir salué en m'adressant la question invariable : « — Est-ce à M. A*** que j'ai l'honneur de parler? » il me tendit une lettre dont les premières lignes m'épargnèrent tout effort de mémoire.

— Eh ! pardieu, m'écriai-je en lui tendant la main, vous êtes Édouard X***. Que ne le disiez-vous tout de suite! Soyez le bienvenu, et pardonnez-moi de ne vous avoir pas reconnu d'abord. Voilà quelque quatre ou cinq ans que je ne vous ai vu. Au lieu de l'élégant costume civil que vous portez aujourd'hui, vous aviez alors l'uniforme du lycée d'Angoulême, et puis vous êtes à l'âge où l'on change beaucoup en peu de temps. Asseyez-vous et permettez-moi de lire la lettre de votre père.

Il est bon de vous dire, lecteur, que X*** est un de

mes anciens camarades d'études. Plus âgé que moi de quelques années, et marié fort jeune, il alla s'établir, il y a une vingtaine d'années, à Angoulême, sa ville natale, où son père, en mourant, lui laissait une usine importante à diriger et quelques propriétés à administrer. Homme instruit et actif, X*** se mit promptement au fait de ses nouvelles occupations, dont le côté scientifique lui offrait un moyen d'utiliser les connaissances qu'il avait acquises. Il partagea son temps et ses soins entre son usine, ses fermes et ses champs, améliora les procédés de fabrication et de culture, et fit si bien qu'en quelques années il devint à la fois un des plus riches industriels de la ville et l'un des plus opulents propriétaires des environs. Les honneurs sont venus à la suite de la fortune, comme il arrive d'ordinaire. X*** a dû accepter, bon gré, mal gré, les fonctions d'adjoint au maire, de conseiller général, de président de deux ou trois Sociétés. Aussi, comme il prend tout cela au sérieux, autant et plus que ses propres affaires, je vous défie de trouver en France un homme aussi accablé de travaux de toute sorte. Il a donc dû confier à sa femme le soin de diriger l'éducation de leur fils. Mme X*** a fait pour le mieux; mais une mère est toujours faible et ne s'entend guère aux études classiques; elle a laissé le jeune homme suivre ses goûts, qui, contrairement aux désirs du père, le portaient vers les lettres et l'éloignaient de tout ce qui s'appelle science. Heureusement encore, Édouard est un bon sujet, qui, se sachant riche, a néanmoins consenti sans trop de difficultés à suivre honnêtement ses classes jusqu'au bout. Il est sorti du collége avec un certain vernis d'*humanité*, mais ne sachant pas un mot de science, et déclarant que jamais il ne pourrait consentir à jeter les yeux sur un livre de physique ou de chimie ; grave sujet de chagrin pour son père, qui compte lui laisser la propriété et la gestion de ses entreprises industrielles et agricoles, et qui pense d'ailleurs, non sans raison, selon moi, qu'au siècle où nous sommes la richesse, pour un homme intelligent et qui comprend ses devoirs, n'est pas un moyen de ne rien faire, mais un instrument de travail.

— Je ne te demande point, a-t-il dit à son fils, de devenir un savant en *us,* ni d'arriver à l'Académie des sciences; mais il faut être de son temps, et ce serait pour moi un cruel chagrin de penser qu'après moi tu vendras mon usine, faute de savoir ce qu'il faut pour la diriger. Ah! si j'avais le temps, je me chargerais bien de te montrer que les études scientifiques ne sont pas si rebutantes que tu te l'imagines ; mais je n'ai pas un instant à moi, et je ne pourrai me donner un peu de répit que quand tu seras capable de me remplacer de temps en temps. Voyons ! tu es jeune, tu as besoin de voir le monde, de te former, — mon Dieu, je comprends cela ! — Veux-tu aller passer une couple d'années à Paris, en me promettant d'y bien employer ton temps? Je ne te défends pas de t'amuser, mais il faut travailler aussi. Tu suivras des cours, — des cours de sciences, s'entend, — au Muséum, à la Sorbonne, à l'Ecole de médecine, au Collége de France. Tu verras que ce n'est pas ennuyeux, et je suis sûr que tu y mordras. On prétend que les jeunes gens se perdent à Paris... bah ! les mauvais sujets, je ne dis pas, c'est-à-dire ceux qui se perdraient n'importe où ; mais j'ai confiance en toi, tu es un garçon raisonnable et tu me promets de ne pas faire de sottises, n'est-ce pas?

— Je vous le promets, mon père.

— Bon, cela me suffit. Au surplus, tu trouveras là notre ami A***, qui te donnera de bons conseils, te guidera à travers les écueils de la grand'ville, et t'indiquera les bonnes sources où va s'abreuver la jeunesse studieuse. Est-ce dit?

Le jeune homme avoua qu'il serait bien aise de goûter un peu de la vie parisienne, et renouvela sa promesse de mettre son séjour dans la capitale à profit pour son instruction.

Huit jours après, il prenait le chemin de fer, et le lendemain de son arrivée il se présentait chez moi, comme on vient de le voir, — ce qui était déjà d'un excellent augure pour sa conduite à venir. La lettre qu'il me remit de la part de son père contenait l'exposé des faits que je viens de résumer ; X*** me priait, en terminant, d'être le Mentor et le protecteur de son fils.

« Je compte beaucoup sur vous, me disait-il, pour le faire revenir de ses injustes préventions à l'égard de la science. Vous trouverez, j'en suis sûr, des arguments victorieux pour le décider à tremper ses lèvres dans la coupe dont l'amertume imaginaire lui a causé jusqu'à présent une répugnance qu'il croit insurmontable. »

— Connaissiez-vous, en venant ici, demandai-je à mon visiteur, le contenu de cette lettre?

— Oui, monsieur, répondit le jeune homme; mon père me l'avait lue.

— Ainsi, sachant que je suis chargé par votre père de vous convertir au culte de la science, vous êtes venu bravement au-devant de mes sermons? A la bonne heure! cette preuve de docilité et de sagesse m'assure que ma tâche sera facile; car c'est être à moitié converti déjà que de chercher la conversion. Causons donc un peu, mon cher néophyte, et dites-moi d'abord d'où vient votre antipathie contre la science.

Cette question parut embarrasser mon interlocuteur.

—Voyons, lui dis-je, qu'avez-vous appris au collége?

— Mais tout ce qu'on apprend dans la section des lettres.

— Ah! oui. Depuis qu'un ministre, — auquel Dieu fasse paix, —a inventé et appliqué aux études universitaires l'ingénieux procédé de la bifurcation; depuis que les lycées et colléges ont été divisés en deux compartiments, et qu'on a écrit sur la porte de l'un : *côté des lettres;* sur la porte de l'autre : *côté des sciences,*— vous êtes entré au côté des lettres?

— Oui, monsieur.

— Je suis loin de vous en blâmer ; puisqu'il vous fallait opter, vous avez bien fait de commencer votre instruction par de bonnes études littéraires, et de ne pas écouter les barbares qui, depuis quelques années, se sont mis à les décrier, sous prétexte qu'elles sont inutiles. Inutiles! La connaissance des langues anciennes et des chefs-d'œuvre qu'elles ont produits, inutile! L'histoire de la Grèce et de Rome, inutile! Le sentiment du beau, l'éloquence, la poésie, l'art, les œuvres d'Homère, de Virgile, de Sophocle, d'Aristophane, de Térence, d'Hérodote et de Platon, de Cicéron et de Tacite, — tout cela inutile! Et notre grande et belle littérature du dix-septième et du dix-huitième siècle : inutile aussi, sans doute! — Non, non, mon ami, il y a autre chose au monde, pour les esprits élevés, que le commerce et l'industrie, autre chose même que la science. Je vous félicite de l'avoir compris, et je félicite votre bonne mère de ne pas avoir arrêté l'élan de votre jeune imagination. Cet élan, sans que vous en eussiez conscience, vous a conduit dans la bonne voie. Vos études littéraires ont formé votre goût, développé votre intelligence, exercé votre entendement; elles vous ont admirablement préparé à tout apprendre, mais il s'en faut de beaucoup qu'elles vous aient tout appris.

Cette improvisation, véhémente dans la forme, insinuante dans le fond, où je commençais par louer mon auditeur de ce qu'il avait fait, pour l'amener doucement à comprendre ce qui lui restait à faire, produisit l'effet que j'en attendais.

— Il est vrai, monsieur, me dit-il, que je suis encore bien ignorant ; mais qu'y faire ? Croyez-vous vraiment qu'*à mon âge* je puisse passer brusquement, des études si attrayantes et si élevées dont je me suis nourri pendant plusieurs années, aux objets si arides et, pour moi du moins, si rebutants, — il faut dire le mot, — dont se compose ce vaste ensemble de connaissances qu'on nomme la science ?

— Vous parlez de votre âge, mon ami, répondis-je en souriant, comme si votre âge n'était pas précisément celui où la flexibilité, l'élasticité de l'intelligence permettent d'opérer sans fatigue et avec un profit certain l'évolution dont il s'agit. Quant aux épithètes que vous appliquez aux études scientifiques, permettez-moi d'en contester la justesse, et dites-moi comment, n'ayant pas encore abordé ces études, vous pouvez être fondé à les déclarer incompatibles avec les tendances et les habitudes de votre esprit. Vous me faites un peu l'effet d'imiter en cela les enfants qui s'imaginent ne pouvoir souffrir tel ou tel mets, dont ils n'ont jamais goûté.

Comme Edouard cherchait en vain une réplique à cet argument *ad rem* et *ad hominem*, je continuai :

— Si la science vous semble aride, effrayante, c'est que vous ne la connaissez que par les traités classiques, dont le style sèchement démonstratif, hérissé çà et là de chiffres et de formules, vous a fait méconnaître le caractère grandiose, élevé, je puis même dire poétique, de la science. Vous ne pouvez assurément contester son immense utilité; vous ne pouvez nier qu'elle ne pénètre chaque jour plus intimement jusque dans les moindres détails de la vie sociale et de la vie privée; qu'elle ne soit la source de toutes les heureuses créations, de tous les progrès matériels dont vous profitez à chaque instant. Mais ce mérite visible et palpable, qui vous force à l'estimer, ne suffit point à vous la faire aimer; vous ne seriez pas même éloigné de lui imputer à crime les préoccupations, trop positives peut-être, qui dominent aujourd'hui beaucoup de personnes, et qu'on l'accuse à tort d'avoir engendrées. Vous ignorez que la science est le vrai poëme de la nature, dont elle nous enseigne les lois et nous révèle les secrets; que, loin de dessécher les cœurs bien nés, elle les ouvre à toutes les nobles pensées; qu'elle est le talisman magique de la puissance humaine, et que chacun de ses pas est marqué par une conquête nouvelle du génie libre de l'homme sur les forces aveugles auxquelles obéit la matière.

Mon auditeur était visiblement ébranlé. Il me restait cependant à vaincre en lui un dernier préjugé.

— Oui, me dit-il, la science doit être, en effet, une grande et belle chose ; mais sa grandeur même est maintenant ce qui m'effraye ; et s'il est vrai que, pour être poëte, il faut, comme l'a dit Boileau, « avoir reçu du Ciel l'influence secrète, » il faut, à plus forte raison, pour entreprendre de devenir un savant, se sentir doué de facultés bien supérieures à celles du commun des mortels, et entraîné par une vocation toute spéciale. Comment, sans cela, s'élever à la conception de tant de lois, à l'intelligence de tant de phénomènes ? Comment ne pas s'égarer au milieu de cette multitude de faits et de détails dont aucun ne peut être négligé impunément ?

— Entendons-nous, s'il vous plaît. Il faut sans doute, pour s'illustrer dans la carrière des sciences, une vocation et des capacités exceptionnelles. Mais on peut savoir les mathématiques sans être un Descartes, un Pascal, un Lagrange ; l'astronomie, sans être un Newton ou un Laplace ; la chimie, sans être un Lavoisier, un Berzélius, un Gay-Lussac ; l'histoire naturelle, sans être un Buffon, un Cuvier ou un Geoffroy Saint-Hilaire. En un mot, parce qu'on veut être un homme instruit, ce n'est pas à dire qu'on doive aspirer à prendre rang parmi les maîtres de la science. Le monde, — je parle du monde éclairé, intelligent et distingué dont vous faites partie, — le monde ne vous en demande pas tant ; mais il demande qu'ayant eu entre les mains tous les éléments d'une éducation complète, vous sachiez montrer au besoin le profit que vous avez tiré de ce précieux avantage.

Quant aux difficultés que vous redoutez, elles sont à peu près nulles au début, et il existe à cet égard, entre les lettres et les sciences, une différence profonde, tout à l'avantage de celles-ci. En effet, tandis que, dans les premières, les commencements sont toujours fastidieux; tandis qu'il faut avoir fait, à travers le dédale des règles grammaticales, un long et pénible chemin pour arriver au point où commence l'art littéraire proprement dit, et s'être bourré la tête de mots avant de rencontrer des idées, c'est l'inverse qui a lieu dans les sciences, surtout dans les sciences physiques. Celles-ci parlent tout d'abord à l'imagination et à la raison; elles offrent à l'esprit une foule de satisfactions vives, et l'on se trouve amené insensiblement aux difficultés, qui, loin alors de rebuter la curiosité, ne font que la stimuler. En résumé, je ne crains pas de l'affirmer : pour quiconque aime à s'instruire et à faire usage de ses facultés pensantes, l'étude des sciences, considérées dans leurs éléments, dans leurs principes généraux, dans leurs applications et dans leur histoire, n'est pas seulement un travail facile et attrayant : c'est à la fois le plus noble et le plus agréable des délassements.

Le jeune homme ouvrait de grands yeux en m'écoutant. Lorsque j'eus fini de parler, il resta quelques instants silencieux et livré à ses réflexions.

— Me voici revenu, me dit-il enfin, des idées que je m'étais faites et qui, je le vois bien, n'étaient que de sots préjugés d'écolier. Je rougis maintenant de mon ignorance ; je suis, dès ce moment, bien décidé à commencer au plus tôt mon éducation scientifique, et il ne me reste plus qu'à vous prier de vouloir bien guider mes premiers pas, et m'indiquer les ouvrages que je pourrai lire, les leçons que je pourrai suivre avec profit.

— Cela est entendu, répondis-je ; mais je voudrais mieux faire encore ; et puisque vous avez si bonne volonté de goûter aux fruits de l'arbre de science, qui nous empêcherait — passez-moi la métaphore — d'en cueillir ensemble quelques-uns dès à présent ?

Un trait de lumière venait de traverser mon cerveau : — Je parle au propre, non au figuré, comme on va le voir. — En tournant machinalement la tête vers ma bibliothèque, située à l'extrémité sud-est de ma chambre, mes yeux s'étaient arrêtés par hasard sur un tout petit volume relié de neuf, dont le titre doré : *Voyage autour de ma chambre,* étincelait sur un fond de chagrin noir. Le rayon lumineux, réfléchi par les lettres brillantes (phénomène physique), était devenu *sensation* (phénomène physiologique) en frappant ma rétine ; puis *perception* (phénomène psychique involontaire) en pénétrant dans mon cerveau ; et transmis enfin à mon entendement, il s'était changé en *idée* (phénomène psychique volontaire), — le tout en un temps à peine appréciable.

Le lecteur sait déjà quelle était cette idée; mais Edouard ne pouvait la deviner.

— Dès à présent! s'écria-t-il, un peu effarouché de se voir mis ainsi au pied du mur.

— Sans doute, pourquoi pas? Pouvez-vous disposer de votre journée?

— Aucune affaire pressante ne m'appelle; mais, en vérité, je crains...

— Ne craignez rien. Je n'ai nulle envie de revêtir une robe noire, de me coiffer d'un bonnet de docteur, et de monter en chaire pour vous faire une leçon. Je ne vous donnerai à lire, pour le moment, aucun traité de physique, de chimie ou d'astronomie. Je veux seulement causer avec vous en voyageant, ou, si mieux vous aimez, en nous promenant...

Edouard, à ces mots, se leva.

— Je suis à vos ordres, dit-il poliment.

Et il étendit la main vers son chapeau.

— C'est inutile, lui dis-je en l'arrêtant. Je garde ma robe de chambre et je reste nu-tête. Vous ne vous enrhumerez pas plus que moi, car c'est ici même, dans cette chambre, que je vous propose de voyager.

Le jeune homme me regarda d'un air ébahi, se demandant en lui-même quel rapport il pouvait y avoir entre les éléments des sciences et un voyage autour de ma chambre.

— Nous allons trouver ici, continuai-je, dans chaque objet qui se présentera, l'occasion d'un enseignement scientifique, et cela vous prouvera deux choses dont il importe que vous soyez bien convaincu :

La première, c'est que la science est partout, qu'elle se rattache à tout, ou plutôt que tout est de son ressort, et que sans elle les choses les plus simples, les faits les plus ordinaires sont pour nous autant d'énigmes sans mot ;

La seconde, c'est que la science moderne, la vraie science, ne se cache point, comme celle des oracles anciens, dans les antres des Sibylles, dans des sanctuaires mystérieux interdits aux profanes ; ni, comme celle des alchimistes et des astrologues, dans des *bouquins* indéchiffrables, remplis de formules mystérieuses et de signes cabalistiques. C'est la meilleure personne du monde, accessible à quiconque la cherche sincèrement ; et ce n'est pas sa faute, croyez-moi, si quelques-uns de ses serviteurs, très-bien intentionnés, j'y consens, mais à coup sûr fort mal avisés et imbus du pédantisme de l'ancienne école, se sont ingéniés à lui faire parler un langage peu français, plein de barbarismes grecs et latins. Heureusement, nous sommes libres ici de n'user de ce langage qu'autant que nous le voudrons bien. Mais c'est trop perdre de temps en considérations préliminaires. Êtes-vous décidé à me suivre ?

— D'autant plus volontiers que, comme je l'ai toujours entendu dire, il n'est, pour apprendre, rien de tel que de voyager.

— A merveille ! Nous n'avons point de malles à faire, point de provisions à emporter. Nous trouverons bien, chemin faisant, dans quelque armoire, de quoi nous restaurer, si la faim et la soif se font sentir, et, au retour, nous dînerons ensemble. Partons donc sans plus tarder.

CHAPITRE II.

Convention entre mon hôte et moi. — Départ. — Nous faisons route vers le nord. — Halte devant la cheminée. — Le chaud et le froid. — Le calorique. — Hypothèses sur sa nature. — Système de l'*émission*. — Action du calorique sur les corps. — Ce qui tient chaud tient froid. — Système des ondulations. — Digression sur l'art de voyager utilement. — Nous nous décidons à prolonger notre séjour devant la cheminée.

Tout empire a sa capitale, toute province son chef-lieu, toute cité son hôtel de ville, siége du gouvernement ou de l'administration, foyer central d'où rayonne l'impulsion de l'autorité, et vers lequel sont incessamment ramenés les divers courants de l'activité sociale. Ma capitale, mon hôtel de ville, c'est mon bureau, devant lequel je m'assieds dans mon fauteuil de cuir capitonné, pour vaquer aux travaux qu'exigent le « jeu régulier » et le développement des institutions locales. C'est de là que je date mes décrets, que j'expédie ma correspondance. Le tiroir de droite est affecté aux finances, et celui de gauche aux archives. C'est devant mon bureau que je donne audience ; c'est là, on se le rappelle, que je me trouvais lorsque l'arrivée d'Edouard X*** était venue inopinément arrêter mon travail et troubler le sommeil de monsieur Mitis. J'avais fait asseoir le visiteur en face de moi, de l'autre côté du bureau, de façon qu'il tournait le dos à la fenêtre et présentait son côté gauche au foyer de la cheminée. Le lecteur devinera, d'après cela, ce que j'ai oublié de lui dire, à savoir, que mon bureau est situé au milieu de ma chambre, où il s'étend en longueur du sud au nord.

Aussitôt que notre voyage fut résolu, je convins avec mon compagnon qu'il réglerait à son gré notre itinéraire, et que notre conversation sur les objets que nous rencontrerions en chemin suivrait son cours au hasard, selon l'inspiration du moment et sans aucun ordre méthodique.

Cette convention faite, nous partîmes à onze heures vingt-trois minutes, nous dirigeant tout droit vers le nord, c'est-à-dire vers la cheminée.

Edouard m'avoua qu'en prenant d'abord cette direction son dessein n'était autre que de s'approcher du feu, afin de se chauffer les pieds qu'il avait très-froids.

— Ouais! vous avez froid, lui dis-je tandis qu'il s'accoudait sur la cheminée et exposait alternativement à l'action du foyer les semelles de ses chaussures. Or, savez-vous seulement, jeune homme, ce que c'est que le froid et le chaud?

Il ne s'attendait pas à cette question, qui lui parut par trop élémentaire.

— Pardieu, répondit-il, qui ne sait cela ?

— Hé ! beaucoup de gens, et vous peut-être aussi.

— Oh ! par exemple !... Le chaud, ou plutôt la chaleur, c'est... un fluide probablement, qui produit, en agissant sur les corps, certains effets, comme de les brûler, de les fondre, de les changer en vapeur.

— Cela est un peu vague et médiocrement exact en plus d'un point ; mais passons. Voilà pour la chaleur. Maintenant, qu'est-ce que le froid ?

— Sans doute un autre fluide qui jouit de propriétés inverses et produit des effets opposés.

— Je m'y attendais. Eh bien ! mon ami, voyez quelle est votre présomption. Ma première question vous semblait tellement simple qu'à peine à vos yeux valait-elle une réponse ; et pourtant, après avoir hésité, cherché, vous venez d'émettre, passez-moi le mot, une énormité. Les mots *chaud* ou *chaleur*, et *froid*, n'expriment que deux sensations ordinairement contraires. — Je dis ordinairement, car, dans certains cas, le froid excessif agit sur les êtres vivants et sensibles comme la grande chaleur : il désorganise les tissus ; il peut, par exemple, produire sur la peau l'effet d'une brûlure, c'est-à-dire déterminer la formation d'une *cloche* remplie d'un liquide incolore et séreux. En physique, on se sert souvent de ces expressions empruntées au langage vulgaire, et cela n'a point d'inconvénient lorsqu'une fois on sait à quoi s'en tenir sur leur signification et leur valeur réelles ; mais les phénomènes de chaud et de froid sont dus à un agent unique, et cet agent a reçu le nom de *calorique*.

Qu'est-ce que cet agent? Un fluide? une force? On l'ignore jusqu'à présent, et il y a fort à parier qu'on l'ignorera toujours. N'importe. La science n'est pas arrêtée par de semblables difficultés. En pareil cas, elle supplée aux notions positives par des hypothèses. L'observation et l'expérience nous font connaître directement des phénomènes, rien de plus ; puis, par le raisonnement, nous nous élevons à la détermination des rapports constants qui existent entre les phénomènes de même ordre, et ces rapports constants nous les appelons des *lois*. Mais l'homme ne se contente pas d'observer des phénomènes et de noter les circonstances dans lesquelles ils se produisent ; il veut encore les expliquer. Ici la difficulté s'accroît, mais aussi l'intérêt augmente, s'élève et s'élargit. L'esprit passe de la science proprement dite à la philosophie de la science.

— La nature, se dit-il, a des secrets impénétrables ; elle ne les laisse pas même deviner aux génies privilégiés que nous regardons comme ses confidents les plus intimes. Pourtant il me faut une explication, une raison de ces phénomènes que j'ai observés, de ces lois que j'ai constatées. Les phénomènes d'échauffement et de refroidissement, par exemple, ont une cause. Cette cause, je l'appelle le *calorique*. Ce n'est pas tout : nommer n'est pas définir. A tout hasard, il faut essayer de définir le calorique. La définition sera bonne, pourvu qu'elle s'accorde avec les lois connues et qu'elle rende compte des phénomènes.

Parmi les hypothèses émises sur la nature du calorique, je vous citerai seulement les deux qui ont rallié le plus grand nombre de partisans et qui se partagent à peu près exclusivement aujourd'hui l'opinion des physiciens.

La première consiste à voir dans le calorique un fluide matériel extrêmement subtil, dont tous les corps seraient, pour ainsi dire, imprégnés, et qui, interposé entre leurs dernières particules, empêcherait toujours le contact immédiat de ces particules ou, comme on dit en physique, de ces *molécules*.

Ici je vis la physionomie de mon auditeur exprimer à la fois l'étonnement et le doute.

— Vous avez, lui dis-je, une objection à me faire. Parlez.

— Je vous ai peut-être mal compris, répondit-il. Vous dites que le calorique s'oppose au contact immédiat des molécules dont les corps sont formés : ces molécules ne se touchent donc pas ?

— Non.

— Dans aucun corps ?

— Dans aucun, même dans ceux qui vous paraissent le plus compactes : dans le marbre, dans le plomb, dans le fer. Et la preuve, c'est que ces corps sont susceptibles de se dilater et de se contracter, c'est-à-dire que leur volume augmente lorsqu'ils absorbent de la chaleur et diminue au contraire lorsqu'ils se refroidissent. On peut donc admettre que le calorique agit comme un fluide qui, en pénétrant dans un corps, en écarte les molécules et, en le quittant, laisse les molécules se rapprocher de nouveau. D'après cela, le calorique est l'antagoniste perpétuel de la force qui, sous le nom de *cohésion*, tient unies ensemble les molécules d'un même corps. Souvent il en neutralise exactement l'action. Dans ce cas, le corps ne se dilate plus : il change d'état. Ses molécules ne tiennent plus ensemble, elles deviennent mobiles et glissent les unes contre les autres avec une extrême facilité. Tandis que tout à l'heure il fallait un effort plus ou moins énergique pour les séparer, elles n'ont plus maintenant que juste ce qu'il faut d'adhérence pour ne pas se séparer spontanément; le corps était solide tant qu'il ne renfermait qu'une certaine quantité de calorique. Il est devenu *liquide*.

Ce n'est pas tout : s'il continue d'absorber du calorique, il arrivera un moment où la cohésion sera tout à fait vaincue, détruite. Alors les molécules, non-seulement perdront toute adhérence entre elles, mais elles se repousseront mutuellement ; ou plutôt, dans notre hypothèse, ce sera le calorique qui, en vertu de son expansibilité, tendra à les éloigner les unes des autres, à les éparpiller dans l'espace. Le corps sera *gazeux*.

Cette hypothèse, qui fait du calorique un fluide répandu dans toute la masse des corps et remplissant les invisibles interstices de leurs molécules, rend parfaitement compte, vous le voyez, des changements d'état de la matière, de son passage successif de l'état solide à l'état liquide, et de l'état liquide à l'état gazeux. On l'a appelée l'hypothèse ou le système de l'*émission*, parce qu'en effet les corps émettent sans cesse du calorique : ils rayonnent en tous sens et se refroidiraient indéfiniment, s'ils ne recevaient à leur tour le calorique que leur envoient les corps voisins. Selon qu'un corps émet plus ou moins de calorique, on dit qu'il est plus ou moins chaud, ou que sa *température* est plus ou moins élevée.

Quant au mot *froid*, il n'exprime qu'une sensation, qu'un fait relatif. Touchez avec votre main le marbre de la cheminée ; vous le trouvez froid, n'est-ce pas ? — Mais pourquoi ? Pour deux raisons : la première, c'est qu'il est, en effet, moins chaud que votre main ; la seconde, c'est que le marbre est un bon conducteur de la chaleur, c'est-à-dire que le calorique se transmet aisément, rapidement à travers sa masse. Le calorique contenu dans votre main en est donc extrait, si je puis ainsi dire, par le contact du marbre, plus qu'il ne le serait, par exemple, au contact du bois, qui conduit mal la chaleur, ou de la laine, qui ne la conduit pas du tout, et qui, pour cette raison, est réputée chaude, tandis que le marbre et les métaux sont reputés froids.

Cela est si vrai que les mêmes substances qui *tiennent chaud, tiennent froid* également, toujours en vertu de leur peu de conductibilité pour le calorique. On se couvre de flanelle, de drap, on fait ouater son paletot pour avoir chaud en hiver, parce que la flanelle, le drap, l'ouate, interposés entre le corps humain, qui est à 40 degrés environ, et l'air extérieur, qui est à 0 degré ou au-dessous, empêchent le second d'absorber le calorique développé par le premier. Mais si j'avais ici, dans cette chambre, dont l'atmosphère est à 18 ou 20 degrés, un morceau de glace, et que je voulusse le conserver longtemps, je l'envelopperais dans du coton ou je le placerais dans un vase fermé ou dans un sac de caoutchouc, entre mon oreiller et mon édredon.

— En vérité, s'écria le jeune homme, vous voulez plaisanter !

— Je parle très-sérieusement.

— Au fait, je vous comprends ; oui, en effet, de même que mes habits s'opposent à ce que l'air froid du dehors me prenne ma chaleur, de même la plume ou le coton empêcheraient la glace de s'échauffer aux dépens de l'air de votre chambre, et par conséquent de se liquéfier.

— C'est cela même, et vous voilà déjà aussi savant que moi sur ce point... Je ne vous ai fait connaître encore que la première des hypothèses dont je vous ai parlé. La seconde est celle des *ondulations*. Elle se rattache à une théorie beaucoup plus vaste, en grande faveur aujourd'hui parmi les physiciens qui se piquent de philosophie. Mais je n'ose vous demander de me suivre sur ces sommets ardus.

— Je vous suivrai, monsieur, partout où il vous plaira de me conduire.

— Cette réponse témoigne autant de courage que de courtoisie, et je vois bien que vous vous étiez calomnié par excès de modestie, en vous disant si facile à effrayer par les difficultés de la science.

— Hélas ! non ; et la preuve c'est que je crains déjà de m'être trop avancé... Dites-moi, je vous prie : Y a-t-il des mathématiques dans cette théorie des ondulations?

— Il n'y en a pas l'ombre.

— A la bonne heure! Vous me rassurez, et je maintiens mon engagement de vous suivre. *Magister, sequar te quocumque ieris.*

— Vous le voulez? marchons donc... Je veux dire, asseyons-nous : l'esprit est plus libre en son essor lorsque le corps est en repos et bien à l'aise... Et puis le sujet exige quelque développement. Cela prolongera un peu notre première station, déjà bien longue, et voilà notre voyage arrêté dès son début. Qu'importe! rien ne nous presse. D'ailleurs, pour voyager avec fruit, il ne s'agit pas de voir beaucoup de choses en peu de temps, mais de bien voir ce qui mérite d'être vu. Parmi les voyageurs illustres, missionnaires de la science et de la civilisation, qui ont visité les diverses parties du monde, plusieurs ont séjourné des mois, des années entières, dans tel pays qui leur promettait une ample moisson de faits nouveaux à observer, d'échantillons curieux à recueillir. Eh bien! puisque ce foyer, dont vous vous êtes approché pour vous chauffer les pieds, a de quoi éveiller en vous ce besoin de connaître, qui est un des plus nobles et des plus irrésistibles penchants de l'homme intelligent, ne craignons pas d'y faire une halte de quelques instants. Toutefois, ne l'oubliez pas, je vous prie : c'est vous seul qui réglez notre itinéraire, et je tiens beaucoup à observer scrupuleusement nos conventions. Donc, pour peu que vous préfériez continuer notre voyage et passer à d'autres objets, dites un mot : nous partons.

— Non pas, dit Edouard, je me trouve fort bien dans ce fauteuil. Et puis, je suis curieux de savoir ce que des ondulations peuvent avoir de commun avec le chaud et le froid. Le mot *ondulations* m'a séduit. J'ai d'avance bonne opinion d'une théorie qui repose sur quelque chose d'aussi doux, et il me semble qu'elle ne doit pas être sans analogie avec les grandes et poétiques conceptions des sublimes rêveurs de l'Orient et de la Grèce, qui, pour expliquer le système de l'univers, avaient imaginé des monades errantes, des océans d'atomes, et attribuaient à des effluves mystérieux l'action de la puissance divine sur les mondes épars dans l'immensité.

— Eh ! mais, vous ne vous trompez guère, et je suis heureux de vous voir prendre la science par son côté poétique, trop négligé ou méconnu de notre temps. Allumons donc un cigare et reprenons notre propos.

CHAPITRE III.

Suite de l'entretien précédent. — Théorie des ondulations. — Forces et mouvement. — Une application de la physique à l'art de fumer. — Comment il se peut que le vide n'existe pas. — L'éther. — Départ pour le jardin suspendu. — Qu'est-ce que le feu ? — Les quatre éléments des anciens.

— Si le calorique n'est pas un fluide, que peut-il être ? — Une force, c'est-à-dire une cause productrice de mouvement ; et la chaleur est due aux mouvements particuliers qu'il engendre. La même hypothèse peut s'appliquer à la lumière, à l'électricité ; en sorte que l'on se trouve conduit, au lieu de supposer l'existence de plusieurs fluides impalpables et impondérables, à ne voir dans la nature qu'un seul ordre de causes : des forces, et un seul ordre de phénomènes : des mouvements. Mais il est évident qu'une force ne se manifeste qu'en agissant sur quelque chose. Ce quelque chose, c'est la matière. Là où la matière manque, on ne conçoit pas qu'une force puisse exister, si ce n'est à l'état latent : c'est-à-dire qu'elle est alors comme si elle n'était pas. Sans la terre, point de pesanteur, point de chute des corps; sans les sphères célestes, point de gravitation; sans mobile, en un mot, point de moteur. Donc, si le calorique est une force, et si ses effets consistent en certains mouvements, ces mouvements, — comme le son qui, bien manifestement, n'est qu'une série de vibrations imprimées aux corps par un choc et transmises de molécule en molécule jusqu'à notre oreille, — ces mouvements, dis-je, ne peuvent se produire et se propager qu'au sein de la matière et par le moyen des molécules matérielles...

On ne fait pas bien deux choses à la fois. Mon cigare s'était éteint pendant que je discourais sur les forces et les mouvements. Mais comme je suis, — pardonnez-moi ce défaut, mesdames, — un fumeur opiniâtre, je le rallumai, et j'en tirai coup sur coup quelques bouffées pour former sur la surface en ignition une couche protectrice de cendre blanche.

— Ceci est encore de la science pratique, dis-je à Edouard en lui montrant mon cigare, lorsque j'eus atteint le résultat que je désirais.

— Quoi donc? fit-il, le tabac qui brûle?

— Oui, d'abord : cela, c'est de la chimie; nous en parlerons tout à l'heure. Mais ce résidu de cendre que donne la combustion du tabac, et que je laisse à dessein adhérent à l'extrémité de mon cigare, savez-vous à quoi il sert?

— Non. Moi aussi, j'aime à conserver longtemps la

cendre de mon cigare, lorsqu'elle est bien blanche ; mais c'est de ma part, je le confesse humblement, un pur enfantillage. Je trouve cela joli, voilà tout. Aussi suis-je enchanté d'apprendre qu'en croyant me donner une satisfaction niaise et puérile, je faisais tout de bon, à mon insu, de la physique appliquée.

— Sans doute, mon ami; ne voyez-vous pas bien que cette cendre légère est un très-mauvais conducteur du calorique ; que néanmoins elle laisse passer l'air que j'aspire et qui est indispensable pour entretenir la combustion; qu'en conséquence elle empêche le cigare de s'éteindre, tout comme la cendre de bois, dont on couvre de la braise, conserve cette braise rouge pendant plusieurs heures ?

— Cela est fort simple, et je suis honteux de ne l'avoir pas deviné. Mais mon esprit avait enfourché le Pégase de la science transcendante, et je songeais à la théorie que vous êtes en train de m'exposer. Cette théorie, jusqu'à présent, me paraît... faut-il dire ?

— Oui, dites toujours.

— Eh bien ! elle me paraît absurde.

— Diable ! comme vous y allez, et de quelle allure hardie vous entrez en controverse contre les docteurs ! — Je ne m'en plains pas, au moins : loin de là ; cela prouve que vous prenez intérêt à la question, — et elle le mérite. Voyons donc votre objection.

— Si la chaleur est, comme le son, m'avez-vous dit, le résultat de certaines vibrations ou ondulations, elle ne peut s'engendrer et se propager qu'au sein de la matière et par le moyen des molécules matérielles.

— Parfaitement. Et qu'y a-t-il là dedans d'inadmissible à votre sens?

— La plus grande partie de la chaleur que reçoit notre planète ne lui vient-elle pas du soleil, lequel en est distant de plusieurs millions de lieues? Et la chaleur et la lumière, pour arriver du soleil jusqu'à nous, ne traversent-elles pas cet espace immense? Donc elles ne se transmettent point au moyen des molécules matérielles, puisque l'espace est vide.

— Pétition de principe, mon cher logicien! Votre majeure est vraie; mais la mineure aurait elle-même besoin d'être prouvée. Vous supposez que l'espace est vide; mais les partisans du système des ondulations prétendent le contraire. Certains philosophes ont nié l'existence de la matière, ou du moins ils ont démontré qu'il est fort possible qu'elle n'existe point. Les physiciens dont je vous parle ont pris le contre-pied de la doctrine idéaliste; selon eux, c'est le vide qui n'existe point, et j'avoue que cette dernière opinion me paraît beaucoup plus plausible que la première.

— Ah! ceci change la thèse; mais si le vide n'existe pas, de quoi donc l'espace est-il rempli?

— D'un fluide excessivement subtil, impalpable et impondérable, qu'on a nommé l'*éther*. L'éther est, toujours d'après les partisans du même système, le seul fluide impondérable qu'il soit utile d'admettre pour l'explication de tous les phénomènes de lumière, de chaleur, d'électricité; c'est lui qui sert de véhicule aux vibrations ou ondulations diversement amples et rapides qui constituent ces phénomènes.

— Et qu'est-ce qui prouve l'existence de ce fluide plutôt que des autres?

— Rien; mais rien non plus ne prouve qu'il n'existe pas, et cela suffit pour qu'il soit permis d'y croire jusqu'à preuve du contraire, par la seule raison que cela est plus simple et plus commode que de croire au vide universel, et de supposer que ce vide est seulement traversé par deux ou trois fluides différents, sur la nature desquels nous ne pouvons nous former aucune idée. N'oublions pas, d'ailleurs, qu'il s'agit ici d'une simple hypothèse; que, dans ce genre de spéculation, l'esprit peut se donner librement carrière, et qu'en fait d'hypothèses la meilleure est celle qui, provisoirement, satisfait le mieux l'intelligence. La négation du vide, sous ce rapport, ne laisse rien à désirer. Pourquoi faire l'univers incomplet, le rapetisser en y attribuant au vide, c'est-à-dire au néant, à la mort, tant de place? Pourquoi supposer que l'immense océan dans lequel nagent des myriades de mondes, n'est rien? Quel lien alors entre ces corps qu'on ne saurait croire indépendants les uns des autres, puisqu'à de si incommensurables distances ils s'attirent, et qu'entre eux s'accomplit un éternel échange de chaleur et de lumière?... N'est-il pas bien plus rationnel de penser qu'il n'y a point de lacune, point de solution de continuité dans le grand tout; que la matière remplit l'espace; qu'en se condensant elle a donné naissance aux gaz, aux liquides et aux solides, qui, agglomérés en masses énormes, ont formé les mondes; mais que, partout autour de ceux-ci, elle est demeurée en son état primitif, éminemment subtile, mobile, et susceptible de transmettre d'un corps à l'autre des vibrations dont le plus ou moins d'amplitude et de rapidité détermine l'échauffement ou le refroidissement, la lumière ou l'obscurité, peut-être aussi les courants électriques et magnétiques?... Donc, unité et universalité de la matière, partant, négation du vide; unité et universalité de la cause secondaire des phénomènes physiques, — la cause première demeurant, sans doute à jamais, inaccessible à nos moyens d'investigation : — ainsi peut se formuler le système fondamental que je viens de vous exposer. L'hypothèse des ondulations, appliquée à la théorie du calorique, n'en est, comme vous le voyez, qu'un corollaire ou plutôt un cas particulier.

EDOUARD[1]. Je comprends, monsieur, et j'admire. J'admire surtout la grandeur et la simplicité de cette théorie où la raison et le goût trouvent également leur

[1] Je me décide, afin d'éviter la répétition fatigante des mots *dit-il*, *dis-je*, *répondit-il*, etc., à recourir ici au procédé très-commode qu'emploient les auteurs dramatiques, et à *mettre en scène* mon compagnon de voyage et moi, comme si j'écrivais une pièce de théâtre.

compte. Saint Augustin a dit excellemment : *Omnis porro pulchritudinis forma unitas est;* et Boileau : « Rien n'est beau que le vrai. » Aussi, je commence à croire, — contrairement à l'opinion vulgaire, — que la science, en recherchant le Vrai, doit arriver au Beau plus sûrement encore que l'Art et la Poésie, auxquels on a cependant coutume d'en attribuer, en quelque sorte, le monopole.

Moi. Bravo ! voici que vous abondez dans mon sens. Et puisque vous venez de mettre en parallèle la science et l'art, je serais presque tenté de vous faire, entre nous, sur ce point, ma profession de foi. Mais ce sera pour plus tard. Ne trouvez-vous pas, d'ailleurs, que notre première halte a duré assez longtemps ?

Edouard. C'est vrai. Quant à moi, j'ai plus qu'assez chaud, et ne demande pas mieux que d'émigrer dans une région plus froide. Remettons-nous donc en route, si vous le voulez. Cependant, j'avais bien encore quelques questions à vous adresser sur les choses qui viennent de nous arrêter pendant plus d'une heure devant ce bon feu.

Moi. Eh bien ! vous me les adresserez et j'y répondrai chemin faisant. Où vous plaît-il d'aller maintenant ?

Edouard. Si nous nous approchions de la fenêtre, il me semble que nous pourrions trouver là, en dedans et en dehors, plus d'un sujet d'entretien scientifique.

MOI. D'autant mieux que rien ne nous empêchera de l'ouvrir et de visiter le jardin... Je nomme ainsi le balcon orné de quelques fleurs, que vous apercevez d'ici. Ce langage ambitieux vous fait sourire, heureux campagnard que vous êtes. Mais que voulez-vous! Il faut être indulgent pour le Parisien qui *joue au jardin* avec quatre pots de fleurs, comme pour la petite fille qui joue à la maman avec sa poupée.

EDOUARD. Mon Dieu, votre jardin n'est pas grand, c'est vrai; mais il me paraît fort joli, autant que j'en puis juger à travers les rideaux de la fenêtre, et je serai enchanté, après m'être tant chauffé auprès de votre feu, de me rafraîchir un peu sous vos ombrages.

MOI. Oh! mes ombrages! la flatterie est hyperbolique, jeune homme; tout à l'heure vous me complimenterez sur les hautes futaies de mon parc lilliputien.

EDOUARD. Je vous complimenterai très-sincèrement et sans la moindre flatterie sur l'habileté ingénieuse qu'il vous a fallu déployer pour réunir et disposer avec goût, dans un espace aussi exigu, un jardin ou un parc en miniature.

MOI. Eh bien! j'accepterai — avec modestie — vos compliments; mais pour me les adresser, attendez que vous ayez visité mon chef-d'œuvre d'horticulture murale... Quelles questions vous restait-il à me faire à propos de la chaleur?

EDOUARD. Je voulais vous interroger sur ce qui produit ou développe la chaleur, et principalement sur le feu. Qu'est-ce que le feu?... Je sais bien que ce n'est nullement, comme les anciens se l'imaginaient, un des *quatre éléments*...

MOI. Tout beau, mon ami : permettez-moi de vous interrompre et de ne point vous laisser railler inconsidérément l'ignorance des anciens philosophes. Ces grands hommes, que nous devons respecter, n'étaient point des chimistes. Ils n'avaient point analysé la matière dans des creusets et dans des cornues ; ils se souciaient peu de savoir si l'air, l'eau, les métaux sont ou non des corps composés ; et aussi n'attribuaient-ils pas au mot *élément* — ou à ses équivalents grecs et latins — le sens spécial et restreint que lui ont donné les savants modernes en le faisant synonyme de corps simple. Leur pensée était évidemment beaucoup plus élevée et plus synthétique, et c'est sans doute pour cela qu'elle a été si peu comprise de nos chimistes, lesquels, manquant, pour la plupart, de la faculté généralisatrice, rejettent dédaigneusement comme de grosses erreurs les idées générales qu'ils ne comprennent point.

Les anciens donc, lorsqu'ils appelaient *éléments* l'Eau, l'Air, la Terre et le Feu, entendaient que ce sont là, si l'on peut ainsi dire, les matières premières ou les agents de production par excellence, les choses d'où s'engendrent toutes les autres choses. En disant cela, ils énonçaient une grande vérité que leur génie avait devinée plutôt que découverte, et que la science moderne démontre tous les jours. Ils résumaient admirablement, en quatre mots, toute la philosophie chimique.

CHAPITRE IV.

Encore une halte. — Courte explication sur la lenteur de notre voyage. — Continuation du discours sur les quatre éléments des anciens, et en particulier sur le feu. — Ce que c'est, en réalité, que le feu. — La combustion. — Sympathies et antipathies réciproques des corps. — L'affinité. — L'oxygène et l'azote. — Les métaux combustibles. — L'aluminium. — Le feu dans l'eau.

Tout en causant, nous nous étions d'abord levés et dirigés vers la fenêtre; mais à peine avions-nous fait trois pas que nous suspendions de nouveau notre marche. Nos esprits, — dirait Xavier de Maistre, — tout entiers aux graves questions sur lesquelles roulait notre entretien, avaient oublié, tous les deux ensemble, de *vouloir marcher*, et *nos bêtes* respectives s'étaient aussitôt arrêtées, comme des chevaux paresseux qu'on néglige d'éperonner. Lorsque mon compagnon me vit engagé dans une dissertation à fond sur les quatre éléments et sur les opinions scientifiques des Grecs et des Romains, il jugea sans peine que notre seconde halte durerait à peu près autant que la première, et sagement il prit le parti de se rasseoir, — les jambes et les bras croisés, comme un homme qui veut être à son aise pour bien écouter.

Quant à moi, charmé de me voir en face d'un auditeur aussi complaisant, je demeurai debout devant lui. Cette attitude me paraît être mieux en rapport avec la dignité du haut enseignement et plus favorable — physiologiquement — à la sonorité de la voix, à l'articulation distincte des paroles et au développement du geste.

(Je me permets ici d'ouvrir une parenthèse pour répondre à l'observation que me font sans doute les lecteurs exigeants et vétilleux; — quelques-uns sont ainsi. — « Ce monsieur, disent-ils, se moque du public : il nous annonce le récit d'un voyage; voici le quatrième chapitre, et le prétendu voyage se réduit à trois pas pour aller d'un bureau à une cheminée devant laquelle on s'assied pour bavarder pendant plus d'une heure, puis trois autres pas, après lesquels on s'arrête encore, Dieu sait pour combien de temps : — en tout, six pas ! — Et l'on appelle cela un voyage ! »

— Très-honoré lecteur, répondrai-je,

. . . . Que Votre Majesté
Ne se mette pas en colère,
Mais plutôt qu'elle considère

que, dans un Etat d'aussi peu d'étendue que le mien, si l'on voyageait tout de bon, sans perdre de temps, pour voir seulement ce qu'il renferme, on aurait parcouru tout le pays en moins d'un quart d'heure, et le voyage ne vaudrait pas la peine d'être raconté. Daignez d'ailleurs vous rappeler ce que j'ai eu l'honneur de vous dire dans l'*Avant-Propos*, de l'instruction que l'on peut acquérir, des découvertes que l'on peut faire en voyageant dans sa chambre, et qui sont sans limites, précisément parce que, dans ce mode de voyage, c'est l'esprit qui se transporte à son gré, sans obstacle et sans fatigue, soit à travers le monde matériel, soit dans le monde des idées, et que l'*autre* n'y a presque rien à faire. Ne vous étonnez donc plus de la lenteur de notre marche, de nos fréquentes et longues haltes; et si notre bavardage vous ennuie, retournez à Cook, à Bougainville, à Jacquemont, — voire aux *Impressions* anciennes ou nouvelles du plus spirituel, — sinon du plus véridique des voyageurs, — Alexandre Dumas.)

..... M'étant donc posé, comme je l'ai dit, à la façon d'un professeur en Sorbonne ou d'un orateur à la tribune, je continuai mon discours en ces termes :

— Les anciens, disais-je, ont fort bien vu que dans ces quatre éléments, la Terre, l'Eau, l'Air et le Feu, résident tous les corps de la nature et les causes immédiates de tous les phénomènes. Et d'abord, remarquez, je vous prie, que les trois premiers représentent nettement les trois états de la matière : état solide, état liquide, état gazeux. Je voudrais bien, d'ailleurs, que MM. les chimistes, les physiciens, les physiologistes, me citassent une seule des substances réputées simples, un seul des composés dont ils ont si bien étudié les propriétés, un seul des êtres vivants dont ils connaissent si bien l'organisation et les fonctions, qui ne tire ses principes constituants, son existence, sa vie, de la Terre, de l'Eau ou de l'Air, — sinon de tous les trois ensemble ! Quant au Feu, dans le système tout synthétique, je le répète, des philosophes de l'antiquité, c'était le principe actif par excellence : c'était à la fois la chaleur, la lumière, l'électricité, la vie, l'intelligence même ; et c'est encore tout cela dans notre propre langage, soit que nous employions le mot dans son sens rigoureux ou métaphorique.

Ce n'est pas tout : les anciens savaient encore que le feu est l'agent principal des plus importantes réactions chimiques ; et la preuve, c'est que leur dieu du feu, Ηφαιστος, Vulcain, le fabricateur des foudres de Jupiter, était aussi le dieu métallurgiste, le maître des Cyclopes, j'ai presque dit le dieu de la grande chimie industrielle. Enfin je ne sais plus quel philosophe émit le premier, dans sa cosmogonie, cette vue profonde et hardie, que *le monde est né du feu*.

Or, la géologie n'a-t-elle pas démontré que rien n'est plus vrai ? En effet, notre globe fut, dans l'origine, une masse de liquides et de gaz incandescents ; il s'est solidifié en se refroidissant ; mais, à l'heure même où nous sommes, cette solidification est loin d'être complète, puisqu'il reste : à l'extérieur, l'atmosphère gazeuse que nous respirons ; à la surface et à une faible profondeur, les masses d'eau liquide qui forment les océans, les fleuves, les lacs, les nappes souterraines ; à l'intérieur, enfin, le *feu central*, la masse incandescente et bouillonnante, en partie liquide, en partie gazeuse, qui, de temps à autre, fait éruption au dehors par les cratères des volcans, ou, dans son travail tumultueux, secoue violemment certaines parties de la faible croûte solide sur laquelle nous vivons, et détermine, selon toute probabilité, le phénomène redoutable des tremblements de terre.

En résumé, l'hypothèse des quatre éléments, sur laquelle reposait toute la phénoménologie de l'ancienne physique, n'était rien moins qu'absurde ; elle ne prouve en aucune façon que les anciens étaient des ignorants en fait de physique et de chimie, mais seulement qu'ils avaient pris dans l'étude de ces sciences un point de départ autre que celui des modernes. Obéissant à la tendance généralisatrice qui caractérise les véritables penseurs, ils avaient cherché dans la nature un certain nombre de substances ou d'agents primordiaux auxquels ils pussent rapporter l'origine et la cause de toutes les matières, de tous les êtres, de tous les phénomènes ; et ces substances ou agents, ils les ont appelés des éléments.

Le feu était considéré par eux, à juste titre, comme le plus actif, et, par suite, comme le plus bienfaisant et le plus terrible à la fois ; des peuples entiers, pénétrés de sa puissance mystérieuse et universelle, en avaient fait l'objet de leur culte. Et ce culte est, sans contredit, un des plus beaux et des plus purs que nous offre l'histoire des religions antiques... Mais il ne s'agit point ici de théologie. Pour vous dire ce que c'est que le feu, je dois revenir au point de vue analytique et positif de la science moderne.

Ce que nous appelons, dans le langage ordinaire, du *feu*, et qui constitue la source principale et presque unique de la chaleur artificielle, n'est point un corps, mais un *phénomène*, c'est-à-dire un fait naturel, qui se produit dans des circonstances particulières. Ce phénomène, les chimistes le désignent sous le nom de *combustion*. Vous savez le latin, je n'ai donc pas besoin de vous expliquer ce mot.

Edouard. Je sais qu'il est dérivé du verbe *comburere*, brûler. Je sais aussi, comme tout le monde, que, pour avoir du feu, il faut brûler quelque chose, et enfin que, pour brûler quelque chose, trois conditions sont indispensables : la première, c'est d'avoir un corps combustible, c'est-à-dire susceptible de brûler ; — la seconde, d'allumer ce corps, soit au moyen d'un autre déjà enflammé, soit par le choc, comme avec le briquet de nos pères, soit par le frottement, comme avec les allumettes chimiques ; — la troisième, c'est de fournir au corps qui brûle de l'air sans lequel le feu s'éteindrait. Je connais, en un mot, à peu près la *pratique* de la combustion ; mais la théorie, le pourquoi et le comment de tout cela, je l'ignore complétement. Et d'abord, qu'est-ce qui fait que certains corps, comme le bois, le charbon, le soufre, l'huile, le gaz d'éclairage, sont combustibles, tandis que tant d'autres : le marbre, les métaux, l'eau et, je crois, plusieurs gaz, ne peuvent jamais brûler ? Puis, que se passe-t-il lorsque les corps combustibles brûlent ? Pourquoi sont-ils détruits par le feu ? Pourquoi...

Moi. Un instant, s'il vous plaît. N'allons pas si vite, et procédons avec ordre. *Primo*, pour qu'il y ait combustion, il faut, comme vous l'avez fort bien dit, un corps combustible, c'est-à-dire susceptible d'*être brûlé;* mais il faut aussi, en contact avec ce corps combustible, un corps *comburant*, c'est-à-dire capable de *le brûler*. L'un n'est pas moins indispensable que l'autre. *Secundo*, pour que deux corps soient, l'un comburant, l'autre combustible, il faut qu'ils aient l'un pour l'autre une grande *affinité*, c'est-à-dire une tendance très-énergique à s'unir, à se combiner ensemble. Or, il s'en faut de beaucoup que cette affinité réciproque soit la même entre tous les corps : les uns s'aiment et se cherchent avec une avidité passionnée ; à peine les avez-vous mis en présence, qu'aussitôt ils se pénètrent, s'unissent et ne font plus qu'un ; on a alors un autre corps tout nouveau, tout différent de ceux qui l'ont engendré, et toujours *très-stable*, j'entends par là difficile à décomposer ; parce que la même affinité qui a entraîné ses éléments à se chercher, à se confondre, fait aussi qu'il n'est point aisé, une fois unis, de les séparer.

Il est aussi des corps qui se soucient médiocrement les uns des autres, sans cependant éprouver non plus d'antipathie. Ceux-là s'unissent quand ils n'ont rien de mieux à faire, mais ils se séparent volontiers, dès qu'ils en trouvent l'occasion. On dit que leurs composés sont *instables;* en effet, mettez un composé de ce genre en contact avec une substance pour laquelle un de ses éléments ait une affinité réelle : celui-ci lâchera aussitôt son camarade, sans cérémonie, pour aller s'unir avec le nouveau venu, objet de sa prédilection.

Enfin, d'autres substances semblent avoir les unes pour les autres une invincible antipathie : vous ne les feriez pas se combiner pour tout au monde, et, chose remarquable, ce sont en général celles qui se ressemblent le plus par leurs propriétés ; au contraire, les corps qui ont le plus d'affinité réciproque sont précisément ceux dont les caractères diffèrent le plus profondément. Si la chimie, comme vous le voyez, donne un démenti formel à l'axiome populaire « Qui se ressemble s'assemble, » il est, en revanche, d'autres proverbes auxquels elle donne pleinement raison ; par exemple : « L'harmonie naît du contraste ; — Les extrêmes se touchent, » etc. ; et elle montre que les corps inanimés obéissent aux mêmes lois d'antipathie et de sympathie, d'attraction et de répulsion que les êtres vivants, sensibles et pensants. Je pourrais pousser plus loin la comparaison, si je voulais jouer sur les mots. Dans tous les vaudevilles, les opéras-comiques et les romans, les amoureux fortement épris et très-désireux de s'unir disent qu'ils brûlent l'un pour l'autre. Qu'est-ce que cela signifie, sinon que leur amour — on appelle cela en chimie leur *affinité* réciproque — développe en eux une *ardeur extrême?*... Eh bien ! le phénomène de la combustion n'est autre : c'est l'*ardeur,* en termes scientifiques le dégagement de chaleur et de lumière que produit l'union de deux substances, l'une combustible, l'autre comburante, possédées l'une pour l'autre d'une violente passion, — j'entends d'une puissante affinité. Le corps comburant par excellence, c'est le gaz oxygène.

Edouard. L'oxygène? N'est-ce pas un des deux éléments de l'air?

Moi. Précisément ; et l'autre est l'azote.

Edouard. Je le connais aussi de nom. Entre ces deux gaz, alors, il doit y avoir une affinité bien puissante ou, pour continuer votre métaphore, — un amour incomparable et indissoluble, puisque, « depuis que le monde est monde, » ils restent éternellement unis.

Moi. Détrompez-vous ; leur union n'est pas, à beaucoup près, aussi complète ni aussi constante que vous le croyez. L'oxygène et l'azote sont, à la vérité, susceptibles de se combiner ensemble, et cela leur arrive assez fréquemment dans les réactions chimiques où ils se trouvent mêlés. Mais, en se combinant, ils donnent naissance à des composés qui sont très-loin de ressembler à l'air atmosphérique, et que nous ne pouvons respirer impunément. Je vous en citerai un que vous connaissez : c'est l'acide azotique, qui, étendu d'eau, constitue l'*eau forte* du commerce.

EDOUARD. Quoi, l'eau forte, ce liquide corrosif par excellence, qui ronge le fer et qui brûle la peau, — cette *eau de feu* et l'air que nous respirons sont formés des mêmes éléments ?

MOI. Mon Dieu, oui. Seulement, dans l'acide azotique, l'oxygène et l'azote sont *combinés;* ils se sont, en quelque sorte, anéantis l'un et l'autre pour donner naissance à un nouveau corps, qui ne leur ressemble plus du tout ; au lieu que dans l'air ils ne sont que *mélangés;* et chacun conserve ses caractères, ses propriétés, j'ai presque dit son individualité. Dans cette association physique où l'azote entre pour une proportion de soixante-dix-neuf parties environ, et l'oxygène seulement pour vingt et une, le second joue le rôle actif. C'est lui seul qui entretient la respiration des animaux. C'est lui seul qui nous éclaire et nous chauffe en brûlant, pour notre service, le bois, le charbon, les huiles, les graisses... Aussi l'avait-on d'abord appelé *air vital.* L'azote, lui, n'a guère que des propriétés négatives ; comme l'indique son nom, dérivé du grec (ἀ privatif, et ζωή, *vie*) et qui, comme vous le devinez aisément en votre qualité d'helléniste, équivaut à air ou gaz *non vital,* — il n'entretient ni la respiration, ni la vie, ni la combustion; son action chimique est nulle et son rôle passif. Dans l'air, son utilité consiste à tempérer l'action trop énergique de l'oxygène, et peut se comparer à celle de l'eau qu'on mêle aux vins généreux. Ce que je vous dis là ne doit point, du reste, vous faire mésestimer l'azote : son rôle, pour humble qu'il soit d'ordinaire, n'en est pas moins honorable, et vous lui accorderiez assurément toute votre considération, si je pouvais vous expliquer les importantes fonctions qu'il remplit dans les phénomènes de la vie organique... Mais cela m'entraînerait dans une digression trop longue et trop scientifique. Revenons à l'oxygène et à la combustion.

A côté de ce corps comburant, la nature en offre un certain nombre qui sont plus ou moins combustibles, doués d'une affinité plus ou moins intense à l'endroit de l'oxygène. Au premier rang se placent le phosphore, qui, sans qu'on ait besoin de l'y solliciter, brûle au simple contact de l'air; le soufre, le charbon, le bois, les substances grasses, l'alcool, — et même certains métaux.

Edouard. Quoi! il y a des métaux qui brûlent?

Moi. Parfaitement: le fer, d'abord, brûle lentement à l'air humide; il *s'oxyde* simplement sans dégagement sensible de chaleur ni de lumière. Mais prenez un fil de fer ou d'acier; accrochez-y un morceau d'amadou allumé et plongez le tout dans un flacon rempli d'oxygène pur : l'ignition se communiquera aussitôt de l'amadou au fer, qui brûlera bel et bien avec une lumière éclatante et une chaleur capable de fondre le verre. Le zinc est encore plus combustible : un fil délié de ce métal brûle à la flamme d'une bougie; et lorsqu'une maison recouverte en zinc, — comme on en fait beaucoup aujourd'hui, — est la proie d'un incendie, sa toiture ne résiste pas plus aux flammes qu'une toiture de chaume. Mais que direz-vous quand vous saurez que d'autres métaux, inconnus du vulgaire et fort rares, il est vrai, — sont tellement combustibles que, comme le phosphore, ils s'enflamment à l'air?

Edouard. En vérité! je serais bien curieux de voir cela.

Moi. Les faibles ressources de mon empire ne me permettent pas de vous montrer cette expérience; mais on la répète chaque année dans les cours publics de la Sorbonne et des Ecoles de médecine et de pharmacie. Il ne tiendra donc qu'à vous d'en être témoin.

Edouard. Comment appelez-vous ces métaux si combustibles?

Moi. Le *potassium* et le *sodium*. Et ce sont leurs oxydes, en d'autres termes, les produits de leur combustion, que l'on emploie journellement dans les laboratoires et dans l'industrie sous les noms de *potasse* et de *soude*.

EDOUARD. Et ces métaux eux-mêmes, le potassium et le sodium, sont-ils de quelque utilité?

MOI. On a maintenant recours au sodium pour extraire de l'argile un autre métal dont on n'avait su longtemps obtenir que de petites quantités, mais que, grâce aux belles et heureuses recherches de M. Sainte-Claire Deville, on fabrique, depuis quelques années, sur une assez grande échelle.

EDOUARD. Ah! oui, je sais : l'aluminium. Mais comment le sodium peut-il servir à son extraction?

MOI. Toujours en vertu de son extrême affinité pour les corps comburants. L'aluminium se trouve en abondance à l'état d'oxyde ; cet oxyde s'appelle l'*alumine*. C'est la base de l'argile, matière terreuse qui entre dans la composition de toutes les poteries, depuis le poêlon grossier des pauvres ménagères jusqu'à la tasse légère et diaphane du Japon ou de la Chine. L'oxygène a beaucoup d'affinité pour l'aluminium ; mais le *chlore*, un autre gaz comburant, rival de l'oxygène, en a davantage. On est donc parvenu à transformer l'alumine ou oxyde d'aluminium en chlorure du même métal. Puis, comme le sodium a pour le chlore encore plus d'affinité que l'aluminium, on le substitue à celui-ci dans la combinaison, et l'on obtient, d'une part du chlorure de sodium, — qui n'est autre chose que le sel commun ou sel de cuisine ; — d'autre part, de l'aluminium pur.

EDOUARD. J'entends cela. Mais, monsieur, puisque

le potassium et le sodium brûlent au contact de l'air, comment peut-on les conserver? Dans de l'eau, sans doute?

Moi. Non pas, car en contact avec l'eau ces métaux brûlent bien mieux encore qu'au contact de l'air.

Edouard. Au contact de l'eau, dites-vous? cela me confond. Quoi! l'eau qui éteint si bien les incendies, l'eau dont l'antipathie à l'égard du feu est aussi proverbiale et beaucoup mieux établie que celle du chat contre le chien, l'eau est un corps comburant; elle peut enflammer quelque chose!

Moi. Sans doute. L'eau est elle-même le résultat d'une combustion. C'est de l'oxyde d'hydrogène.

Edouard. Hydrogène?... Voilà encore une substance dont j'ai ouï parler. Mais il me semblait que l'hydrogène était un gaz très-léger, qui sert à gonfler les aérostats?

Moi. Il est vrai. Eh bien, ce gaz est très-combustible. Lorsqu'il fut découvert à la fin du siècle dernier, on le baptisa du nom d'*air inflammable*. Il paraît que la nature a mis l'hydrogène et l'oxygène en présence au temps où notre planète n'était qu'une masse immense de gaz et de vapeurs, et qu'alors ils se sont unis en assez grandes quantités, puisqu'il en est résulté les quelques milliards d'hectolitres d'eau qui couvrent les trois quarts du globe, — sans compter ce qu'il y a sous terre. Quoi qu'il en soit, l'affinité de l'oxygène pour l'hydrogène, bien que très-prononcée, est beaucoup moindre que celle qui le porte vers le potassium et le sodium. C'est pourquoi, si l'on jette un petit fragment d'un de ces deux métaux sur un vase plein d'eau, il s'empare de l'oxygène de celle-ci avec une avidité sans égale, et la combinaison est si rapide, elle s'accompagne d'un tel dégagement de chaleur, que l'hydrogène s'enflamme et brûle à son tour ; en un clin d'œil, le métal a disparu, il s'est transformé en un oxyde (soude ou potasse) qui, au fur et à mesure qu'il se forme, est absorbé par l'eau et s'y dissout entièrement.

CHAPITRE V.

Chaleur excessive. — Malaise général. — Monsieur Mitis a soif. — Nous éprouvons le besoin de prendre l'air. — Mon jardin. — La *cervoise*. — A propos d'air. — Histoire de l'oxygène. — La science et les savants d'autrefois. — *Ipse dixit*. — La raison des choses. — G.-E. Stahl et le phlogistique. — Opinion de M. Dumas. — Expérience de J. Priestley. — L'*air vital*. — A.-L. Lavoisier. — Sa vie et sa mort. — Ses découvertes. — Mort du phlogistique. — Mot de J.-L. Lagrange.

J'ai oublié de vous dire, lecteur ou lectrice, que nous étions au mois d'octobre. A cette époque de l'année, le feu est déjà nécessaire aux gens un peu frileux, mais il n'en faut pas abuser. Le matin de ce jour mémorable, — dont j'ai malheureusement oublié la date précise, — je m'étais levé de bonne heure, et, selon ma coutume, j'avais d'abord ouvert mes fenêtres. Le ciel était clair; le soleil venait à peine d'émerger au-dessus de l'horizon; l'air était vif et le thermomètre accroché au mur de mon jardin ne marquait que 7 degrés au-dessus de zéro. Je ne pouvais m'accommoder d'une température si peu élevée, et c'est pourquoi j'avais fait allumer dans ma cheminée le feu confortable qui était encore en pleine activité lors de l'arrivée de mon visiteur.

Mais tandis que nous causions, lui et moi, « le dieu, poursuivant sa carrière, » avait réchauffé le sol et l'atmosphère; ses rayons, traversant les vitres et les rideaux, projetaient au beau milieu de la chambre, sur un fond lumineux, les silhouettes des croisées, et leur chaleur s'ajoutant à celle qui rayonnait encore du foyer, portait la température de l'appartement bien au-dessus de la limite fixée par les règles de l'hygiène. Monsieur Mitis lui-même, un des personnages les plus frileux que je connaisse, avait quitté son fauteuil et était allé s'étendre à même le parquet, aussi loin que possible de la cheminée. A vrai dire, je n'oserais affirmer que notre entretien scientifique, auquel il n'entendait rien et qui troublait son sommeil, sans lui donner, par compensation, le moindre amusement, ne fût un des motifs de son éloignement; mais la chaleur était certainement le principal, et la preuve, c'est qu'avant de se recoucher à l'autre bout de la chambre, il avait bu assez abondamment dans la tasse placée tout près de là à son intention. Or, on sait que les chats ne boivent que quand ils ont soif; — en quoi ils ressemblent à tous les animaux autres que l'homme, et ils se distinguent de celui-ci, selon la judicieuse remarque de Figaro.

Moi-même, je commençais à étouffer dans ma robe de chambre de flanelle, et mon hôte, qui, depuis quel-

Sur le balcon (p. 73).

ques instants, donnait aussi des signes de malaise, profita de la pause que je fis, après lui avoir expliqué l'effet comburant de l'eau sur le sodium et le potassium, pour se lever de sa chaise et me demander la permission d'ôter son paletot.

— Otez, lui dis-je, et faisons mieux. Continuons notre route et passons au jardin. Nous y trouverons à la fois une température moins élevée et un air plus pur.

Cette fois, en quatre pas et sans nous arrêter, nous gagnâmes la fenêtre.

Mon jardin — ou mon balcon — est, on s'en souvient, d'assez grandes dimensions ; aussi, en arrière des caisses dont il est bordé, y a-t-il encore place pour une petite table ronde flanquée de deux chaises rustiques.

Ce fut là que nous fîmes notre troisième halte, à l'ombre des plantes grimpantes qui couvrent le treillage et des arbrisseaux, encore couverts de quelques feuilles, qui croissent parmi les fleurs de mon modeste parterre.

— Pardieu, me dit Edouard, on est fort bien ici, et je maintiens les compliments que je vous faisais tout à l'heure sur votre parc et ses ombrages.

— J'en suis flatté, lui répondis-je ; mais ne trouvez-vous pas que la science est, comme les fagots de Sganarelle, salée en diable? Que vous semblerait d'un verre de *cervoise?*

Je disais *cervoise* pour ne point dire bière, comme tout le monde ; mais il me fallut bien revenir au langage vulgaire pour me faire entendre de ma bonne, qui ne se doute point que cervoise (*cervisia*) signifie *vin de Cérès* ou de céréales, et que nos ancêtres les barbares du nord s'enivraient bel et bien de ce vin de Cérès, avant que les Romains leur eussent fait connaître celui de Bacchus.

— Où en étions-nous? me dit mon compagnon, lorsque nous fûmes reposés et rafraîchis.

Moi. Nous en sommes où il vous plaira.

Edouard. Comme c'est pour respirer plus à l'aise que nous sommes venus ici, cela me ramène à l'oxygène, dont vous m'avez dit quelques mots seulement. Je vous prierai tout à l'heure de m'expliquer cette fonction si essentielle de notre organisme, la respiration, dont l'oxygène est l'élément unique et indispensable; car je ne me pardonne pas maintenant d'avoir respiré pendant dix-huit ans, sans jamais m'inquiéter d'apprendre ce que c'est que respirer. Mais chaque chose en son temps ; il est certain, d'ailleurs, que je comprendrai bien plus aisément le phénomène, lorsque je connaîtrai bien cet *air vital* qui joue dans la nature un rôle si important.

Moi. Vous avez raison, mon ami, et votre curiosité est on ne peut mieux inspirée. Le gaz oxygène mérite, en effet, une attention toute spéciale ; et si l'on me demandait quelle est la connaissance qu'il est le plus nécessaire de posséder pour être bon chimiste, je n'hésiterais pas à répondre : c'est celle des propriétés de l'oxygène[1].

Ce qu'on peut appeler « l'ère scientifique de la chimie » ne date réellement que du jour où l'existence et l'action chimique de l'oxygène cessèrent d'être un mystère. Jusque-là, point de liaison visible entre les faits, point d'induction, point de rapports, point de lois, partant point de science. Les progrès de la chimie, lents et pénibles, se bornaient à des observations isolées, incohérentes, ne pouvant en aucune façon former la base d'une théorie générale.

La nécessité d'une semblable théorie, pour donner un corps à la chimie et lui faire prendre rang parmi les sciences proprement dites, était pourtant si évidente, que l'on était disposé à accueillir, les yeux presque fermés, la première qui se produirait sous les auspices

[1] Je crois devoir, dès à présent, prévenir mes lecteurs que ce passage et quelques-uns de ceux qui suivront sont à peu près la reproduction de plusieurs articles insérés dans le *Magasin pittoresque* en 1856, 1857 et 1858, et faisant partie de la série intitulée : *La chimie sans laboratoire*. Ces articles ont paru sans signature, comme tous ceux que renferme le *Magasin pittoresque*. Le nom de l'honorable écrivain qui veut bien prendre seul la responsabilité de cette excellente publication est sans doute une garantie plus que suffisante aux yeux du public, et les abonnés peuvent se soucier médiocrement de savoir quels sont les savants et les gens de lettres qui lui prêtent leur concours. Toutefois, il me paraît juste que, dans toute œuvre collective, chacun ait sa part de mérite et de responsabilité. C'est pour cette raison, et afin de n'être pas accusé de plagiat, que je saisis ici l'occasion de revendiquer l'honneur que j'ai eu naguère de collaborer à un recueil si justement estimé du public.

d'un maître et sous une forme spécieuse. On ne peut expliquer autrement le succès rapide et la longue durée de la fameuse doctrine du *phlogistique*. Cela se passait, il est bon de le dire, au commencement du dix-huitième siècle. Les savants d'alors étaient grands faiseurs de systèmes ; seulement, comme l'expérience et le raisonnement, base indispensable de toute théorie scientifique, leur manquaient, ils étaient obligés de bâtir leurs systèmes en l'air, tout comme les habitants des contrées où le sol marécageux s'enfonce sous les pieds, sont forcés de construire leurs maisons sur pilotis.

Si les physiciens nos contemporains abusent encore quelquefois des *fluides*, leurs devanciers d'il y a cent cinquante ans y mettaient encore bien moins de scrupule. Dès qu'une difficulté les embarrassait en physique, en chimie ou en physiologie, ils la tranchaient bravement au moyen de *vapeurs subtiles,* d'*esprits animaux*, d'*humeurs âcres* et d'autres inventions semblables, auxquelles personne ne comprenait rien, mais dont personne non plus n'eût été assez osé pour contester l'existence une fois que les maîtres les avaient affirmées. Car c'était alors aussi le beau temps de l'autorité des maîtres et de la docile soumission des disciples : il y avait des articles de foi dans la science, comme dans la religion, et toute discussion était close, lorsqu'après avoir énoncé quelqu'un des axiomes qui faisaient loi dans l'école, le professeur ajoutait : « *Ipse dixit;* c'est le maître qui l'a dit. » Il fallait croire, sous peine d'être réputé hérétique, traître, indigne de participer aux bienfaits de l'enseignement.

Toutefois, comme à cette époque la manie d'argumenter était très-répandue, un professeur eût perdu tout crédit parmi ses confrères, toute influence sur ses élèves, si, mis en demeure de donner *la raison des choses*, il fût resté court devant son auditoire. Toute affirmation exigeait, comme complément, un *parce que* quel qu'il fût; et si l'on demandait pourquoi l'opium fait dormir, il fallait le dire, sauf à se tirer d'affaire avec la *virtus dormitiva, quæ facit sensus assoupire.* Le phlogistique ne fut autre chose que le *parce que* des phénomènes de combustion dont on appréciait fort bien l'importance, et qu'on enrageait d'autant plus de ne pouvoir expliquer. L'explication, — je parle de la vraie, — ne pouvait être que le résultat de l'expérience, de l'observation, de l'induction — et du temps. Il eût donc été sage d'attendre. On n'en eut pas la patience.

Un célèbre chimiste allemand, George-Ernest Stahl, se chargea de prononcer à tout hasard le *fiat lux* sur le chaos des théories chimiques. Il inventa le phlogistique.

Le phlogistique était, selon lui, une substance, un fluide qu'il supposait combiné naturellement avec les corps combustibles, dont il se séparait par la combustion ou la calcination. Les métaux et les autres corps plus ou moins oxydables, dont la plupart sont aujourd'hui considérés comme des corps simples, étaient pour Stahl, ainsi que pour tous les chimistes de son temps, des corps composés. D'après lui donc, toutes ces substances renfermaient du phlogistique, qui s'en échappait sous l'influence d'une haute température, et les oxydes ou *terres*, comme on disait alors, n'étaient autre chose que des métaux *déphlogistiqués* ou privés de phlogistique. Il n'ignorait cependant pas que les métaux sont moins pesants que leurs oxydes. Dès le siècle précédent, un médecin périgourdin nommé Jean Rey avait fort bien vu que les métaux calcinés augmentaient de poids *par le mélange d'air espessi*, et ce fait seul, parfaitement constaté, eût dû donner à réfléchir à Stahl. Mais le phlogistique répondait, du reste, si bien à toutes les questions relatives aux phénomènes de calcination et de combustion, que le chimiste allemand ne crut pas devoir s'arrêter à cette difficulté, et que nul ne songea seulement à s'en faire une arme pour combattre ses idées. Que dis-je? Ses disciples se montrèrent tellement engoués de sa théorie, que plus tard, lorsqu'on s'avisa de leur objecter ce fait péremptoire, de l'augmentation de poids qu'éprouvent les métaux en perdant leur prétendu phlogistique, ils ne reculèrent pas, pour défendre la doctrine du maître, devant les assertions les plus absurdes, disant, par exemple, « que le phlogistique jouissait de cette propriété tout à fait singulière d'*ôter du poids* aux corps avec lesquels il était uni ! » C'était donc, selon eux, non pas même un fluide impondérable, comme ceux que l'on admet aujourd'hui par hypothèse, mais une substance douée d'une pesanteur négative !

Est-ce à dire pour cela que la théorie du phlogistique fût purement et simplement une sottise, et son auteur un charlatan ou un fou ? Loin de là. Stahl était, non-seulement un chimiste habile, mais une intelligence lumineuse, un homme de génie, et M. Dumas, dans ses belles leçons sur la philosophie chimique, a pu dire avec raison : « Stahl fut le précurseur nécessaire de Lavoisier, et s'il s'est borné à lui préparer « les voies, il les a du moins préparées d'une manière « large, qui n'appartient qu'au génie. » En effet, son système était bien propre à séduire les esprits philosophiques ; il répondait à peu près à tout et, en somme, n'avait besoin, pour être exact, que d'être *retourné*, puisqu'il était précisément le contre-pied de la vérité. Ainsi s'expliquent le succès immense qu'il obtint et l'autorité universelle qu'il conserva pendant près d'un siècle.

Il régnait souverainement lorsque, le 1er août 1774, — date mémorable ! — le chimiste anglais Joseph Priestley obtint, en chauffant de l'oxyde de mercure, un gaz auquel il reconnut bientôt après la propriété d'entretenir la respiration et de modifier le sang veineux comme fait l'air atmosphérique, dont il constata aussi que ce gaz était un des éléments constituants. Malheureusement l'inspiration lui fit défaut au moment même où il touchait du doigt, pour ainsi dire, la clef du grand arcane chimique. Ne pouvant accorder sa découverte avec la doctrine de Stahl, dont il était profondément imbu, il s'embrouilla dans ses déductions et appela le nouveau gaz *air déphlogistiqué* ou *air vital*. De ces deux noms le premier n'avait aucun sens ; le second était un trait de lumière, car le gaz qu'il désignait était bien ce même oxygène qui seul entretient la respiration et la vie. Mais, encore une fois, Priestley n'en sut rien conclure : sa croyance au phlogistique lui interdisait tout commentaire raisonnable sur les phénomènes qu'il avait observés.

Heureusement, la théorie du phlogistique touchait à son dernier jour; avec elle allaient tomber, pour ne plus se relever, tous les systèmes absolus et réputés indiscutables, qui avaient durant tant de siècles enrayé le progrès des sciences ; l'ère de l'investigation rigoureuse allait succéder enfin à celle des tâtonnements et des rêveries.

L'auteur de cette grande révolution fut un homme à jamais illustre, dont j'ai déjà prononcé le nom il y a un instant. Il s'appelait Antoine-Laurent Lavoisier. Il était né à Paris, au mois d'août 1743. Son père, ancien négociant, retiré des affaires avec une grande fortune, lui avait fait donner une brillante éducation, et se proposait de lui acheter une charge dans la magistrature.

Cependant, le jeune homme ayant montré une vocation décidée pour les sciences, il eut le bon esprit de ne point contrarier ce penchant; et lorsque Lavoisier fut sorti du collége Mazarin, où il avait été élevé, il put, tout en suivant les cours de l'Ecole de droit, étudier aussi l'algèbre, la géométrie, la physique, la chimie surtout, vers laquelle il se sentait irrésistiblement attiré. Il se signala de bonne heure par des travaux qui lui valurent d'abord d'honorables récompenses, puis le firent élire, en 1766, c'est-à-dire à l'âge de vingt-trois ans, membre de l'Académie des sciences. Il commençait ainsi sa carrière scientifique par où tant d'autres s'estiment heureux de la terminer. Un tel début aurait dû l'encourager à n'en point chercher d'autre et à vivre tranquillement de ses revenus en se livrant tout entier aux études paisibles qui eussent assuré son bonheur en immortalisant son nom. Mais hélas ! il eut, en 1769, la funeste idée de solliciter, et le malheur d'obtenir une charge de fermier général. La probité, la modération, la philanthropie sincère qu'il apporta dans la gestion de cette charge ingrate; son zèle pour le bien public, le patriotisme et la haute intelligence dont il donna plus d'une preuve dans les fonctions dont il fut revêtu, dans les diverses missions administratives ou scientifiques qui lui furent confiées de 1788 à 1793; ses admirables découvertes enfin, qui étaient à la fois des gloires pour la patrie et des bienfaits pour l'humanité : rien ne put effacer, — aux yeux du parti ombrageux et impitoyable qui tint pendant quelques mois entre ses mains le gouvernement de la République et la vie des citoyens, — le crime irrémissible d'avoir été fermier général. Décrété d'accusation le 5 mai 1794, avec vingt-huit de ses anciens collègues, il fut condamné à mort, et le 9 mai sa tête tombait sous le couteau! Trois mois plus tard, la Convention, en examinant les pièces du procès, reconnaissait l'innocence des fermiers généraux, déférait au tribunal révolutionnaire le représentant Dupin, auteur du rapport fait contre ces infortunés, et rendait un éclatant mais tardif hommage à la mémoire de Lavoisier, dont le Lycée des arts, — qui remplaçait provisoirement les Académies, — célébra solennellement et publiquement l'*apothéose*.

En 1772, Lavoisier, abordant l'étude de la chimie avec cette clairvoyance presque divinatoire qui est le propre du génie, avait été vivement frappé de certains faits, à savoir : que le soufre et le phosphore, lorsqu'on les brûle, donnent naissance à des acides, en augmentant de poids et en absorbant une grande quantité d'air; que la calcination des métaux donne un résultat semblable, et que plusieurs de leurs oxydes, calcinés à leur tour, *se réduisent*, c'est-à-dire régénèrent l'élément métallique, et mettent en liberté l'air précédemment absorbé. Lorsque, deux ans plus tard, l'expérience de Priestley fut connue en France, il s'empressa de la répéter, mais en la complétant.

Non content d'avoir obtenu de l'*air vital* par la réduction de l'oxyde de mercure, il constata, la balance à la main, que le métal reprenait, après cette réduction, exactement le même poids qu'avant la calcination. Ainsi, la calcination et la combustion étaient un seul et même phénomène, consistant dans la combinaison des métaux et des corps combustibles avec l'*air vital*. Comme cette combinaison a, dans beaucoup de cas, pour résultat la formation d'un acide, Lavoisier en conclut que le nouveau gaz était le principal, sinon l'unique générateur de ce genre de composés. De là le nom d'*oxygène* qu'il lui donna, et qui est dérivé des deux mots grecs ὄξυς, *acide*, et γέννάω, *j'engendre*.

Je n'entreprendrai pas de vous énumérer les conséquences théoriques et pratiques que Lavoisier et ses successeurs ont tirées de cette admirable découverte, et dont l'ensemble est devenu le fondement de la chimie moderne. Une des premières et des plus importantes fut la mort du phlogistique. Vainement des hommes dont le courage et le talent étaient dignes d'une meilleure cause, Macquer et Guyton-Morveau, entre autres, essayèrent de le défendre : son heure était venue. Toute conception dogmatique, de quelque éclat qu'elle ait brillé, quelques services même qu'elle ait rendus, tombe ainsi fatalement devant la logique de l'expérience, et s'efface devant la lumière de la raison. Lorsque le soleil est levé, ceux-là sont des fous qui s'obstinent à s'éclairer avec une lanterne. On était désormais en possession de cette théorie positive dont l'absence avait, depuis plus d'un siècle, réduit à l'impuissance ou jeté dans l'erreur tant de bons esprits. Une foule de phénomènes, jusqu'alors incompréhensibles, s'expliquaient d'eux-mêmes ; la clarté succédait aux ténèbres, et l'illustre mathématicien Joseph-Louis Lagrange, qui n'avait point voulu entendre parler de la chimie tant qu'il n'y avait vu qu'incertitude et obscurité, se prenait tout à coup de passion pour cette science, devenue, disait-il, « aussi facile que l'algèbre. »

CHAPITRE VI.

Mon jardin. — La botanique et les botanistes. — Un mot d'Alphonse Karr. — Le langage botanique. — Histoire véridique du dernier arbre de la liberté. — Morale de cette histoire. — Le cèdre du Liban et Bernard de Jussieu. — Le caféier. — Sa transplantation à la Martinique. — Dévouement du chevalier Declieux. — Description du caféier. — Le café considéré au point de vue hygiénique. — Ses amis et ses ennemis. — Les deux docteurs. — Les singes de Voltaire. — Marat. — Virgile. — Conclusion.

Après un si long discours, l'orateur et l'auditeur avaient également besoin de repos. Nous achevâmes de vider silencieusement notre bouteille de bière et nous nous levâmes pour faire un *tour de jardin.*

Dans cette promenade, mes fonctions de cicerone devenaient une sinécure : mon jardin n'est orné, comme je l'ai dit plus haut, que de plantes indigènes ou acclimatées qu'on rencontre partout. Edouard les connaissait aussi bien et mieux que moi, et s'étonnait de n'en trouver aucune qui lui fournît l'occasion de m'interroger.

— Vous le voyez, lui dis-je, ce n'est point ici une

école de botanique. Mon jardin ne diffère de celui de Jenny l'ouvrière qu'en ce qu'il est un peu plus grand. Mon but, en entourant de fleurs cette terrasse, a été de me donner le luxe d'un petit cabinet de verdure où je puisse, lorsque le temps le permet, lire, prendre mon café, fumer, causer avec un ami, à l'abri des regards indiscrets des passants ou des voisins. En un mot, je fais ici du sybaritisme et non de la science.

Edouard. Vous n'aimez donc pas la botanique? Il me semble pourtant que ce doit être une étude bien agréable et bien intéressante?

Moi. L'étude de la nature est toujours intéressante, et celle des plantes possède en effet des charmes particuliers; mais ce n'est pas en cultivant à grand'peine quelques chétifs échantillons sur un balcon de deux ou trois mètres carrés, qu'on peut savourer les douces et profondes jouissances réservées aux vrais adeptes de la science botanique. Les herborisations dans la campagne aux environs de Paris, la fréquentation assidue des amphithéâtres, des serres, des parterres et des collections du Muséum, tout cela ne m'eût pas suffi si j'avais osé aspirer au titre de botaniste.

Edouard. Oh! j'entends : vous auriez voulu voyager, non plus autour de votre chambre, comme nous faisons en ce moment, mais autour du monde; vous auriez voulu herboriser sur les montagnes et dans les forêts des deux hémisphères, et étudier chaque espèce de plantes sous son ciel et sur son sol natals. Pardieu!

vous n'êtes point difficile; mais ne me disiez-vous pas tantôt qu'on peut savoir les mathématiques sans être un Descartes ou un Pascal; la chimie, sans être un Lavoisier; l'histoire naturelle sans être un Cuvier?... Et ne pensez-vous donc pas aussi qu'on peut savoir la botanique sans avoir fait, comme M. de Humboldt, trois ou quatre fois le tour du monde?

Moi. Sans doute, on peut et on doit savoir, non la botanique, mais ses éléments. On doit avoir des notions de physiologie et d'anatomie végétales; on doit connaître la classification générale des végétaux, la distribution géographique, les caractères essentiels, les propriétés, les usages des principales espèces. Je sais bien un peu de tout cela, et je vous engage fort à en apprendre tout ce que vous pourrez; mais à moins que vous n'ayez en vous le feu sacré de la botanique, je crois que vous trouverez comme moi dans cette science plus d'un côté aride et fatigant. Un spirituel et judicieux écrivain, qui est aussi un botaniste fort distingué et un horticulteur passionné, Alphonse Karr, a défini la botanique, telle que les savants nous l'ont faite, « l'art d'injurier les plantes en grec. »

Edouard, *riant*. Ah! le joli mot!

Moi. Très-joli et très-vrai. Il semble, en effet, que ces messieurs aient pris à tâche de rendre répugnante et inabordable cette science, par elle-même si attrayante, si bien faite pour captiver les esprits sensibles aux beautés de la nature. Ils l'ont surchargée de termes barbares, à peine intelligibles même pour qui saurait par cœur son *Jardin des racines grecques*, et aussi désagréables à l'oreille que pesants et indigestes à la mémoire la plus robuste! Certes, la rose, la pensée, la violette, le lilas, le dahlia, la pervenche, le chêne, le peuplier, n'eurent point pour parrains des botanistes. Ce ne sont non plus des botanistes qui ont inventé ces mots si simples de *fleur*, de *feuille*, de *racine*, de *sève*, d'*écorce*; mais ce sont bien eux, les bourreaux, qui ont fabriqué à grands coups de dictionnaires les noms interminables, baroques et mal sonnants de *monoépigynie*, *épistaminie*, *peripétalie*, et ces terminaisons en *acées* qui allongent si gracieusement les noms de famille de ces pauvres plantes : renoncul*acées*, pipér*acées*, papavér*acées*, solan*acées*!... J'en passe, et des meilleures; je vous fais grâce des noms grecs dont ils ont appelé les organes des végétaux, et des noms latins qu'ils ont imposés à chaque espèce, à chaque variété.

Edouard. Mais les reproches que vous adressez aux botanistes ne s'appliqueraient-ils pas aussi justement aux zoologistes, aux chimistes, aux médecins, aux ingénieurs?...

Moi. Hélas! oui, il le faut bien avouer : la race des savants en *us* n'est pas éteinte; le pédantisme vit encore, et avec lui la manie des termes techniques, scientifiques et archaïques. — Et notez que tous ces braves savants professent un dédain superbe à l'endroit des lettrés, des professeurs, — leurs confrères, — des avocats et des idéologues, qui ont eu la niaiserie d'apprendre tout de bon le grec et le latin et de se nourrir de la lecture des auteurs classiques; — ce qui ne les empêche point — c'est des savants que je parle — de faire à tout propos et hors de propos étalage d'une érudition de mots dont la vraie science n'a que faire, grâce aux dieux... Car, après tout, mon ami, il ne faut point imputer à la science les sottises des savants. Il faut l'aimer pour elle-même, en la dégageant autant que possible des hiéroglyphes dont ses maîtres l'ont barbouillée, peut-être dans le but de l'enlaidir, d'éloigner d'elle le *profanum vulgus* et de s'assurer la possession moins partagée des honneurs, de la gloire et du respect qu'elle procure à ses interprètes privilégiés.

Tout en médisant ainsi des savants en général et des botanistes en particulier, nous étions arrivés à l'angle nord du jardin. Mon hôte s'arrêta devant le petit peuplier planté en cet endroit, et qui atteint déjà une hauteur de près de deux mètres.

— Qu'est-ce que cela? me demanda-t-il. Et quelle idée avez-vous eue de planter un peuplier sur votre balcon?

Puis remarquant à la cime de l'arbre un nœud de rubans fanés dont les couleurs avaient dès longtemps disparu, dévorées par le soleil et lavées par les pluies :

— Mais pardon, ajouta-t-il, je vous fais là une question indiscrète. — Sans doute quelque souvenir...

— Oui, un souvenir de jeunesse. Mais rassurez-vous : votre curiosité n'a rien d'indiscret et je puis la satisfaire. Je vous accorde d'abord que l'idée de planter là un malheureux peuplier voué d'avance à une mort prématurée est un véritable enfantillage ; aussi, quoique je fusse bien jeune, n'aurais-je pas songé à faire cette plaisanterie sans les circonstances que je vais vous dire. C'est au mois d'avril 1848 que j'ai pris possession de ce logis. Vous avez peut-être entendu raconter qu'à cette époque, un des divertissements favoris de ce grand enfant qu'on nomme le Peuple, était de planter dans tous les carrefours des arbres de la liberté, pavoisés de rubans et de banderolles tricolores, et surmontés du classique bonnet rouge. Or le jour de mon installation ici, j'étais occupé à me débrouiller au milieu du chaos de meubles, de livres, de caisses, qui précède la création de l'ordre dans un appartement, comme le chaos des éléments a précédé la création de l'ordre dans l'univers. J'étais assisté tant mal que bien dans cette besogne par ma portière, petite femme blême, ridée, et d'une stupidité voisine de l'idiotie... Que voulez-vous ? en de pareils moments, il faut prendre ce qu'on a sous la main et s'en contenter.

Je m'évertuais à lui faire entendre que cette armoire vitrée est une bibliothèque et qu'une bibliothèque est destinée à recevoir des livres, et non des tasses et des assiettes, qu'elle s'obstinait à y ranger comme dans une vitrine de marchand de porcelaines lorsque je reçus la visite d'un ami. Vous pensez bien qu'après m'être excusé de le recevoir dans un pareil tohu-bohu, je n'eus rien de plus pressé que de lui faire visiter mon nouveau domicile, de lui en vanter les agréments futurs et de lui exposer tous les projets dont la prochaine exécution devait le transformer en un chef-d'œuvre de bon goût et de confortable. Je lui montrai surtout avec orgueil la terrasse où nous sommes et que je considère, non sans quelque raison, comme la plus belle province de mon empire.

— Ah! charmant! me dit mon ami. Tu as là de quoi organiser un vrai jardin; mais surtout, ajouta-t-il avec un sérieux parfait, — en bon citoyen, n'oublie pas d'y planter d'abord un arbre de la liberté.

A l'ouïe de ces paroles, Mme Tattenclou — ainsi se nommait ma portière — faillit laisser tomber une lampe qu'elle tenait à la main. La bonne femme avait vu, comme tout le monde, les arbres de la liberté dont Paris se hérissait depuis la révolution, et qui tous étaient de la plus belle venue. Elle n'imaginait pas qu'un arbre de la liberté pût avoir moins de 30 ou 40 mètres de haut, et si obtuse que fût son intelligence, elle comprenait vaguement que hisser sur un balcon au troisième étage un peuplier de cette taille, était une opération difficile, dangereuse, et qui pouvait compromettre la solidité de l'immeuble et la sécurité des locataires. Elle attendait ma réponse avec une anxiété comique. S'amuser aux dépens d'une portière fut toujours, depuis qu'il y a des portières, un plaisir que la jeunesse parisienne ne manque point de se donner toutes les fois qu'elle en trouve l'occasion.

— Certes, répondis-je gravement à mon ami, j'en vais planter un, et cela pas plus tard que demain ; mais je veux qu'il soit beau et j'entends que la chose se fasse avec une certaine cérémonie. Je t'invite, ainsi qu'Edmond et Julien, à un banquet patriotique en l'honneur de l'arbre symbolique. Charge-toi de prévenir nos amis : pendant ce temps je vais chez mon pépiniériste lui dire de m'envoyer demain sans faute un peuplier avec quantité suffisante de terre et une caisse de dimension convenable.

L'effroi de Mme Tattenclou était à son comble.

— Monsieur, me dit-elle en faisant un violent effort et en balbutiant comme un condamné à mort qui demande grâce à ses juges, vous voulez... planter là... sur votre balcon... un arbre de la liberté ?

— Sans doute.

— Mais, monsieur, c'est que le propriétaire... la maison... l'escalier...

— Il suffit, ma bonne femme, interrompis-je, nous savons ce que nous avons à faire. Si votre propriétaire n'est pas content, dites-lui qu'il vienne me trouver.

— Bien sûr, monsieur, qu'il faut que je l'avertisse : sans cela il me retiendrait le dégât *sur ma porte.*

— Avertissez, madame Tattenclou, avertissez.

Elle n'y manqua point. Dès le lendemain matin, le propriétaire venait en personne me présenter ses remontrances relativement à mon projet par trop démocratique, ou plutôt s'assurer si je n'étais pas un peu fou.

Comme il était là, une petite voiture à bras, traînée par un seul Auvergnat, entra dans la cour. Elle m'amenait les caisses que voici et quelques plantes avec leurs mottes de terre.

— Tenez, monsieur, dis-je au propriétaire en lui montrant le contenu du chariot : voici mon peuplier qu'on m'apporte.

— Vous plaisantez : je vois bien du réséda, des rosiers, des géraniums...

— Bon ! le peuplier est si grand que vous ne le verrez que quand il sera ici. J'aurais pu l'apporter dans mon chapeau, comme Bernard de Jussieu apporta, selon la légende, le cèdre du Liban. Petit arbre, il est vrai, deviendra grand, « pourvu que Dieu lui prête vie. » Toutefois tranquillisez-vous : il grandira sous nos yeux et nous pourrons toujours l'abattre ou le faire enlever quand bon nous semblera, s'il ne meurt pas avant, le pauvre petit ! Mais quant à lui refuser asile aujourd'hui, impossible. J'ai invité des amis à déjeuner pour célébrer sa venue ; j'ai acheté des rubans tricolores pour l'en parer : vous ne voudriez pas que j'eusse fait tous ces frais en pure perte... Et puis, songez-y, en cas d'émeute, de bouleversement... Au temps où nous vivons, on ne sait pas ce qui peut arriver... cet emblème républicain serait un palladium pour votre maison.

Soit qu'il fût convaincu par ce dernier argument, soit qu'il voulût bien prendre la plaisanterie en bonne part, le propriétaire ne fit plus d'objection et me laissa mettre sur ma terrasse tout ce que je voulus. Mes amis furent exacts ; tandis que Mme Tattenclou faisait cuire les biftecks et frire les pommes de terre, nous procédâmes à l'installation des caisses, à l'arrangement des fleurs qui devaient les garnir, et enfin à la plantation solennelle de l'arbre populaire, auquel j'ai donné pour pendant, à l'autre bout de la terrasse, ce petit marronnier que vous apercevez d'ici. Telle est, mon cher Édouard, l'histoire véridique du seul arbre de la liberté qui, dans Paris et peut-être dans la France entière, ait survécu à la République, son infortunée patronne.

Édouard. Cette histoire prouve que, pour échapper aux coups de vent politiques, il vaut quelquefois mieux être placé en haut qu'en bas. La tempête alors balaye ce qui est à la surface du sol et effleure à peine les pieds de ceux qui ont su gagner à temps les hauteurs.

Moi. Remarquez cependant que mon arbre n'a dû

qu'à son exiguïté de conserver sa position élevée. Il en est souvent ainsi des hommes en place, qui n'esquivent les contre-coups des révolutions qu'à force de... petitesse. Mais ne nous égarons pas dans la politique et parlons bien vite d'autre chose.

Edouard. Vous compariez tout à l'heure votre peuplier à un cèdre du Liban apporté, disiez-vous, selon la légende, par Bernard de Jussieu dans son chapeau. Excusez mon ignorance, mais j'arrive de mon village, et je ne connais ni le cèdre du Liban dont vous me parliez, ni la légende dont il est le sujet.

Moi. C'est juste; vous n'êtes pas encore allé visiter le Muséum d'histoire naturelle et le Jardin des plantes. Lorsque vous ferez cette promenade, vous vous arrêterez certainement avec admiration devant le beau cèdre du Liban qui ombrage de ses rameaux toujours verts le tertre pittoresque appelé le *Grand Labyrinthe*. Cet arbre gigantesque est un présent fait au Muséum par Bernard de Jussieu, un des plus illustres botanistes du siècle dernier. Or, il existe à ce sujet une fable, d'après laquelle Bernard de Jussieu aurait rapporté ce cèdre tout petit, d'Asie en France, dans son chapeau. On ajoute qu'en traversant le désert il se priva d'eau pour donner à boire à son cher nourrisson. Cette dernière partie du récit est évidemment le résultat d'une confusion entre l'histoire du cèdre et celle du caféier, que je vous dirai tout à l'heure. Quant au voyage du jeune arbre dans un chapeau, il s'en faut de beaucoup qu'il ait été aussi long qu'on le dit.

Etant allé, en 1734, non en Syrie, mais seulement en Angleterre, Bernard de Jussieu reçut de M. Sloanes, directeur du Jardin botanique de Kiew, deux tout petits cèdres, plantés chacun dans un pot de la grandeur d'un verre à boire. Revenu à Paris, en descendant du coche ou du bateau qui l'avait ramené du Havre, il ne voulut point confier ces précieux échantillons au commissionnaire chargé de son bagage, et se rendit à pied au Jardin du Roi, portant un pot dans chaque main. Malgré toute sa précaution, comme il traversait la place Maubert, il en laissa tomber un, qui se cassa. Il mit alors dans son chapeau le cèdre, avec la motte de terre qui en enveloppait les racines, et il rentra ainsi au Jardin. Ce simple accident a donné lieu au conte qui attribue à Bernard un si héroïque dévouement pour son jeune arbre, et qui est devenu en France, à Paris surtout, une légende nationale, comme le miracle de saint Denis et les batailles de Napoléon; — ce qui vous montre, — puisque vous affectionnez les moralités, — que, comme l'a dit Voltaire, « il y a toujours quelque chose de vrai dans un mensonge. » Or, des deux jeunes cèdres rapportés par Jussieu, l'un, on ne sait lequel, fut planté dans le carré appelé *l'Ecole botanique,* où il mourut; l'autre est celui du Labyrinthe, que vous verrez bientôt.

Voici maintenant l'histoire du caféier qui fut transplanté du Jardin du Roi (c'est l'ancien nom du Jardin

De Jussieu et le cèdre du Liban (p. 96).

des plantes de Paris) à la Martinique, au commencement du siècle dernier.

C'est à un autre Jussieu, Antoine, frère aîné de Bernard, qu'on doit l'acclimatation de cette plante dans les colonies françaises des Antilles, d'où elle s'est répandue dans toutes les régions tropicales du nouveau monde. Le café, jusque-là, était connu en France, mais il ne mûrissait qu'en Arabie et coûtait fort cher. Quant à l'arbre lui-même, c'était un objet de curiosité dont on n'eût pas trouvé en Europe quatre échantillons. Le bourgmestre d'Amsterdam, selon les uns, le stathouder des Provinces-Unies, selon les autres, en avait donné un à Louis XIV, qui avait daigné l'accepter et le confier aux professeurs près son Jardin botanique. On a prêté gratuitement au grand roi ou à son ministre Colbert la pensée de faire tourner ce présent à l'avantage des colonies et du commerce français. Il ne semble pas que Colbert y ait songé, et Louis XIV était bien trop occupé de guerre, de politique, d'étiquette et de galanterie pour accorder sa royale attention à de pareilles bagatelles. Cela était bon pour des naturalistes. Ceux-ci accueillirent avec joie le pied de caféier offert par les Hollandais; ils l'entourèrent des soins les plus assidus, et firent de leur mieux pour le reproduire dans les serres du Jardin. Ils en obtinrent quelques boutures; mais c'était pitié de cultiver le caféier dans des serres où les plantes étouffaient faute d'air, ne puisaient, dans le sol artificiel qu'on leur faisait de toutes pièces, qu'une alimentation insuffisante et peu salubre, et manquaient d'espace pour développer leurs rameaux. Jussieu pensa qu'il serait bien plus sensé de l'envoyer en quelque pays où il retrouvât, comme dans sa patrie, avec une terre vierge et féconde, la chaleur vivifiante du soleil des tropiques, la fraîcheur humide de leurs nuits, et les flots abondants et tièdes de leurs pluies périodiques.

La Martinique lui parut offrir les conditions les plus favorables à une première expérience ; un jeune enseigne de vaisseau, plein de zèle pour le progrès des sciences et ami d'Antoine de Jussieu, le chevalier Declieux, partait pour cette colonie. Le botaniste lui remit la meilleure, la plus vigoureuse de ses boutures, en lui recommandant de ne rien négliger pour l'amener saine et sauve à destination, et s'en remettant à lui, une fois arrivé, d'en faire l'usage qui lui paraîtrait le plus profitable.

Declieux promit de se montrer digne de l'importante mission qui lui était confiée, et de veiller sur le frêle arbuste comme sur un enfant malade. La traversée fut longue et pénible. L'eau vint à manquer ; alors, ainsi que cela se pratique en pareil cas, chaque homme, officier ou matelot, fut rationné. Le caféier n'était point compris dans la distribution, et il eût péri si Declieux, fidèle à sa promesse, n'eût partagé avec lui sa ration personnelle, et ne fût parvenu ainsi à le conserver. Suivant quelques auteurs, Declieux aurait reçu d'An-

Déclieux et le plant de caféier (p. 98)

toine de Jussieu trois pieds de caféier; mais, malgré ses efforts et son dévouement, deux seraient morts en route. Quoi qu'il en soit, un seul parvint à la Martinique, et fut le père commun des milliers d'arbres qui ont peuplé depuis les vastes plantations des Antilles et de l'Amérique méridionale.

EDOUARD. Si vous ne veniez de m'avouer votre éloignement pour la botanique, je vous prierais de m'esquisser en quelques mots l'histoire naturelle du café et du caféier.

MOI. On dit aussi *cafier*, mais *caféier* est mieux. En latin, — latin de botaniste, s'entend, car les Romains, même ceux de la décadence, ne connaissaient nullement cette plante, — le caféier s'appelle *coffea arabica*. Pourquoi *coffea* et non *caffea*, et pourquoi deux *f* au lieu d'un, me demanderez-vous? — Adressez-vous aux botanistes. — Le *coffea arabica*... (les botanistes ont décidé aussi que les noms de plantes qui sont féminins en latin devaient être traités en français comme s'ils étaient masculins, et c'est pourquoi je dis LE *coffea*) le *coffea arabica*, donc, appartient, selon les uns, à la famille des *cinchonacées;* selon d'autres, à celle des *rubiacées*, et fait partie de la *pentandrie monogynie* de Linné... Ah! ah! vous voulez de la botanique; en voilà!... Rassurez-vous: il me tarde autant qu'à vous de revenir au langage vulgaire; j'y reviens.

Le caféier est un joli arbre toujours vert. Dans nos

serres, sa taille ne dépasse guère 2 ou 3 mètres ; dans les colonies même, elle ne va guère qu'à cinq ou six ; mais en Arabie, elle atteint souvent 10 et 12 mètres. Les feuilles du caféier sont luisantes et d'un beau vert, plutôt petites que grandes, de forme ovale, aiguës à la pointe, ondulées à la base. Ses fleurs, de forme délicate et d'un blanc jaunâtre ou rosé, exhalent un suave parfum, qui leur a valu le surnom flatteur de *jasmin d'Arabie*. Ses fruits sont des boules d'abord vertes, puis rouges, puis noires, de la grosseur d'une petite cerise, et ressemblant beaucoup, par leur aspect, à ce fruit, dont ils empruntent souvent le nom. Chacun d'eux renferme deux des graines que vous connaissez, appliquées l'une contre l'autre et enveloppées par une pulpe gélatineuse, d'une saveur agréable. Ce sont ces graines qui, débarrassées de leur enveloppe, constituent le café du commerce.

EDOUARD. Que pensez-vous du café au point de vue hygiénique ?

MOI. Je pense que je le trouve fort agréable ; que j'en prends tous les jours après mon dîner, et que je consentirais aux plus grands sacrifices plutôt que de m'en priver.

EDOUARD. Mais, franchement, croyez-vous que ce soit là une bonne ou une mauvaise habitude ?

MOI. Question embarrassante, mon ami. A la rigueur, toute habitude est mauvaise, par cela seul qu'elle est une habitude ; et qui dit habitude dit servitude — pardon de la consonnance. Assurément, les stoïciens avaient raison de prétendre que l'homme vraiment libre et fort est celui qui sait restreindre ses besoins au strict nécessaire et devenir indifférent au bien-être comme au mal-être physique. Mais le monde n'est pas peuplé de stoïciens, et cela est heureux peut-être. A l'axiome juridique *summum jus, summa injuria,* ne pourrait-on pas, en effet, donner pour pendant celui-ci : *summa virtus, summum vitium ?*... Le stoïcisme, poussé à ses dernières conséquences, a produit l'école cynique; en se généralisant dans la société, il aboutirait fatalement à la barbarie.

Supprimer les jouissances du luxe, du confortable, qu'est-ce autre chose qu'abolir la civilisation, l'industrie, les arts, tout ce qui fait le charme de la vie, et on peut dire la vie même chez les nations modernes? Avec notre progrès continu en toutes choses, nous en sommes venus, bien évidemment, à ce point, que les neuf dixièmes de nos besoins sont des besoins factices, et que, pour les individus comme pour les peuples, l'accroissement de ces besoins suit et engendre tour à tour le développement matériel, moral et intellectuel. Le superflu, en un mot, est notre nécessaire à nous autres civilisés ; nous en vivons, et nous ne travaillons que pour l'acquérir, le conserver et l'augmenter. Est-ce un mal ? Je ne le crois pas. La sagesse, selon moi, consiste, non à proscrire ce superflu, ce luxe qui est le plus puissant stimulant de notre activité, mais à le bien choisir, à en user avec discernement, avec modération, à savoir renfermer nos désirs, nos habitudes, dans les limites marquées par le soin de notre dignité, de nos devoirs — et de notre santé.

Puisque nous parlons de café, c'est de la santé seulement qu'il s'agit ici. Le café est-il un *poison lent*, comme le prétendent ses détracteurs, ou une boisson salutaire, comme le soutiennent ses partisans? *That is the question*. Eh bien, les premiers n'ont pas tort, et les seconds ont raison, suivant les circonstances et selon les tempéraments.

Une dame de ma connaissance avait deux médecins. L'un était un vétéran de la science, un praticien fort expérimenté, fort habile, mais imbu des vieilles doctrines et adversaire déclaré du café. L'autre était un jeune homme de mérite, de savoir et d'esprit, un peu rebelle au joug des autorités, et grand amateur du breuvage qu'abhorrait son confrère.

Lorsque la dame relevait de quelque indisposition, la première question qu'elle adressait à ses médecins était celle-ci :

— Docteur, ne puis-je pas reprendre mon café?

— Gardez-vous-en bien, répondait le premier.

— Je n'y vois aucun inconvénient, répondait le second.

Croyez-vous qu'entre ces avis contradictoires la dame fût embarrassée? Nullement. Elle suivait le conseil qui s'accordait avec son désir, et demandait son café bien chaud, bien fort et pas trop sucré. C'est le parti que nous prendrions tous en pareil cas, et ce n'est pas la dame qu'il faut blâmer, mais les deux docteurs, qui tous deux obéissaient, en sens inverse, non aux préceptes de la science et de la raison, mais à un parti pris *quand même*, en vertu de leurs goûts ou de leurs préventions, et sans se donner la peine d'examiner : l'un, si l'état de la malade ne commandait pas une sévérité exceptionnelle ; l'autre, s'il n'y avait pas lieu de lui passer une innocente gourmandise... Mais je me sers là d'un mot malséant, dont je dois demander pardon aux amateurs de café, — et ils forment aujourd'hui l'immense majorité du peuple français. Car sachez bien que si l'on aime le café, ce n'est point par gourmandise : la sensation agréable qu'il procure au goût et à l'odorat n'est que très-secondaire. On aime le café parce qu'il donne de l'esprit, ou plutôt parce qu'il fait jaillir, pétiller, déborder l'esprit qu'on a. Plus on prend de café, plus on a d'esprit. En doutez-vous ? on vous citera un exemple concluant : Voltaire. Qui eut jamais plus d'esprit que Voltaire ? Personne, n'est-ce pas ? Mais aussi quel amateur de café !... Ne vous y trompez pas, depuis que Delille et Berchoux ont vanté si poétiquement les merveilleuses vertus de ce

. . . . Breuvage salutaire
Qui manquait à Virgile et qu'adorait Voltaire,

le monde, le monde littéraire surtout, fourmille de gens très-sincèrement convaincus qu'ils sont des Voltaires par l'esprit, le talent, la verve, parce qu'ils prennent beaucoup de café.

A ce compte, Marat devait être l'homme le plus spirituel de son temps, puisqu'il en vint, dit l'histoire, à absorber jusqu'à trente-cinq tasses de café par jour. Le fait est que si ce régime ne put lui donner de l'esprit, il contribua sans doute puissamment à lui donner la fièvre, et à entretenir dans son cerveau cette exaltation désordonnée qui lui tenait lieu de génie et d'éloquence. Pris à pareilles doses, le café est certainement un poison, et il paraît bien établi que l'*Ami du peuple* n'eût pas tardé à y succomber si le couteau de Charlotte Corday n'en eût prévenu les effets.

En résumé, les propriétés excitantes du café et l'action particulière qu'il exerce sur le système nerveux et sur le cerveau sont incontestables; mais elles ne vont pas jusqu'à justifier le nom de *boisson intellectuelle* que ses fanatiques lui ont donné pour se mettre à l'abri du reproche de gourmandise, en alléguant que c'est leur intelligence, non leur palais, qui réclame du café et qui s'en délecte. Ne dirait-on pas, à les entendre, qu'avant l'apparition du café l'humanité n'avait produit dans les lettres, les sciences et les arts, que des esprits lourds, des imaginations engourdies? Le café, dit-on, manquait à Virgile; soit, mais son absence n'a pas empêché le poëte de Mantoue de faire l'*Enéide*, les *Géorgiques* et les *Bucoliques*, pas plus qu'elle n'a empêché tant d'autres grands hommes de nous léguer des œuvres immortelles; et les écrivains médiocres de nos jours auront beau s'inonder de *boisson intellectuelle,* ils ne trouveront jamais au fond de leur tasse le talent et les idées qui leur manquent.

Il faut avoir le courage de sa sensualité. Quant à moi, je vous l'ai dit, je me suis habitué, à tort ou à raison, à l'usage quotidien du café après le dîner; je le prends comme un breuvage aromatique et parfumé, comme un digestif efficace et comme un stimulant modéré de la circulation, de l'innervation et des fonctions du cerveau; mais n'eût-il aucune des qualités qu'on lui attribue et que je lui accorde, j'en prendrais encore, je l'avoue, par pure gourmandise.

CHAPITRE VII.

Le Tabac. — Puissance mystérieuse. — Essais d'explication. — Histoire du tabac. — Son introduction en France. — Une équipée de princesses. — Le tabac à la cour d'Angleterre. — Sir W. Raleigh et la reine Elisabeth. — Un domestique dévoué. — Un pari gagné. — Un peu de botanique. — Origine probable de l'usage de fumer. — Le pinangue. — Vicissitudes. — Le monopole de l'Etat en France. — Fabrication du tabac : cigares; tabac à fumer, à mâcher et à priser. — La nicotine. — Cas d'empoisonnement. — Débuts d'un fumeur. — Le pour et le contre. — Gageure imprudente. — Un moribond sauvé par une prise. — Autre exemple. — Effets réels du tabac.

J'avais cessé de parler, et, tout en reprenant haleine, je fouillais machinalement dans ma poche pour y prendre quelque chose que je ne trouvais pas.

— Que cherchez-vous ? me demanda Edouard.

Moi. Je ne sais... mon porte-cigares ou mon sac à tabac, probablement... Encore une habitude !

Edouard. Et une habitude bien impérieuse, n'est-ce pas ? Moi qui ne suis encore qu'un apprenti fumeur, j'en éprouve déjà parfois la tyrannie.

Moi. Tant pis, mon ami, tant pis. Tenez-vous en garde, résistez-y; ne suivez pas mon exemple.

Edouard. Votre exemple est donc mauvais?

Moi. A cet égard, oui.

Edouard. Alors, vous n'appliquez point au tabac, comme au café, la doctrine que vous venez d'émettre relativement aux besoins factices.

Moi. Non, certes; l'usage du café (je ne parle pas de l'abus) se justifie sans peine au double point de vue d'une hygiène bien entendue et d'une sensualité délicate et modérée. Mais le tabac!... Voilà une plante qui, certes, lorsqu'elle fut créée, ne se doutait guère de la singulière destinée que lui réservait la bizarrerie, — je dirais presque la dépravation des fantaisies humaines! Elle ne s'attendait point que, n'étant qu'une plante vénéneuse, ou tout au plus médicamenteuse, ne possédant ni parfum, ni arome, ni aucune qualité réellement utile et bienfaisante, elle deviendrait un jour, non-seulement chez les sauvages, mais en Europe, parmi les peuples les plus policés, les plus raffinés et les plus soigneux de leurs personnes, l'objet d'une consommation immense, universelle; que des millions de gens la brûleraient pour aspirer et savourer sa fumée; que d'autres se l'introduiraient, fermentée et réduite en poudre, dans le nez; que d'autres enfin iraient jusqu'à la mâcher avec délices, malgré sa saveur âcre et nauséabonde!

De tous les besoins que nous nous sommes créés,

celui du tabac est peut-être le seul que ne puissent justifier ni même expliquer ceux-là mêmes qui en sont le plus fortement possédés. Et pourtant, vous le disiez avec raison, il devient, par l'habitude, tellement impérieux, que les plus héroïques efforts peuvent seuls en triompher. Quelques écrivains ont hasardé, pour rendre compte de cette ténacité singulière de l'habitude chez le priseur, le fumeur et le chiqueur — sauf votre respect, — des théories plus ou moins ingénieuses, mais qui, je l'avoue, ne me satisfont qu'à moitié.

Ainsi, un très-savant et très-spirituel journaliste de mes amis, M. Lucien Platt, a soutenu, dans le *Musée des sciences*, une théorie d'antagonisme entre les *excitants nervins*, tels que le thé et le café, et les stupéfiants, comme l'opium et le tabac. Il remarque, d'une part, que l'usage des derniers, ou de l'un d'eux au moins, coexiste presque partout avec celui des premiers ; d'autre part, que les actions des uns et des autres sur l'organisme se contrarient et se neutralisent jusqu'à un certain point. Aussi voit-on les Chinois, qui font du thé leur boisson habituelle, et les Turcs, qui consomment d'énormes quantités de café, fumer ou mâcher avec passion le tabac ou l'opium. Il semble donc, d'après M. Platt, lorsqu'on réfléchit à la simultanéité de ces habitudes antagonistes, que, tout en nous endormant par le tabac, nous sentions le besoin de nous réveiller par le café, ou réciproquement, de combattre par l'action stupéfiante de celui-là les effets trop excitants de celui-ci.

EDOUARD. Cette théorie me paraît trop absolue. Autant que mes faibles lumières et mon peu d'expérience me permettent d'en juger, le fait sur lequel elle s'appuie est loin d'être aussi constant et surtout aussi simple que le prétend votre ami. Il est vrai que chez nous la plupart des buveurs de thé et de café sont aussi fumeurs ou priseurs, et quelquefois l'un et l'autre; mais, dans ces habitudes, il y a une infinité de degrés, de proportions, tantôt directes, tantôt inverses, de cas particuliers, qui ne se prêtent point à la détermination d'une loi générale. Pour établir cette loi, il faudrait d'ailleurs tenir compte, non-seulement de l'habitude du café ou du thé et de celle du tabac, mais de bien d'autres encore, qui ne sont pas moins générales et pourraient aussi se rattacher aux premières : par exemple, celle du vin et des spiritueux. Et puis la vie oisive ou laborieuse, active ou sédentaire, mondaine ou retirée, la nature des travaux ou des plaisirs de chacun, devraient, si je ne me trompe, être prises en considération.

MOI. Bravo, mon jeune philosophe, vous parlez sagement et vous envisagez la question sous son véritable jour. Elle embrasse, en effet, vous l'avez fort bien compris, une multitude d'éléments divers et variables ; pour la résoudre; ou seulement la poser logiquement, il ne faudrait entreprendre rien de moins qu'une étude complète de la physiologie et de l'hygiène des sociétés modernes, en examinant comparativement, chez les différents peuples, l'influence du climat, des mœurs, de l'éducation, de l'état social, de l'âge, du sexe, des professions, que sais-je encore ?...

EDOUARD. Ce serait là un travail bien intéressant, une œuvre grande et utile.

MOI. Je le crois bien ; mais elle exigerait une haute intelligence, une grande sagacité, une infatigable patience d'investigation et de vastes connaissances.

EDOUARD. Rien que cela !... Revenons au tabac ; je serais bien curieux d'apprendre quelque chose sur l'origine et l'histoire de cette plante, et même sur sa figure... Dit-on la figure d'une plante ?

MOI. En latin, monsieur. Vous savez bien que si, d'après Alphonse Karr, c'est injurier les plantes que de les nommer en latin ou en grec, selon les botanistes, c'est la seule manière convenable d'en parler. Toutefois, moi qui ne suis pas botaniste, je vous parlerai du tabac en français : je serai sûr d'être plus clair et j'aurai des chances d'être plus correct.

Il faut cependant vous dire que le tabac s'appelle en latin *nicotiana tabacum*. De ces deux noms, le premier lui a été donné en souvenir de Jean Nicot, ambassadeur de France en Portugal, qui l'introduisit, dit-on, dans notre pays au seizième siècle. Quant au second, *tabacum*, il vient, selon quelques étymologistes, de ce que les Indiens, de qui nous avons appris à *fumer* cette herbe, l'appelaient *tabacos;* mais la plupart des auteurs le font dériver plus simplement de Tabago, nom de l'île où les Espagnols la découvrirent. Cette dernière version me paraît préférable, d'autant que le mot *tabacos* n'a nullement la consonnance et, si je puis ainsi dire, la structure qu'affectent les langues américaines, et me fait tout l'effet d'un mot espagnol. On sait, du reste, que le nom sous lequel les Indiens du Brésil et de la Floride désignaient le tabac était *petun*, et ce nom s'est conservé fort longtemps dans ces contrées et même dans les Antilles. Lors de son arrivée en Europe, le tabac fut diversement baptisé. On l'appela *buglose antarctique*, *jusquiame du Pérou* et, plus communément, *herbe de M. le Prieur* et *herbe à la reine,* parce que Jean Nicot, en bon courtisan, en avait d'abord fait hommage à la reine mère Catherine de Médicis, et au grand prieur François de Lorraine. Entré en France sous les auspices d'un si haut patronage, le tabac ne pouvait manquer d'y faire son chemin. La mode de l'enfermer, réduit en poudre, dans de petites boîtes d'or ou d'argent, et de l'aspirer par les narines, prit rapidement faveur à la cour, dans la noblesse, la magistrature et même dans le clergé. Mais la pipe était réputée *de mauvais genre* et laissée aux soudards et aux ribauds; aujourd'hui encore, les fumeurs *comme il faut* ne se permettent la pipe que chez eux, dans la solitude de l'atelier ou du cabinet, ou dans le cercle d'une camaraderie intime. Le cigare et la cigarette sont d'origine américaine ou espagnole, et n'ont été naturalisés dans le centre et le nord de l'Europe que depuis quelques années.

Un soir, au rapport de Saint-Simon, les propres filles de Louis XIV, étant en train de badiner et ayant bien cherché par quelle folie elles pourraient clore leurs amusements, s'avisèrent d'envoyer chercher au corps de garde des Suisses du tabac et des pipes ; — lesquelles pipes, vous le pensez bien, ne firent pas long feu. Le lendemain, ces demoiselles furent tancées d'importance par le roi et par Mme de Maintenon. Il est probable que cette semonce était inutile : leur premier essai dans l'art de fumer avait suffi pour leur ôter toute envie de renouveler l'expérience.

En Angleterre, le tabac fit son apparition sous l'égide d'une protection non moins auguste et plus immédiate, et donna lieu dès le début à une aventure des plus burlesques.

Sir Walter Raleigh, favori de la reine Elisabeth, avait été envoyé en Amérique par son illustre souveraine pour y remplir une importante mission. Il s'agissait d'assurer à la Grande-Bretagne la possession de vastes et riches contrées nouvellement découvertes. Raleigh ne fit point merveille dans le nouveau monde et revint bientôt à la cour, où il se trouvait beaucoup mieux à sa place qu'au milieu des forêts vierges et de leurs habitants les Peaux-rouges. Il rapportait dans sa patrie, non-seulement du tabac, mais une pipe, un vrai *calumet*, qu'il fumait tout de bon avec la gravité d'un chef indien. La reine trouva la chose originale et n'en fut nullement scandalisée. Raleigh fumait donc à White-Hall aussi librement que nous le faisons vous et moi dans cette chambre. Mais la première fois qu'il voulut, chez lui, dans son propre appartement, se livrer à ce genre tout nouveau de distraction, un de ses domestiques, le voyant rejeter de la fumée par la bouche, fut saisi d'épouvante. « Mylord brûle ! mylord brûle ! » s'écria-t-il. Et courant à la pompe, il en revint avec un seau d'eau qu'il vida incontinent sur la tête de son maître. La pipe s'éteignit et Raleigh faillit tomber malade du saisissement que lui causa cette douche imprévue. L'histoire ne dit pas s'il chassa son domestique. J'aime à croire qu'au contraire il le récompensa ; car après tout le pauvre diable n'avait jamais vu fumer personne. Il pensait sans doute, comme tout le monde, qu'il n'y a pas de fumée sans feu ; et le spectacle de nuages bleuâtres, s'échappant de la bouche de son maître, ne pouvaient éveiller en lui d'autre idée que celle d'un incendie intérieur allumé par une cause inconnue dans les entrailles du noble baronnet. Cette idée, une fois admise, il fit preuve d'une présence d'esprit et d'un sang-froid incontestables en s'instituant aussitôt pompier pour lui sauver la vie.

Voici une autre anecdote plus sérieuse et qui attribue au même sir Walter Raleigh l'honneur d'avoir, à propos du tabac, inauguré l'emploi de la balance pour

Sir W. Raleigh et son domestique (p. 114).

les pesées *par différence*, auxquelles les chimistes ont journellement recours, depuis Lavoisier, dans leurs analyses. Le favori assurant un jour galamment sa royale maîtresse qu'il n'était pas de difficulté qu'un désir exprimé par elle ne le rendît capable de surmonter.

— En vérité! s'écria Elisabeth : je gage pourtant que vous ne pèseriez pas la fumée de votre pipe.

— Je tiens le pari de Votre Majesté, répondit Raleigh après un instant d'hésitation.

— Oh! voyons comment vous le gagnerez.

Un page reçut aussitôt l'ordre d'apporter au baronnet sa pipe, du tabac et les balances les plus justes qu'il pourrait trouver. La pipe étant chargée, Raleigh en pesa le fourneau. Puis il l'alluma, la fuma jusqu'au bout, en ayant soin de ne pas laisser tomber la moindre parcelle de cendre. Enfin lorsque le tabac fut entièrement consumé, il mit de nouveau la pipe dans la balance. Il était évident que la différence entre le poids primitif et le poids trouvé dans la seconde pesée représentait exactement celui des produits volatils de la combustion, c'est-à-dire de la fumée. Raleigh avait gagné son pari.....

Je reprends l'histoire botanique, économique et industrielle du tabac. Famille des solanées, ou, comme on dit aujourd'hui, des solan*acées*, ainsi nommées du latin, *solanum*, consolation, à cause de leur vertu soporifique, *quia faciunt dormire*. Le tabac n'est pas une jolie plante; sa tige est herbacée; elle atteint une hauteur de 70 à 110 centimètres, quelquefois plus. Ses grandes feuilles ternes, d'un vert sombre, rudes au toucher, avec leurs côtes ou nervures larges et saillantes, offrent l'aspect sinistre des végétaux malfaisants, contre lesquels la nature elle-même semble avoir voulu nous mettre en garde. Sa fleur même, petite et d'un rose sale, n'a rien de séduisant et n'invite point à la cueillir. Toute la plante exhale une odeur forte, vireuse et désagréable. Par quelles circonstances bizarres les hommes ses compatriotes ont-ils été conduits à lui donner cette destination singulière dont ils ne se sont avisés pour aucune autre? Pour moi, il est évident que c'est la médecine qui en est cause.

Les sauvages, vous le savez, traitent toutes leurs maladies et leurs blessures au moyen des plantes qui croissent autour d'eux, et dont, dans cette vue, ils étudient avec beaucoup de soin les propriétés. C'est par eux que l'usage des plantes médicinales que nous importons des Indes, de l'Afrique et du nouveau monde a été enseigné aux voyageurs. Ils emploient les unes en compresses, les autres en infusion ou en décoction, d'autres enfin en fumigations. Le tabac ou petun était réservé pour ce dernier rôle. Or, il faut être juste : si ses feuilles vertes sentent assez mauvais, séchées et préparées elles exhalent une odeur qui peut paraître et paraît en effet agréable à beaucoup de personnes; et leur arome pénétrant, un peu âcre, exerce sur les nerfs une sorte d'action enivrante et comme fascinatrice. Cette action se produit encore à un plus haut degré, lorsqu'on brûle ces feuilles et qu'on en aspire la fumée. On ne se rend pas bien compte de la sensation qu'on éprouve, mais alors même qu'on en a été d'abord incommodé, on est presque invinciblement porté à s'y soumettre de nouveau. Les substances excitantes ou enivrantes possèdent toutes, du reste, une vertu semblable, à laquelle on a besoin de résister. C'est cette vertu funeste qui fait les ivrognes ; c'est elle aussi qui fait les fumeurs de tabac et d'opium, les *haschichin* ou preneurs de haschich et les mâcheurs de *pinangue*.

EDOUARD. Qu'est-ce que le pinangue?

MOI. C'est une préparation dont il se consomme d'immenses quantités en Orient, et surtout dans l'Inde. On y fait entrer une sorte de poivre appelée *betel* ou *bettle*, avec le périsperme ou enveloppe de la noix d'arec (l'arec est une espèce de palmier), et de la chaux. Ce mélange, d'une saveur âcre, forte et très-aromatique, est mâché avec délices par les Indiens, qui lui attribuent des propriétés stomachiques et digestives (et c'est en effet un stimulant énergique). Ils rejettent la première salive, rendue caustique par la chaux; puis, après avoir fait subir à leur chique ce lavage préalable, ils en expriment et avalent religieusement le suc, jusqu'à complet épuisement.

Edouard. Cette drogue n'a pas encore été importée en Europe?

Moi. Pas que je sache, mais je ne réponds de rien pour l'avenir. La civilisation, assure-t-on, est venue d'Orient en Occident. Cela est possible, quoique je n'en trouve nulle part des preuves bien convaincantes. Mais ce qu'il y a de certain, c'est que tous les maux physiques et moraux, les maladies, la corruption, la superstition, la sorcellerie, la tyrannie, ont été versés sur l'Europe par l'Asie. Je n'aime point l'Orient : c'est la boîte de Pandore, riche et ornée, qui tente la cupidité, excite la convoitise et l'ambition, allèche toutes les passions, et d'où s'échappent, lorsqu'on l'ouvre, des fléaux avec des parfums.

Edouard. Bon! si nous recommençons à philosopher, nous n'en finirons pas avec le tabac, et j'ai hâte de vous interroger sur un autre sujet.

Moi. Lequel?

Edouard. Ce petit instrument que je vois accroché au mur.

Moi. Ah! le thermomètre. Eh bien! j'achève en peu de mots ce qu'il me reste à vous dire du tabac, et nous laisserons la botanique pour revenir à la physique.

Depuis son introduction en Europe, et avant d'atteindre au degré de haute prospérité, de vogue croissante et de productivité fiscale où nous le voyons aujourd'hui, le tabac a passé par des vicissitudes sans nombre. Il a été tour à tour, dans les différents Etats, préconisé, honni, protégé, proscrit, favorisé, excommunié, affermé, libéré, exploité, monopolisé, etc. La plupart des princes ont d'abord cru que leurs sujets, en fumant et en prisant, se suicidaient : ils ont craint de ne plus régner, quelque jour, que sur des nécropoles ou sur des peuples d'idiots, moitié ivres, moitié engourdis. Ils ont donc essayé d'empêcher l'usage du tabac, jusqu'à ce que voyant, premièrement qu'ils n'y parvenaient point; secondement que l'humanité, tout en fumant et en prisant de plus en plus, ne s'en portait pas plus mal et n'en devenait ni plus ni moins extravagante ou stupide, ils ont eu l'idée d'exploiter, au profit du trésor, ce goût étrange, malpropre, mais, au demeurant, inoffensif.

En France notamment, le fisc a su en tirer, surtout depuis une cinquantaine d'années, le parti le plus avantageux.

Le premier impôt mis sur le tabac, en 1621, fut de 40 sols du cent pesant; il fut porté, en 1638, à 7 livres. En 1674, le gouvernement afferma cet impôt, ainsi que les autres; mais en 1677, il le retira de la ferme générale pour le donner à un particulier, moyennant 150,000 livres par an, plus 100,000 livres payables à la ferme générale, à titre d'abonnement pour les droits d'entrée, de sortie et de circulation. Le loyer exigé du fermier s'accrut ensuite chaque année, jusqu'à ce qu'en 1718, le monopole du tabac fut concédé à la

Compagnie d'Occident, pour le prix annuel de 4,020,000 livres.

Dès l'année suivante, ce monopole fut supprimé et remplacé par un droit énorme sur l'importation par navires étrangers, moindre sur l'importation par navires français. Mais on revint, quelques années après, à l'ancien système, qui se maintint jusqu'à la Révolution. En 1791, la culture et la vente du tabac furent déclarées libres, et frappées seulement d'une taxe qui s'accrut et de restrictions qui s'aggravèrent pendant les années suivantes. Enfin, en 1811, Napoléon décréta le monopole de l'Etat. Ce monopole implique, bien entendu, la prohibition de cultiver, fabriquer et vendre le tabac, si ce n'est avec autorisation spéciale et pour le compte du gouvernement.

Toutefois, en Algérie, le commerce peut acheter aux cultivateurs, soit pour l'exportation, soit pour la consommation intérieure, le surplus de ce qui est livré à la régie.

La culture du tabac occupe une place très-importante dans les exploitations agricoles de l'Algérie. Elle produit annuellement plus de 5,000,000 de kilogrammes. En France même le tabac est cultivé en grand dans les départements du Lot, de Lot-et-Garonne, d'Ille-et-Vilaine, du Pas-de-Calais, du Nord, du Haut et du Bas-Rhin; mais je ne puis vous indiquer le chiffre de la production. Ce que je sais, c'est que les tabacs fournis par la France et par l'Algérie sont encore loin de suflire à la consommation française, et que la régie en fait encore venir de Cuba, du Kentucky, de la Virginie, de Maryland, de Java, de la Chine, du Levant, de la Hongrie, de la Hollande, plusieurs millions de kilogrammes en feuilles, sans compter les cigares. Bref, la quantité de tabac qui, chaque année, entre dans les manufactures impériales, s'élève, si je ne me trompe, à quelque chose comme 28 ou 30 millions de kilogrammes. Le gouvernement nous vend le tabac à des prix fictifs, qui étaient déjà très-élevés avec l'ancien tarif, et qu'il a encore jugé convenable d'augmenter en 1860. Les bénéfices qu'il réalise sont énormes et ont suivi jusqu'à présent une marche toujours croissante. Ils étaient de 42 millions en 1820 ; de 72 millions en 1841 ; de 122 millions en 1850 ; de 152 millions en 1855, et de 173 millions en 1857. Ils doivent approcher maintenant de 200 millions.

Les manufactures impériales de tabac sont au nombre de quatorze. Elles se trouvent à Paris, à Bercy, à Bordeaux, à Lyon, à Toulouse, à Marseille, à Lille, à Strasbourg, à Nantes, au Hâvre, à Dieppe, à Morlaix, à Tonneins et à Châteauroux.

Le tabac revêt, dans ces manufactures, quatre formes différentes : celle de cigares, celle de tabac à fumer ou *scaferlati*, celle de tabac à priser, et celle de tabac en *rôles*, à mâcher ou — c'est le mot consacré — à *chiquer*. Mais avant d'être façonné, il subit toujours trois opérations préliminaires, savoir : — l'*é-*

poulardage, c'est-à-dire le nettoyage et le triage des feuilles ; le *mouillage,* qui se fait avec de l'eau salée, et dont le but est de donner de la souplesse aux feuilles ; enfin l'*écôtage,* qui consiste à enlever aux feuilles leur côte médiane et leurs nervures les plus saillantes. Ainsi préparé, le tabac passe dans les ateliers spéciaux.

Doit-il être fumé en cigares, des femmes réunies dans une grande salle passent la journée à rouler entre leurs doigts les petites feuilles, qu'elles revêtent ensuite d'une robe, c'est-à-dire d'une feuille plus grande, bien lisse et exempte de déchirures. Doit-il être fumé dans des pipes, on le hache en petites lanières extrêmement ténues, au moyen de machines assez simples, mues par la vapeur, et dont la pièce essentielle est un couteau qui fonctionne à peu près comme celui d'une guillotine. Lorsque le tabac est haché, on le soumet à une sorte de cuisson sur des tables creuses dans lesquelles circule de la vapeur à une haute température. On achève ensuite de le sécher à une chaleur plus douce, et il ne reste plus qu'à en former des paquets de poids déterminés : 500, 200 et 100 grammes. L'empaquetage est exécuté avec une grande prestesse, à l'aide d'appareils convenables et par des ouvriers habitués à ce genre de travail.

Les *rôles* de tabac se fabriquent à peu près comme des cordes. On en distingue deux sortes : les rôles *ordinaires,* que les gens du peuple nomment *carottes,* sont à peu près de la grosseur du petit doigt. Les rôles *menu filés,* vulgairement appelés tabac *en ficelle*, sont d'un diamètre plus petit et de meilleure qualité.

La préparation du tabac à priser est beaucoup plus compliquée que les précédentes. On choisit des tabacs gras et corsés, comme celui de Virginie, et des tabacs forts, comme ceux de Hollande et des départements du Nord et du Lot : les feuilles, triées, écôtées et mouillées, sont entassées dans de vastes chambres closes, en meules énormes de 600 à 700 mètres cubes, et du poids de 300 à 400,000 kilogrammes. Bientôt la masse entre en fermentation ; sa température intérieure s'élève jusqu'à 80 degrés centigrades, et la chambre s'emplit de vapeurs suffocantes. On n'y pénètre qu'au bout de cinq ou six mois, pour procéder à la démolition des meules ; — opération pénible qui exige de grandes précautions et des hommes robustes et aguerris, car le dégagement de vapeurs redouble lorsqu'on vient à remuer ces monceaux de fumier végétal. Les feuilles, extraites des chambres de fermentation, sont râpées au moyen d'appareils mus par la vapeur, puis on les soumet à la fermentation *en cases.* Ces cases sont solidement construites en planches parfaitement jointes. Elles sont de diverses grandeurs ; la capacité de celle qu'on nomme *case des mélanges,* et qui reçoit, après la fermentation, le contenu de toutes les autres, est d'environ 400 mètres cubes. Les feuilles râpées, foulées et pressées dans les cases, tardent peu à entrer de nouveau en fermentation. C'est lorsque leur température atteint de 55 à 60 degrés, qu'on en opère le transvasement dans la case des mélanges, où on laisse la fermentation continuer encore pendant quelque temps.

La fermentation développe dans le tabac l'huile volatile qui lui est propre, l'ammoniaque qui résulte de la décomposition des principes azotés et hydrogénés, et enfin la *nicotine*, qui devient libre par la combinaison de l'ammoniaque avec l'acide auquel elle est naturellement unie. L'huile volatile donne au tabac son parfum ; l'ammoniaque lui donne le *montant;* enfin, c'est à la nicotine qu'il doit sa force, c'est-à-dire son action sur le système nerveux. Après la seconde fermentation dont je viens de parler, le tabac à priser est tamisé mécaniquement. On recueille la poudre fine qui passe au tamis, et on la met en tonneaux ou en paquets doublés de papier d'étain, pour la livrer aux débitants.

EDOUARD. Une dernière question, si vous le permettez, relativement au tabac. Vous venez de prononcer le mot *nicotine*. Je me rappelle qu'on s'est, il y a quelques années, fort occupé de cette substance, à propos de la célèbre affaire d'empoisonnement dont un certain comte de Bocarmé fut le sinistre héros. Dites-moi donc, je vous prie, ce que c'est que la nicotine.

MOI. La nicotine est le principe actif, vénéneux, du tabac. Elle entre dans sa composition chimique pour une proportion qui varie suivant les espèces. Les tabacs *forts,* tels que ceux du Nord et du Lot, renferment jusqu'à 6 ou 8 pour 100 de nicotine, tandis que les tabacs doux, comme le Maryland et le Latakié, n'en contiennent pas plus de 2 pour 100. La nicotine, telle qu'on l'extrait des feuilles de tabac par des procédés qui sont du domaine de la chimie, est un liquide oléagineux, incolore et limpide, doué d'une faible odeur de tabac et d'une saveur âcre et brûlante. Au point de vue toxicologique, la nicotine rentre dans la classe des *narcotico-âcres*. C'est un poison très-violent. Une seule goutte suffit pour tuer un petit chien ou un lapin. La mort arrive à la suite d'accidents analogues à ceux qu'on observe dans le tétanos, mais auxquels succède une période plus ou moins longue d'affaissement et d'engourdissement.

On a pu malheureusement observer plusieurs cas d'empoisonnement par la nicotine, ou, ce qui revient au même, par le tabac. Sans parler du beau-frère de M. de Bocarmé, on assure que le poëte Santeuil mourut pour avoir bu un verre de vin dans lequel était tombé du tabac d'Espagne en poudre. On a constaté quelquefois à Bicêtre des suicides commis au moyen du tabac par des paralytiques ou des fous tombés en lypémanie.

Si nous considérons maintenant l'action de la nicotine sur les individus qui font usage du tabac, nous reconnaîtrons qu'elle est à peu près nulle, ou du moins tout à fait locale, sur le priseur ; elle émousse, lorsqu'elle ne l'abolit pas, le sens de l'odorat, et affaiblit celui du goût ; mais il n'est pas vrai qu'elle affecte le cerveau et les facultés intellectuelles. Elle est beaucoup plus prononcée chez le fumeur. Je parle du vrai fumeur, — non de celui qui fume un cigare ou une cigarette de temps en temps, — mais de celui qui consomme, sous une forme ou sous une autre, de 20 à 30 grammes de tabac par jour. Elle semble disparaître par l'habitude ; mais, en réalité, elle ne fait que s'amoindrir et se modifier. Le jeune homme qui fume pour la première fois éprouve tous les symptômes d'un véritable empoisonnement.

EDOUARD. J'en sais quelque chose.

MOI. Ah ! vous y avez été pris, jeune homme. Et qu'avez-vous ressenti ?

EDOUARD. J'avais fumé, pour mon début, un cigare à 15 centimes ; encore n'avais-je pu le brûler qu'aux deux tiers environ, lorsque le malaise me força d'y renoncer. J'étais comme ivre, mais sans la moindre gaieté ; je vacillais sur mes jambes ; j'avais la tête lourde ; puis vinrent les nausées, les vomissements. Cela dura une demi-journée ; enfin je m'endormis et le lendemain j'étais guéri.

MOI. Et vous fumiez un second cigare.

EDOUARD. Oui, mais cette fois je fus plus prudent. Je le jetai dès que je cessai de trouver du plaisir à le fumer. C'est en m'arrêtant ainsi à temps que je me suis habitué à fumer *comme tout le monde*.

MOI. Fort bien ; vous êtes habitué au cigare, à la pipe. Pourtant ne croyez pas vous être soustrait à l'action de la nicotine. Elle agit lentement, insensiblement sur votre organisme ; mais elle agit toujours.

Quels sont ses effets? On a beaucoup discuté sur cette question. Plusieurs médecins et physiologistes, ennemis jurés du tabac, l'ont accusé d'engendrer chez les fumeurs une foule de maladies graves, dangereuses même, et des désordres de toute nature : phthisie, catarrhe, affections de l'estomac, du cœur, de la moelle; hébétude, perte de la mémoire, manie, marasme, idiotie... Que sais-je encore?... Ces accusations sont plus qu'exagérées. Lorsqu'on respire souvent une atmosphère chargée de fumée de tabac, il est très-possible qu'il en résulte une irritation chronique des bronches ; mais entre cette incommodité et la phthisie, il y a un abîme. Quant aux facultés intellectuelles, je ne les crois nullement compromises par l'usage du tabac. On pourrait citer plus d'un fumeur émérite parmi les célébrités scientifiques, littéraires, artistiques, — politiques même — de notre époque. Cependant, l'abus exagéré du tabac peut occasionner les accidents les plus graves. Témoin ce vigneron dont parle Marrigues, et qui avait fait le pari de fumer dans une après-midi vingt-cinq pipes de suite, bien que d'habitude il n'en fumât pas plus de quatre ou cinq ; ce vigneron était un ancien soldat, âgé de quarante-deux ans, robuste, alerte et bien portant. Il fuma ses vingt-cinq pipes comme il s'y était engagé ; mais bientôt après il fut pris d'étourdissements et perdit connaissance. On lui entonna des flots de petit-lait, qui provoquèrent, avec des évacuations abondantes, une réaction salutaire. Le malade revint à la vie, mais non à la santé. Pendant dix-huit mois, il ressentit des maux de tête et des vertiges presque continuels, et ne put jamais plus fumer. La seule vue d'une pipe lui donnait mal à la tête.

Comme contre-partie de cet exemple, on peut citer des fumeurs et des priseurs pour qui l'usage du tabac est devenu une condition nécessaire de santé, et qui, ayant voulu y renoncer ou s'étant trouvés momentanément privés de tabac, en ont souffert très-sérieusement.

Le docteur Mérat, dans sa *Flore des environs de Paris*, raconte qu'un jour, herborisant à Fontainebleau, il rencontra un homme couché par terre comme mort. Cet homme eut cependant la force de se soulever pour demander une prise de tabac. On n'en avait pas à lui donner; mais une personne qui accompagnait le docteur Mérat courut en chercher au plus voisin débit. A peine le malade eut-il humé une pincée de la poudre magique, qu'il se releva et se remit promptement. Il raconta alors qu'étant sorti le matin de chez lui, il avait oublié sa tabatière, et que, dans l'après-midi, il avait été obligé de s'arrêter et de se coucher, « ne pouvant « plus se soutenir, faute de tabac. »

J'ai lu dans les mémoires d'un officier français qui fut prisonnier en Espagne sous le premier empire, un autre fait non moins significatif. En 1810, 9,200 prisonniers français furent relégués dans la petite île de Cabrera; 5,000 périrent de maladies, de chagrin, de privations; 2,200 furent transférés ailleurs; 2,000 restèrent dans l'île jusqu'en 1814. Ils manquaient de tout. Cependant, en 1812, « ils reçurent, dit mon auteur, un grand adoucissement à leurs souffrances, par l'arrivée d'une livre de graines de tabac. Ils purent en semer et en récolter pour leur consommation. »

Chacun sait, du reste, et ma propre expérience me permet de l'affirmer, que le dégoût du tabac est chez le fumeur un signe grave de maladie, et que, réciproquement, on peut pronostiquer presque avec certitude son retour à la santé lorsqu'il redemande à fumer.

Tout cela prouve surabondamment la réalité d'une action physiologique latente, mais énergique et intime, exercée sur l'organisme du fumeur par la nicotine. Cette action est complexe; mais elle s'opère principalement sur les organes directement affectés par la fumée du tabac, sur le cerveau et sur le système nerveux. Le tabac, je le répète, n'altère point l'intelligence. Il produit, au contraire, sur le cerveau une action sédative et le porte à la rêverie, à la réflexion, à la méditation. En revanche il diminue sensiblement l'activité physique : — les professions intellectuelles et sédentaires sont celles qui comptent le plus de fumeurs. — Il ralentit aussi les fonctions digestives : — il n'est pas rare de voir les fumeurs perdre l'appétit. — Peut-être exerce-t-il une certaine influence sur les mouvements du cœur, et par suite sur la circulation. Enfin il émousse le goût et l'odorat et abaisse le ton de la voix. Somme toute, le reproche le plus terrible que les dames et les hommes affligés d'organes trop délicats adressent aux fumeurs, c'est l'odeur que conservent toujours et leur haleine et même leurs vêtements ;—odeur désagréable, à ce qu'on dit, mais dont les fumeurs n'ont aucune idée.

CHAPITRE VIII.

Le thermomètre. — Encore le chaud et le froid. — Distinctions et définitions. — Coup d'œil historique. — Thermomètres de Cornelius Drebbel, — des académiciens de Florence, — de Newton, — d'Amontons, — de Fahrenheit, — de Réaumur. — Ce que dit un thermomètre. — L'échelle centigrade. — Construction d'un thermomètre. — Remplissage. — Détermination des points fixes. — Graduation. — Le thermomètre à mercure et le thermomètre à alcool. — Le froid nous chasse du jardin.

J'aurais pu dire encore bien des choses du tabac, — sujet intéressant entre tous, en un temps et dans un pays où cette herbe, sous les diverses formes qu'on lui donne, ne compte guère moins de dix millions d'amateurs. J'aurais pu examiner plus à fond ses propriétés, son influence sur les mœurs et sur la santé, son rôle économique, son avenir. J'aurais pu faire parler d'abord un accusateur, puis un défenseur du tabac, et, après avoir plaidé le pour et le contre, résumer le débat comme un président de tribunal et poser mes conclusions.

Mon docile auditeur m'eût laissé faire : d'abord par

politesse, peut-être aussi par un autre motif plus flatteur pour moi. En effet, les choses nouvelles que je lui mettais sous les yeux commençaient visiblement à captiver son attention ; et n'y rencontrant pas les difficultés qu'il avait redoutées, il se livrait de plus en plus au goût de s'instruire qui lui était naturel. Mais notre voyage s'était effectué jusqu'alors avec une extrême lenteur; nous avions encore bien du chemin à faire, et à continuer de ce train, il nous eût bien fallu trois jours et trois nuits pour revenir à notre point de départ. Il était donc indispensable d'accélérer notre marche. Trouvant que notre halte dans le jardin avait été assez longue, je proposai à mon compagnon de rentrer dans la chambre et d'explorer d'autres objets.

— Pardon, mon cher maître, me dit-il, mais vous m'avez promis de répondre à quelques questions sur l'instrument que voici.

Et il mit le doigt sur le thermomètre.

— C'est juste, répondis-je, questionnez-donc, mon cher disciple..., ou plutôt dites-moi d'abord ce que vous savez ou croyez savoir de l'origine, de la construction et de l'usage du thermomètre.

Édouard. Je sais que le thermomètre, comme son nom l'indique, sert à mesurer la chaleur; que ce petit réservoir cylindrique et le tube qui le surmonte contiennent du mercure ou bien de l'esprit-de-vin coloré en rouge; que ces liquides descendent lorsqu'on expose l'appareil au froid, montent au contraire lorsqu'on l'expose à la chaleur, et que le trait où ils s'arrêtent indique le degré de refroidissement ou d'échauffement qu'ils ont subi.

MOI. Est-ce tout?

ÉDOUARD. Hélas! oui, tout, ou peu s'en faut. Je sais encore qu'il y a deux modes de graduation pour... l'échelle thermométrique... Est-ce bien dit?

MOI. Parfaitement. Et quels sont ces deux modes?

ÉDOUARD. Le plus ancien, je crois, est de Réaumur, un physicien d'autrefois.

MOI. Physicien et naturaliste du siècle dernier. Et la nouvelle échelle actuellement en usage?

ÉDOUARD. J'ignore quel en est l'auteur; mais je suis du moins assez instruit pour ne pas l'attribuer, comme je l'ai entendu faire quelquefois, à *monsieur Centigrade*. Je sais qu'on la nomme centigrade parce qu'elle comprend cent degrés, tandis que celle de Réaumur est de quatre-vingts degrés seulement.

MOI. A la bonne heure! Mais quelles sont les limites inférieure et supérieure de ces deux échelles? Que signifie le zéro de l'une et de l'autre, et le chiffre 80 de l'échelle de Réaumur ou le chiffre 100 de l'échelle centigrade?

ÉDOUARD. Ah! ceci devient plus embarrassant. Je crois que la limite supérieure est celle où la colonne liquide s'arrête lorsqu'on plonge le thermomètre dans l'eau bouillante.

MOI. C'est cela. Et le zéro?

ÉDOUARD. Je m'étais imaginé jusqu'à ce jour que le zéro indiquait la limite où finit la chaleur et où commence le froid. Et cette erreur était d'autant plus excusable, que j'entendais presque tout le monde appeler *degrés de chaleur* ceux qui sont au-dessus de zéro, et *degrés de froid* ceux qui sont au-dessous. Mais vous avez rectifié mes idées à ce sujet, en m'apprenant que les mots froid et chaud n'ont qu'un sens arbitraire et très-mal défini, et que le premier indique seulement une diminution du calorique des corps, tandis que le second indique que ce calorique augmente.

MOI. Ce n'est pas tout à fait cela. Entendons-nous bien sur les mots: il importe de ne pas confondre le *calorique*, agent naturel qui engendre les phénomèmes de dilatation, de liquéfaction, de vaporisation, etc. — la *chaleur* sensation produite sur nos organes par le dégagement du calorique contenu dans les corps, — et la *température*, ou l'état, c'est-à-dire le plus ou moins d'intensité de ce dégagement.

C'est la température seule, et non la quantité de calorique contenue dans les corps, que le thermomètre sert à mesurer. Quant au zéro, sa signification est purement conventionnelle. Sur l'échelle centigrade, comme sur celle de Réaumur, il représente la température de la glace fondante; sur l'échelle de Fahrenheit, qui est usitée en Allemagne, en Angleterre, en Hollande, aux États-Unis, il indique une température beaucoup plus basse. Mais n'anticipons point. Avant de vous décrire la construction du thermomètre, il est bon que je vous dise brièvement ce que l'on sait de son origine et de ses métamorphoses successives.

Dès le commencement du dix-septième siècle, époque où les sciences entrèrent dans la voie de l'expérimentation rationnelle, les physiciens comprirent de quel secours leur serait un instrument qui leur permît de noter et de comparer les températures observées dans leurs expériences. Ils savaient déjà que l'effet le plus général du calorique sur les corps est de les dilater, et cette propriété se présenta tout naturellement à leur esprit, comme pouvant servir de base à la construction de l'instrument qu'ils cherchaient.

Un d'eux, Cornelius Drebbel, savant médecin hollandais, — tous les savants d'alors étaient des médecins, bien que tous les médecins ne fussent pas des savants, — Cornelius Drebbel imagina d'utiliser, pour la mesure des températures, les dilatations et les contractions de l'air atmosphérique. L'appareil qu'il inventa était d'une simplicité tout à fait primitive : c'était un tube fermé à l'une de ses extrémités et plongeant, par l'autre extrémité, dans un vase contenant un liquide coloré ; ce liquide s'élevait jusqu'à une certaine hauteur dans le tube, dont le reste était rempli d'air. Le tube était maintenu verticalement et marqué d'un certain nombre de divisions ou degrés. La chaleur et le froid, — je me sers ici à dessein des expressions communément reçues, — faisaient augmenter ou diminuer le volume de l'air contenu dans le tube, et, par conséquent, descendre ou monter la colonne liquide.

Vous apercevez sans peine toutes les imperfections et tous les inconvénients d'un semblable appareil. Outre que sa graduation n'avait point de limites déterminées et ne reposait sur aucun fait constant, ses dispositions fondamentales le rendaient propre tout au plus à quelques observations très-vagues sur les variations de la température atmosphérique. On ne pouvait ni le transporter, ni l'incliner sans risquer de répandre la liqueur colorée servant à rendre sensibles les changements de volume de l'air, qui jouait le rôle d'agent thermométrique. Quant à immerger la partie supérieure du tube dans un liquide et à s'en servir pour connaître le point de fusion d'un corps solide ou le point d'ébullition d'un liquide, il ne fallait pas y songer : les lois inflexibles de la pesanteur s'y opposaient péremptoirement.

Quelques physiciens de Florence, appréciant à la fois l'utilité du nouvel instrument et la gravité des inconvénients que je viens de signaler, se mirent en devoir de le perfectionner, ou, pour mieux dire, de le transformer. Ils supprimèrent le réservoir de liquide et remplacèrent le tube à air de Drebbel par un tube contenant une petite quantité d'esprit-de-vin coloré en rouge. Ce tube était fermé à ses deux extrémités, et la partie que n'occupait point l'alcool était purgée d'air. C'était donc maintenant l'alcool qui, en occupant une place plus ou moins grande dans le tube, devait indiquer les diverses températures. Le progrès réalisé était déjà considérable, et il n'y avait plus que quelques pas à faire pour arriver au thermomètre moderne. Toutefois, l'instrument imaginé par les physiciens de Florence présentait encore deux défauts très-graves : le premier était son diamètre uniforme et trop grand, qui nécessitait une longueur proportionnelle et rendait trop peu sensibles les changements de volume du liquide ; le second était sa graduation, tout à fait arbitraire, comme celle de Drebbel. Malgré ses imperfections, ce thermomètre fut généralement employé pendant tout le dix-septième siècle. On l'a désigné sous le nom de thermomètre de l'Académie *del Cimento,* parce que les savants qui l'avaient construit appartenaient à cette Compagnie, une des plus célèbres de l'Europe, soit dit en passant.

Un professeur de Padoue, nommé Renaldini, puis le célèbre Newton, enfin Guillaume Amontons, physicien fort distingué, membre de la primitive Académie des sciences de Paris, proposèrent tour à tour des thermomètres, dans la construction desquels ils avaient introduit l'élément essentiel qui manquait à ceux de Drebbel et des académiciens *del Cimento,* à savoir une échelle comprise entre deux points fixes. Les deux points fixes, ou prétendus tels, du thermomètre de Newton étaient : en bas, la température de la neige ; en haut, la température du corps humain. L'intervalle était divisé en douze degrés qui se répétaient au-dessus et au-dessous des points fixes, autant que le permettait la longueur de l'instrument. L'huile de lin était substituée, dans le tube, à l'alcool coloré.

Amontons était revenu à peu près au thermomètre à air de Drebbel; mais il avait adopté comme points fixes la température de la neige et celle de l'eau bouillante. Or, de ces deux températures, une seule, la seconde est réellement constante. L'autre, celle de la glace ou de la neige, varie très-notablement, suivant l'état du milieu ambiant. En hiver, lorsque le froid est très-vif, elle peut descendre à cinq, dix, quinze, vingt degrés et plus de notre thermomètre actuel. La physique et la chimie possèdent plusieurs moyens de produire des froids artificiels très-intenses : par exemple l'emploi de mélanges réfrigérants qui communiquent leur température à l'eau congelée par leur contact. Ni Amontons, ni le grand Newton n'avaient songé à cela.

Un simple constructeur d'instruments de physique, Gabriel Fahrenheit, de Dantzig, fut mieux inspiré. Il conserva pour limite supérieure de son échelle thermométrique le point d'ébullition de l'eau; mais, afin de lui donner aussi un point de départ fixe, il composa lui-même, avec des proportions déterminées de sel ammoniac et de glace pilée, un mélange frigorifique dans lequel il plongeait l'appareil, et il marquait zéro au point où le liquide s'arrêtait.

Le liquide employé par Fahrenheit fut d'abord l'alcool, auquel il substitua bientôt le mercure. Ce métal, liquide, comme vous savez, à la température ordinaire, présente deux avantages précieux : le premier, c'est de se dilater d'une manière très-sensible et toujours uniformément proportionnelle à l'intensité de la chaleur; le second, c'est de n'entrer en ébullition qu'à une température très-élevée (360 degrés de notre thermomètre) et de ne se solidifier qu'à 40 degrés, température qui s'observe rarement dans les climats les plus froids, et qu'on n'obtient artificiellement que par des moyens très-énergiques. Aussi a-t-on continué, depuis Fahrenheit, de le faire entrer dans la construction des bons thermomètres, de préférence à l'alcool. Ce dernier liquide est toutefois employé pour les thermomètres ordinaires, à cause de son prix peu élevé, et pour ceux qui sont destinés à mesurer des températures très-basses, parce qu'il est tout à fait incongelable. Mais sa dilatation inégale ne se prête pas aux observations qui exigent une exactitude rigoureuse; il ne peut d'ailleurs être exposé à une température élevée, puisqu'il bout à 78 degrés centigrades.

Fahrenheit divisa en 212 parties égales l'intervalle compris entre les deux points extrêmes, obtenus comme je viens de le dire; en outre, il se réserva toute sa vie le secret du mélange réfrigérant qui lui servait à déterminer son zéro. Ni cette égoïste et mesquine précaution, ni le nombre bizarre de 212 degrés auquel il s'était arrêté, et qui ne représente rien, ne correspond à rien, n'empêchèrent le succès de son appareil, qui est encore le seul dont on se serve partout où notre système décimal n'a pas encore remplacé les anciens systèmes de poids et mesures. Il est bon que vous sachiez aussi que Fahrenheit, très-habile en son art, introduisit dans la forme du thermomètre des modifications importantes au point de vue de la facilité du maniement et de l'exactitude des observations. Ainsi il en réduisit de beaucoup les dimensions, en substituant aux gros et longs tubes usités jusqu'alors un petit tube capillaire, muni à sa partie inférieure d'un renflement sur lequel principalement s'exerçait l'action de la chaleur. On conçoit aisément que sur une colonne ou plutôt sur un filet liquide d'un aussi petit diamètre, la moindre dilatation se traduit par une élévation notable du niveau, ce qui donne à l'instrument une extrême sensibilité.

Après la mort de Fahrenheit, les ingénieurs allemands durent, faute de connaître les proportions de son mélange réfrigérant, graduer leurs thermomètres comparativement à ceux qui étaient sortis de ses mains. Depuis on est arrivé, par voie de tâtonnements, à découvrir que ce mystérieux mélange était formé de parties égales de glace pilée et de sel ammoniac.

Ce fut en 1714 que Fahrenheit construisit ses premiers thermomètres.

Quinze ans plus tard, Réaumur, peu satisfait d'un mode de graduation dont le point de départ était arbitraire et inconnu, et dont les divisions trop nombreuses introduisaient dans les résultats des expériences une complication inutile, chercha d'abord, parmi les phénomènes naturels les plus communs, une source de froid constante qui pût fournir un point de départ facile à reconnaître et à vérifier. Il le trouva dans la glace *fondante*. Il avait remarqué que, lorsque la glace passe du froid qui a déterminé ou consolidé sa formation à une chaleur capable de la ramener à l'état fluide, elle prend, en commençant à fondre, une température qui ne varie plus, tant que la fusion n'est pas complète. Ainsi, le point de fusion de l'eau solide, c'est-à-dire de la glace, et le point d'ébullition de l'eau liquide, — celui où toute sa masse se transforme en vapeur, — telles furent les limites assignées par Réaumur à la nouvelle échelle thermométrique. Ces limites ne laissaient rien à désirer ; elles rendaient également faciles et populaires la construction et l'emploi du thermomètre, qui devenait dès lors un instrument agréable, familier, j'ai presque dit amusant pour les gens du monde, autant que précieux et commode pour les savants. L'opinion admise vulgairement, et que vous même partagiez encore ce matin, sur la signification du zéro, n'est, après tout, nullement déraisonnable. Car c'est bien seulement lorsque le thermomètre descend au-dessous de zéro, que l'eau se congèle et que commence pour nous, avec l'hiver, ce que nous appelons le froid. Lorsqu'au contraire il s'élève un peu au-dessus, la glace et la neige fondent, la rigueur du climat se détend; on n'a pas encore chaud, mais on ne souffre plus du froid, et l'on croit déjà se sentir caressé par le souffle tiède du printemps. Il est donc vrai, sinon scientifiquement, au moins par le fait de nos sensations, que le zéro marque la limite du chaud et du froid, de la bonne et de la mauvaise saison. Au-dessous, ce sont les petits jours et les longues nuits; le ciel pâle et brumeux; le soleil, un soleil blafard, à peine entrevu derrière un épais rideau de nuages; les arbres dépouillés, sur lesquels le givre a remplacé les feuilles; la terre sèche et dure ou couverte de neige; les rivières grossies, charriant des glaçons. Au-dessus, ce sont les jours gagnant de plus en plus sur les nuits; le ciel plus azuré, plus lumineux; le soleil chaud et radieux; les bourgeons, puis les feuilles, puis les fleurs s'épanouissant aux branches; la campagne verdoyante, les ruisseaux murmurant sous l'ombre des bois... Oui, sur cette planchette où glisse un mince filet argenté, on suit avec tristesse ou avec joie ces évolutions de la nature; et lorsqu'on est seul, qu'on s'ennuie, qu'on ne sait que faire ou que dire, on peut causer avec son thermomètre, aussi bien et mieux qu'avec beaucoup de gens, de la pluie et du beau temps! L'échelle de Réaumur ne porte que quatre-vingts divisions au lieu de cent. Pourquoi quatre-vingts? demandera-t-on. — Pourquoi *pas* quatre-vingts? c'est un nombre qui en vaut bien un autre. Il n'est ni trop grand ni trop petit;

il est divisible par 10, par 8, par 5, par 4 et par 2, ce qui n'est pas une considération sans valeur... et puis on n'avait pas jadis, comme aujourd'hui, la religion, que dis-je? le fanatisme du nombre dix, de ses multiples et de ses *puissances*[1].

Le thermomètre de Réaumur, chose rare, fut accueilli favorablement du vivant même de l'inventeur. En 1750, c'est-à-dire une vingtaine d'années après son apparition, il était seul en usage en France, bien que dans l'intervalle, en 1740, un physicien d'Upsal en Suède, nommé Celsius, eût déjà proposé et fait adopter dans sa patrie l'échelle à cent degrés. Ce fut seulement après l'adoption du système décimal, que le thermomètre centigrade parvint à s'introduire parmi nous; mais il n'a pas triomphé sans peine de l'habitude qu'on avait du thermomètre de Réaumur. Pendant longtemps il a dû partager avec son rival, lui céder un des côtés de la planche, afin que les bourgeois, accoutumés à mettre ou à ôter leur gilet de laine, à quitter ou à reprendre leurs pantoufles fourrées, suivant les indications de ce vieil ami, ne se trouvassent pas subitement désorientés, exposés à gagner des catarrhes ou des rhumatismes, par la faute de ce maudit *monsieur Centigrade*, que plus d'un d'entre eux a mainte fois, de bon cœur, voué aux dieux infernaux.

1. On nomme *puissances*, en mathématiques, les produits successifs de la multiplication d'un nombre par lui-même. Les deux premières sont le *carré* et le *cube*.

Aujourd'hui encore, la plupart des thermomètres d'amateurs portent l'une et l'autre échelle ; mais les physiciens et les chimistes ne se servent plus que de l'échelle centigrade, qui est aussi l'échelle officielle, l'oracle infaillible que les badauds vont consulter sur le terre-plein du Pont-Neuf, devant la boutique de l'ingénieur Chevalier, ou de son successeur.

Edouard, depuis un instant, s'était rapproché du thermomètre ; il l'examinait avec une grande attention et une curiosité visible.

— Que trouvez-vous donc de particulier à mon thermomètre ? lui demandai-je.

— Rien... et tout.

— Quoi ! n'en aviez-vous donc jamais vu ?

— Vous me plaisantez et je le mérite. J'avais déjà vu des centaines de thermomètres : il y en a partout à présent ; mais je n'avais jamais regardé comment ils étaient faits, ni cherché à me rendre compte de la manière dont on s'y prend pour les façonner, pour y introduire le mercure, pour les graduer... C'est ce que je cherche à deviner en ce moment, et j'avoue que je n'y parviens pas... Ce doit être un travail bien difficile et bien compliqué ?

MOI. Pas autant que vous croyez. Cependant il se compose de plusieurs opérations assez délicates, qui exigent des mains exercées. Je vais essayer de vous les décrire.

Pour construire un thermomètre, on prend un tube de verre ou de cristal, dont le diamètre intérieur soit presque capillaire, et, autant que possible, parfaitement cylindrique. Cette dernière condition est très-difficile à réaliser. On peut même dire que le diamètre d'un tube n'est jamais absolument le même sur toute sa longueur. Il est permis de négliger les différences dans les thermomètres ordinaires; mais lorsqu'il s'agit d'instruments étalons devant servir à des observations exactes, on est obligé de diviser le tube de telle sorte, que les degrés représentent non pas des longueurs, mais bien des capacités égales.

EDOUARD. Et comment est-il possible de constater que le tube est ou non cylindrique?

MOI. Rien de plus simple : on y introduit par aspiration une petite quantité de mercure qu'on fait glisser dans toute la longueur du tube, et l'on mesure les espaces qu'elle occupe dans chacune des ces positions successives. Si ces espaces présentent entre eux des différences sensibles, le tube est rejeté. Dans le cas contraire, il est jugé bien calibré. On souffle alors en boule une de ses extrémités à l'aide de la lampe d'émailleur; ou mieux, on y soude un réservoir cylindrique, comme celui que vous voyez-là, parce que ce cylindre, faisant à peine saillie, est moins exposé aux accidents. Le tube est resté ouvert à son autre extrémité. C'est par cette toute petite ouverture qu'il faut maintenant y introduire le mercure ou l'alcool.

Pour simplifier les explications, supposons que ce soit du mercure.

On soude à l'extrémité ouverte de la tige un petit entonnoir dans lequel on verse le mercure. Ce métal, évidemment, ne descendra pas de lui-même dans la tige : le conduit est trop étroit. Comment l'y faire entrer? On expose le réservoir du thermomètre à la flamme d'une lampe à alcool. L'air, fortement dilaté par la chaleur, s'échappe en bulles à travers le mercure; on laisse refroidir. Bientôt le peu d'air demeuré dans l'appareil se condense; il n'occupe plus alors qu'un espace beaucoup moindre; la capacité du thermomètre se trouve presque vide; le mercure, obéissant à la pression de l'atmosphère, pénètre dans le tube, et vient tomber dans le réservoir jusqu'à ce que le vide soit comblé. On chauffe encore; on chasse une nouvelle quantité d'air qui est, comme la première, remplacée par une nouvelle proportion de mercure; on continue ainsi jusqu'à ce qu'on ait introduit dans l'appareil une quantité suffisante du métal liquide. Cela fait, on détache l'entonnoir. Avant de fermer le tube, on le purge entièrement d'air en chauffant le mercure à son tour jusqu'à ce qu'il le remplisse tout à fait, et même qu'il déborde un peu de l'orifice. C'est alors seulement qu'on dirige sur celui-ci, au moyen d'un chalumeau, un jet de flamme qui, en fondant le verre, bouche hermétiquement l'ouverture. Le mercure ne tarde pas à se contracter par le refroidissement, revient à son volume primitif, et laisse à la partie supérieure de la tige un espace parfaitement vide. Il reste maintenant à déterminer les deux points extrêmes, et à tracer les divisions de l'échelle. Pour obtenir le point fixe inférieur, on plonge le réservoir du thermomètre et une partie de sa tige dans un vase rempli de glace pilée ou de neige, et dont le fond est percé d'un trou pour laisser écouler l'eau à mesure que la glace se liquéfie. La colonne de mercure s'abaisse d'abord rapidement, puis s'arrête à un point qu'on marque par un trait de diamant. C'est à ce point que l'on écrira le signe 0.

Le point fixe supérieur se détermine en plongeant le thermomètre, — non pas dans de l'eau bouillante, parce que dans une masse d'eau en ébullition, les couches inférieures, plus près du foyer, sont toujours à une température plus élevée que les couches supérieures, — mais dans une étuve à vapeur d'eau bouillante, d'une construction particulière. C'est un vase métallique divisé en deux parties : l'une, inférieure, est une boîte à parois simples, contenant l'eau qu'on fait bouillir en posant la boîte sur un fourneau ; l'autre est une sorte de cheminée à double paroi, fermée à son sommet par un bouchon de liége, et munie d'un robinet par lequel la vapeur s'échappe après avoir circulé dans tout l'appareil. Le bouchon de liége est percé d'un trou dans lequel on fait entrer à frottement la tige du thermomètre, qui se trouve ainsi immergé dans un véritable bain de vapeur, à la même température que l'eau bouillante qui la produit. On marque le point où s'arrête le mercure soumis à cette température, comme on a marqué celui où il s'était arrêté dans la glace fondante.

Les limites extrêmes de l'échelle étant ainsi obtenues, on n'a plus qu'à diviser l'intervalle en cent parties égales, et à prolonger les mêmes divisions au-dessous du zéro et au-dessus du chiffre 100. Si l'on exécute un thermomètre de précision, il convient de tracer les divisions sur le verre même, afin que les observations ne puissent être faussées par la dilatation ou la contraction du verre. Mais pour les thermomètres d'appartement, on se contente de tracer les divisions sur une planchette de bois, de métal, de porcelaine, creusée d'une rainure dans laquelle on fixe le tube.

Ce que je viens de vous dire ne s'applique, bien entendu, qu'aux thermomètres-*étalons,* qui servent de modèles pour les autres, et qui sont toujours des thermomètres à mercure. Vous concevez, sans qu'il soit nécessaire de vous le dire, que l'alcool, entrant en ébullition à 78 degrés, ne peut jamais servir à la construction de ces appareils modèles, car exposé à une température de 100 degrés, il ferait éclater infailliblement sa fragile prison. Les thermomètres à alcool sont remplis par le même procédé que les thermomètres à mercure. On y détermine aussi la place du zéro en les plongeant dans la glace fondante ; mais on arrête l'échelle supérieure au cinquantième degré. Pour les graduer, on les expose, en même temps qu'un bon thermomètre à mercure, à des températures de 15, 30, 45 ou 50 degrés. On marque des traits aux points où s'arrêtent successivement les deux liquides, et l'on partage les intervalles en degrés égaux, que l'on répète au-dessous du zéro. Il est évident, d'après cela, que le thermomètre à alcool ne présente jamais l'exactitude du thermomètre à mercure, et que c'est toujours de ce dernier qu'on doit se servir pour mesurer exactement la température des corps. Toutefois on est bien forcé de recourir au premier lorsqu'il s'agit de mesurer des températures inférieures à 40 degrés, point où le mercure se solidifie. L'alcool étant incongelable, on peut dire que l'emploi du thermomètre pour la mesure du *froid* n'a pas d'autres limites que le terme imposé par la nature elle-même à l'abaissement de la température sur notre planète. Il n'en est pas de même en ce qui concerne les fortes chaleurs. Au delà de 360 degrés, point d'ébullition du mercure, le thermomètre ordinaire n'est plus bon à rien, et l'on est forcé de lui substituer d'autres instruments beaucoup moins exacts ou beaucoup plus compliqués, auxquels on a donné le nom significatif de *pyromètres* (mesure du feu) et qu'il serait trop long d'énumérer et de décrire.

Tel qu'il est, le thermomètre n'en a pas moins rendu aux sciences théoriques et pratiques, à l'industrie, à la vie usuelle, d'immenses services. Que de choses ont été observées, apprises et expliquées avec son aide, en physique, en chimie, en météorologie, en physiologie, en médecine !

EDOUARD. Quoi ! en physiologie et en médecine !

MOI. Eh ! sans doute. Comptez-vous donc pour rien, par exemple, les observations si intéressantes et si fécondes, relatives à la chaleur vitale des animaux et des végétaux !

EDOUARD. Au fait, je n'y songeais pas, et pourtant j'éprouve moi-même en ce moment un effet physiologique qui eût dû me mettre sur la voie.

MOI. Ah ! vous avez froid? Pardon de vous avoir retenu si longtemps en plein air. Je m'aperçois, moi aussi, que le soleil est maintenant caché derrière les maisons. Et tenez : le thermomètre marquait 16 degrés quand nous sommes venus ici ; en ce moment il est à 12,5 : juste la température moyenne de l'atmosphère dans notre climat... Rentrons donc, fermons la fenêtre et poursuivons notre route *intra muros*.

CHAPITRE IV.

Le musée. — Son aspect. — Démonstration à la pointe de l'épée. — Herpétologie. — Le serpent trigonocéphale. — Un souvenir des Antilles. — Les nègres de la Martinique et le trigonocéphale. — Mortalité causée par ce reptile. — Les animaux destructeurs de serpents. — Le serpentaire du Cap. — La levée en masse des petits oiseaux. — Le crotale ou serpent à sonnette. — L'appareil des serpents venimeux. — Effets mortels du venin. — Moyens de les combattre. — Cléopâtre et son aspic. — Le naja de l'Inde. — Les dompteurs de serpents et leurs supercheries. — Scène à bord d'une corvette. — Le serpent dans l'étable. — La manilla. — Le python.

Etant rentrés par où nous étions sortis, c'est-à-dire par la fenêtre nord, nous continuâmes notre route vers le sud, en longeant le côté occidental de la chambre. Cette direction nous amena tout de suite devant le trumeau qui sépare les deux fenêtres. Or, en cet endroit se trouvent des objets qui ne pouvaient manquer de nous arrêter.

Le trumeau est garni d'une console où l'on remarque, parmi les ustensiles à l'usage des fumeurs : — pot à tabac, porte-cigares, râtelier à pipes, papier à cigarettes, — une paire de balances, un mortier en biscuit, un verre et une carafe, et un bocal qui renferme un serpent confit dans l'alcool.

Cette console est surmontée d'une étagère dont les tablettes supportent, avec des fioles remplies de diverses substances chimiques et autres, les échantillons de minéralogie, de conchyliologie et d'ornithologie dont j'ai parlé plus haut [1].

On sera peut-être d'avis que tout cela forme un assemblage hétérogène assez mal assorti. J'en conviens; mais que voulez-vous? je dispose comme je puis mes richesses, les unes au-dessus des autres, par le même motif qui fait que je loge au-dessus de mon voisin, que mon voisin habite au-dessus d'un autre locataire, celui-ci au-dessus d'un quatrième, et un cinquième au-dessus de moi : parce que dans mon empire, comme dans les grandes cités, on trouve plus aisément de la place en hauteur qu'en superficie. J'ajouterai d'ailleurs que ce pêle-mêle ne me déplaît point, et que j'ai, une fois pour toutes, formellement interdit à ma bonne d'y mettre de la symétrie à sa façon. Un époussetage quotidien suffit pour y entretenir la propreté, à défaut de l'ordre qui serait renversé chaque jour aussitôt qu'établi.

Mon visiteur parcourut des yeux, en souriant, cette partie de mon domaine, que j'ai décorée du nom de

[1] Voir l'*Introduction*.

musée, mais qui est en même temps une pharmacie, un laboratoire, une buvette et une tabagie.

— Les trois règnes sont représentés dans cette collection, me dit-il, et l'on reconnaît bien ici le logis d'un homme de science.

— Jeune homme, voilà une flatterie qui touche de bien près à la raillerie. Prenez garde : je suis susceptible !

Et, sans lui laisser le temps de s'excuser, je m'élançai vers mon arsenal, situé à l'extrémité méridionale de la chambre, entre l'armoire et la bibliothèque. Je décrochai du mur une vieille épée sans fourreau, arme redoutable avec laquelle j'ai, dans ma jeunesse, embroché plus d'un... poulet, qu'aux jours « de grande richesse » nous faisions rôtir, « pauvre oiseau plumé, » pour le dîner du mardi gras ou le souper de Noël.

Mon mouvement avait été si brusque, qu'en me voyant revenir sur lui, cette rapière à la main, mon hôte dut se demander si je n'étais pas par hasard atteint de quelque manie furieuse contre laquelle son père aurait oublié de le prémunir. Cependant, il fit bonne contenance.

— Quoi ! s'écria-t-il; vous voulez me tuer ?

— Non, répondis-je ; mon intention n'est pas si scélérate. Je veux seulement vous épargner la peine de me questionner sur toutes ces curiosités, qui m'ont valu de votre part le compliment équivoque...

— Monsieur !... croyez bien...

— Je n'en doute pas... Je veux donc prévenir vos

questions en vous faisant la démonstration desdites curiosités, et ce glaive va tout simplement me servir à les désigner successivement, comme font avec leur baguette, dans les baraques foraines, les montreurs de figures de cire et d'animaux féroces.

— Ah ! mais l'idée est excellente. Je n'ai donc qu'à écouter et à regarder.

— Asseyez-vous, prenez place : nous allons commencer. Y êtes-vous ?

— Je suis tout yeux et tout oreilles.

— Vous voyez ici, commençai-je avec l'emphase convenable à mon rôle, en touchant de la pointe de mon épée le bocal au reptile, vous voyez ici, parfaitement conservé dans de l'esprit-de-vin, un des plus dangereux habitants des forêts vierges du nouveau monde : c'est le *bothrops lanceolatus,* le trigonocéphale, appelé aussi serpent fer-de-lance ou vipère jaune de la Martinique. Il a été rapporté de cette île par un de mes amis, M. Lucien Platt, le jeune écrivain dont je vous ai cité tout à l'heure l'opinion relativement à l'action physiologique du tabac. M. Platt, qui a séjourné plusieurs mois à la Martinique en qualité de naturaliste attaché au Jardin botanique de Saint-Pierre, a eu l'avantage de se trouver personnellement en rapport avec messieurs les trigonocéphales. Il m'en a parlé plusieurs fois dans les termes les moins flatteurs, et il en a conservé un souvenir si peu rassurant qu'un jour, herborisant sur les pentes pittoresques du parc de Saint-

Cloud, il faillit se rompre les reins par suite de la frayeur subite qui le fit se rejeter brusquement en arrière, à l'aspect d'un morceau de bois mort contourné et recouvert d'un lichen dont les écailles jaunâtres lui avaient rappelé, au premier aspect, l'affreux animal que j'ai l'honneur de vous présenter.

« Avant de me croire trop... impressionnable, me disait-il en me racontant cette aventure, veuillez me suivre par la pensée dans ces îles luxuriantes où toute forme, toute fonction s'exagère sous la perpétuelle influence d'une chaleur humide. Voyez, dans ces bois où la marche est à chaque instant entravée par des lianes, le chasseur qui bat les hautes herbes avec la baguette de son fusil; voyez ce nègre, dans un champ de cannes à sucre, attentif à soulever de la pointe de son coutelas les feuilles tombées à terre, pour les éparpiller ensuite avec bruit; voyez, le soir, les habitants attardés, que précède un homme portant une torche résineuse, et armé d'une canne dont il bat encore le chemin à coups redoublés... Que craignent-ils tous, si ce n'est le serpent, l'éternel ennemi de la nature tropicale? Toute préoccupation s'efface ici devant la crainte d'une mort horrible, dont les exemples sont encore trop fréquents. » . . . . . .

Le trigonocéphale est d'un jaune plus ou moins foncé. Il atteint assez fréquemment une longueur de près de deux mètres, et cela est relativement heureux, car les serpents venimeux sont d'autant moins à craindre qu'ils se cachent plus difficilement, et les nègres de la Martinique, qui, par nécessité, sont tous grands chasseurs de reptiles, professent cet axiome : « Serpent vu, serpent mort, » que l'expérience n'a presque jamais démenti. Mais comment savoir si les broussailles à travers lesquelles on se fraye un chemin, si la touffe d'herbe, si la feuille tombée à terre qu'on va heurter ou fouler du pied ne lui sert pas de refuge ?... Heureusement encore, le trigonocéphale, comme presque tous les animaux, cherche d'abord à éviter l'homme, pourvu qu'il soit dûment averti de son approche. Aussi, lorsqu'on n'a pas dessein de le provoquer en combat singulier, le plus sage est de l'effrayer en faisant du bruit, en fouettant les branches et les herbes avec un bâton. L'animal s'enfuit alors et le danger est nul. Mais encore faut-il que la retraite ne lui soit pas coupée par quelque obstacle qu'il ne puisse franchir ; car, dans ce cas, il se met en garde ; il se *love* (il s'enroule en spirale), ne quitte plus des yeux son ennemi et déploie dans son mode de défense une ruse qui ferait de lui un adversaire vraiment redoutable, si elle n'était égalée par sa stupidité. Il attend patiemment que l'ennemi soit à sa portée, s'élance sur lui avec la rapidité d'une flèche, le mord et en même temps se love de nouveau pour redoubler rapidement ses coups, jusqu'à ce que l'ayant mis hors de combat, il puisse gagner une retraite assurée.

Les nègres déjouent aisément cette tactique. Le

Le nègre et le serpent trigonocéphale (p. 157).

serpent a beau se lever à leur approche et darder sa langue fourchue, quelques pierres, « lancées d'une main sûre, » l'obligent bientôt à dérouler ses anneaux et à se mettre en marche ; et si le champ de bataille est bien choisi, si l'on y peut suivre tous les mouvements de l'animal, celui-ci n'a que faire de ses terribles crochets et du poison foudroyant qu'ils distillent. Le chasseur aura raison de lui aussi aisément que de la plus humble couleuvre d'Europe. Le point capital est de l'amener sur un terrain uni : quelques coups de bâton terminent la rencontre.

Un trigonocéphale sort-il d'un champ de cannes, prenant à l'improviste un nègre sans arme ? belle occasion perdue ; car si le nègre s'en va chercher un bâton, le serpent n'aura pas l'héroïsme d'attendre son retour ; il a encore plus peur du nègre que le nègre n'a peur de lui, et ne se tient en garde que tant qu'il se voit ou se croit menacé. Que fait alors le nègre ? tout en tenant ses yeux fixés sur l'animal, il ôte doucement sa veste ou sa chemise et en fait à terre un petit tas sur lequel il pose son chapeau. Le stupide reptile reste consciencieusement *lové* devant ce grossier simulacre comme devant l'homme lui-même, et celui-ci a tout le temps d'aller chercher un bâton. Il peut revenir au bout d'une heure ; il retrouvera encore la bête tirant la langue à ses hardes, et, en le tournant avec précaution, il l'assommera sans courir de risque.

Malgré la guerre que lui font les nègres, le trigonocéphale ne laisse pas de croître et de multiplier à la Martinique et d'y faire chaque année de déplorables ravages. On a évalué à cinquante en moyenne le nombre de personnes qui, sur une population de 125,000 âmes, périssent chaque année victimes de ses morsures. Je ne parle pas des pertes qu'il cause dans les basses-cours, où il pénètre fréquemment et qu'il laisse jonchées de cadavres. On a proposé et mis en œuvre tous les moyens imaginables pour conjurer ce fléau vivant et pullulant. L'homme a appelé à son aide les animaux dont la réputation comme destructeurs de reptiles était le mieux établie : le hérisson, la mangouste d'Egypte, — qui n'est autre que le fameux ichneumon dont les anciens naturalistes ont conté tant de merveilles, — enfin, le secrétaire ou serpentaire, du Cap, qu'on croyait invincible. Hélas! tous ces estimables animaux sont restés bien au-dessous de leur renommée. Le dernier serpentaire qu'on ait amené à la Martinique eut à combattre trois fers-de-lance en quelques jours : il tua les deux premiers, mais il fut tué par le troisième.

« L'homme serait donc sans alliés dans cette terrible guerre, me disait M. Platt, à qui je dois tous ces curieux détails, si la plus faible des nombreuses victimes du trigonocéphale n'était aussi la plus courageuse. C'est l'oiseau des îles tropicales, gracieuse et frêle créature dont le bec ne sait que crier, qui, pour sa vie chaque jour menacée, pour ses petits dévorés, et peut-être encore pour la nature entière souillée d'un révoltant contact, lui déclare intrépidement vengeance.

« Rarement le fer-de-lance se déplace pendant le jour ; mais si quelque accident le met en marche, ou s'il est mal caché dans sa retraite, il est bientôt signalé. Si jamais votre destinée vous conduit aux Antilles, quelque insensible chasseur que vous puissiez être, n'allez point tuer ce petit oiseau, que les nègres reconnaissants ont, bien qu'il chante peu, voulu nommer rossignol : vous vous feriez une méchante affaire avec les Africains ; c'est leur protecteur ; il veille aussi sur vous. A peine a-t-il vu, de son poste aérien, glisser dans l'herbe ou reluire entre les larges feuilles les écailles du reptile, qu'il ne se possède plus. Il va, il vient, il sautille de branche en branche, appelant d'un cri perçant et lamentable toute la gent volatile des arbres voisins. De proche en proche, le cri s'entend et se répète ; de toutes parts, rossignols, merles, gros-becs, colibris, tous les oiseaux arrivent, et perchés au-dessus de l'assassin, l'insultent avec fureur et le dénoncent à l'homme.

« Irrité de ce concert de malédictions, le serpent se dresse ; mais ils sont tous hors de portée. Les cris redoublent. Le serpent veut fuir et se cacher ; les cris l'accompagnent. Partout où il traîne, les oiseaux le suivent en voletant, l'étourdissent et le signalent. Il faut qu'il disparaisse entièrement à leurs yeux, ou que la nuit survienne pour qu'ils lui rendent à regret sa liberté. Quelle consternation lorsque l'ennemi leur échappe! Quelle joie, quels nouveaux cris si l'homme arrive, et si devant eux il en fait justice! »

EDOUARD. Le trigonocéphale n'est-il pas un peu parent du serpent à sonnettes?

MOI. Ils sont de la même famille, et à peu près aussi désagréables à rencontrer l'un que l'autre. Cependant le crotale, — tel est, vous le savez, le nom zoologique du serpent à sonnettes, — est peu redouté des habitants du continent américain. Il évite, avec plus de soin encore que le fer-de-lance, la présence de l'homme. Il est aussi plus paresseux, plus lent dans ses mouvements, et ne mord que lorsqu'on l'attaque ou qu'on le dérange à l'improviste. Enfin on est presque toujours averti de son approche par le bruit strident de sa sonnette.

EDOUARD. Et qu'est-ce donc que cette sonnette?

MOI. Cela ne ressemble guère aux instruments en métal que nous connaissons sous ce nom. C'est un assemblage de pièces cornées qui enveloppent les dernières vertèbres caudales et qui, en s'entrechoquant, produisent comme un bruit de castagnettes.

EDOUARD. Il est encore une chose que vous ne m'avez point expliquée, sans doute parce que vous croyiez que je la savais... et, en effet, je devrais la savoir...

MOI. Laquelle?

EDOUARD. Je suis honteux vraiment de vous le demander : Quelle est l'arme des serpents venimeux? Je sais que ce n'est point, comme on le croit vulgairement, leur *dard,* qui n'est autre chose que leur langue, et que leur prétendue piqûre est une véritable morsure. Mais le virus mortel qu'ils inoculent à leurs victimes réside-t-il dans leur salive?...

MOI. Nullement; le venin se forme dans une glande spéciale située près de l'orbite de l'œil, et qui communique avec une poche dite *réservoir à venin*, placée au-dessus de la mâchoire supérieure, et terminée en avant par un conduit qui aboutit au *crochet à venin.* Ce crochet est une dent percée d'un canal capillaire qui donne issue au venin lorsque la glande est comprimée par le mouvement des mâchoires. Les crochets sont, en outre, mobiles; ils demeurent pliés en dedans quand le serpent est en repos; mais celui-ci les redresse à volonté lorsqu'il veut attaquer une proie ou se défendre contre un ennemi. Ce sont donc les crochets (il y en a un de chaque côté de la mâchoire supérieure) qui versent le venin dans la plaie qu'ils ont faite.

Le venin des vipères des tropiques agit avec une violence et une rapidité presque foudroyantes. Les petits animaux sont tués en deux ou trois secondes : les animaux plus forts et l'homme ne résistent que quelques minutes; rarement leur agonie se prolonge au delà de cinq ou six heures. Dans ce dernier cas,—qui ne se présente que si l'animal a déjà épuisé sa provision de venin, ou si l'on est parvenu à en atténuer un peu les effets par des moyens trop tardifs ou trop faibles pour les conjurer, — dans ce cas, dis-je, les symptômes sont toujours à peu de chose près les mêmes. La partie mordue devient le siége d'une enflure qui gagne rapidement tout le membre, en même temps que la peau prend une teinte livide. Le blessé est saisi d'étourdissements et d'étouffements auxquels succède une somnolence comateuse bientôt terminée par la mort.

EDOUARD. N'est-il donc aucun moyen d'échapper à cette mort horrible, lorsqu'on a été mordu par un serpent venimeux ?

MOI. On n'en connaît jusqu'ici qu'un seul ; et encore n'est-il efficace qu'autant qu'on y a recours sans le moindre délai, car l'absorption du venin dans le torrent de la circulation s'opère presque instantanément. Ce moyen consiste à introduire dans la plaie un caustique ou un fer rouge. Quant aux pansements appliqués et aux remèdes administrés après coup, par les soi-disant guérisseurs auxquels on s'adresse souvent en désespoir de cause, ils peuvent tout au plus retarder la mort de quelques moments. Et les cas, fort rares, de guérison cités par les auteurs, doivent être attribués, non à l'efficacité de ces drogues, mais à ce que le patient avait eu le bonheur d'être mordu par un serpent qui venait d'épuiser son venin dans des rencontres précédentes.

EDOUARD. L'histoire des serpents venimeux me rappelle tout naturellement le fameux aspic de la reine

Cléopâtre. Singulier genre de suicide que celui-là !

Moi. Je n'en connais point de bon ; mais celui-là est original, et, après tout, il en vaut bien un autre. Le venin de l'aspic n'est pas moins actif que celui des vipères d'Amérique. Cléopâtre s'est donc procuré, au moyen de la piqûre de ce reptile, une mort sûre et prompte, préférable, sous beaucoup de rapports, à celle qu'elle eût trouvée en se plongeant une lame froide dans le corps, ou en se faisant ouvrir les veines dans un bain, comme la mode en prit plus tard à Rome, ou enfin en avalant quelque horrible drogue âcre et amère, qui l'eût fait périr d'une façon malséante pour une princesse et pour une jolie femme, dans les coliques, les hoquets et les convulsions.

Edouard. L'aspic n'est donc pas un animal fabuleux ?

Moi. Non pas. Seulement il a changé de nom. On l'appelle aujourd'hui *naja*, *serpent à lunettes*, *serpent à coiffe*, en portugais *cobra capello*. Le naja est à l'Afrique et à l'Asie méridionale ce que le fer-de-lance est aux Antilles, et le crotale au continent américain. Comme ses cousins du nouveau monde, il inspire plus de crainte aux Européens qu'aux indigènes, ceux-ci étant au fait de ses habitudes, et sachant comment il faut s'y prendre pour l'éviter ou pour le tuer, ou même pour le manier sans danger.

Vous avez, sans nul doute, entendu parler des anciens psylles égyptiens qui avaient, dit-on, l'art d'apprivoiser les serpents les plus venimeux, notamment les aspics, en exerçant sur eux, au moyen de la musique, du magnétisme et, s'il fallait les en croire, de certaines incantations magiques, une fascination irrésistible. Je ne sais s'il existe encore des psylles en Egypte ; mais en tout cas, l'art de ces charmeurs de serpents s'est transmis parfaitement intact aux jongleurs persans et hindous, et l'on sait de science certaine que la magie n'y a aucune part, et qu'il repose sur des procédés très-simples, et plus encore sur des supercheries grossières. S'il y avait des najas en France, vous verriez nos bateleurs forains faire danser ces reptiles au son de la clarinette, avec tout autant de sécurité et non moins de succès que le pratiquent leurs confrères asiatiques.

Vous savez d'abord que, pour prendre un serpent sans risquer d'en être mordu, on n'a qu'à le saisir par le cou. Ne pouvant tourner la tête dans aucun sens, il est mis ainsi hors d'état de nuire. Avec les trigonocéphales et les crotales, ce moyen n'est pas absolument sûr, car ces serpents s'enroulent alors autour du bras, et le serrent souvent avec une telle force que la main lâche prise, malgré qu'on en ait. Le naja, lorsqu'on lui serre le cou, tombe en catalepsie et devient roide comme un bâton. Libre de ses mouvements, il manifeste, en présence de l'homme, une agitation extrême. Il se dresse avec une curiosité inquiète, en écartant ses premières paires de côtes, et en élargissant de la sorte la partie supérieure de son corps. Il est facile de porter cette agitation à son comble, et d'intimider les najas en les regardant fixement et leur faisant entendre un instrument de musique quelconque. Ce n'est pas, j'imagine, que le naja soit mélomane le moins du monde ; mais comme il n'est point habitué à entendre jouer de la clarinette ou de la flûte, les sons qu'on lui jette aux oreilles sans interruption l'étonnent, le troublent, et lui font perdre contenance. Le jongleur, son maître, en profite pour le toucher ou pour le prendre à la gorge. Il paraît, d'ailleurs, qu'avant de se livrer à ses exercices publics avec son serpent, le bateleur a pris la sage précaution de lui arracher ses crochets à venin ; ou bien il lui a présenté, à plusieurs reprises, un gantelet en terre cuite, que l'animal a mordu les premières fois avec rage, mais qu'il a fini par respecter après s'y être meurtri la gueule et brisé une ou deux dents. Lorsque ensuite le jongleur lui offre sa main, il croit encore avoir devant lui le gantelet, et se garde bien de la mordre.

Votre père, qui est un des lauréats de l'Exposition universelle de 1855, connaît certainement de nom et peut-être de vue M. Natalis Rondot, alors membre du jury d'examen.

Edouard. Il me semble, en effet, lui avoir entendu prononcer ce nom.

Moi. Eh bien, M. Natalis Rondot a visité, il y a quelques années, la Chine et l'Indo-Chine, et il a rapporté de ces contrées une foule de souvenirs qui, joints à ses vastes connaissances en fait d'économie industrielle et commerciale, de chimie, de botanique, de géographie, de linguistique, — et de bien d'autres choses encore, — font de lui un des hommes les plus savants, et les plus utilement savants de France... M. Rondot, se trouvant à Trinkomali de Ceylan, à bord de la corvette qui le ramenait en Europe, fut un soir témoin des prestiges d'un dompteur de serpents, qui vint à bord du navire pour y récolter quelques pièces de monnaie.

Ce jongleur était pauvrement vêtu et coiffé d'un turban orné de plumes de paon. Il portait plusieurs colliers de sachets garnis d'amulettes, et avait dans une corbeille plate un naja ou cobra-capel à lunettes. — J'ai oublié de vous dire qu'on appelle ainsi les najas de l'Inde, parce qu'ils ont sur la nuque une tache noirâtre qui représente parfaitement un pince-nez. — Cet homme s'installe sur le pont; les passagers et les officiers s'asseoient sur le banc de quart; les matelots font cercle. La corbeille est posée sur le pont et découverte. Le capel est tapi au fond. Le jongleur s'accroupit à quelques pas de distance et se met à jouer un air lent, plaintif, monotone, avec une espèce de petite clarinette, dont les sons rappellent ceux du biniou breton. Le serpent commence à remuer, s'allonge, puis se dresse et se tient comme assis sur sa queue roulée en spirale. — Cette posture, qui lui est familière, avait fait croire aux anciens Egyptiens qu'il gardait les champs où il avait élu domicile, et en consé-

Le jongleur indien et le cobra-capel (p. 167).

quence ils voyaient dans cet animal un emblème, sinon une personnification de la divinité protectrice des campagnes ; — seconde parenthèse explicative, après laquelle je reprends mon récit, ou plutôt le récit de M. Rondot.

Eveillé par la clarinette, le serpent ne quitte pas sa corbeille, mais il s'agite, dilate ses ailerons et souffle fortement plutôt qu'il ne siffle ; il fait plusieurs fois de brusques mouvements comme pour atteindre le jongleur. Celui-ci ne le quitte pas des yeux et continue sa sérénade. Au bout de dix ou douze minutes, le cobra devient moins animé ; il paraît se calmer, et même se balance comme s'il était sensible au rhythme de la musique ; peu à peu il tombe dans une sorte de somnolence. Ses yeux qui, d'abord, guettaient le jongleur, comme pour le surprendre, sont en quelque sorte immobilisés et fascinés par le regard de l'Hindou. Celui-ci profite de ce moment de stupéfaction pour s'approcher lentement, sans cesser de jouer, et pose son nez, puis sa langue sur la tête du cobra. Bien que cela soit fait en un clin d'œil, le reptile sort de sa torpeur ; sa colère se ranime, et le jongleur n'a que le temps de se rejeter vivement en arrière pour ne pas être atteint ; après quoi il reprend son air de clarinette, dans le but d'apaiser l'irascible dilettante.

La représentation allait se terminer par cette ritournelle, lorsqu'un des officiers de la corvette arrive à bord et exprime le désir de voir l'Hindou poser ses lèvres sur la tête du naja. Mais l'animal ne se montre nullement disposé à recevoir de son maître une nouvelle accolade. Il se dresse, se démène, gonfle son cou, fait mine de s'échapper de la corbeille, et l'on est obligé de rejeter le couvercle sur lui.

« Cependant, dit M. Rondot, nous doutions que le capel eût encore ses crochets, et qu'il y eût pour le jongleur danger réel à l'approcher. Nous promettons à notre homme une piastre d'Espagne s'il fait mordre deux poules par le serpent. Il accepte. On prend une poule noire qui se débat très-vivement, et on la présente au capel. Celui-ci se dresse à demi, regarde la poule un instant, la mord et la lâche. La poule est laissée libre ; elle s'échappe effarée. Six minutes après (montre en main), elle vomit, roidit les pattes et meurt. Une seconde poule est mise en face du serpent ; il la mordille deux fois ; elle meurt en huit minutes. »

Edouard. Où est, selon vous, dans ce fait, la supercherie de la part du jongleur hindou ? L'expérience faite sur les deux pauvres poules montre bien que le naja était pourvu de ses crochets et de son venin ; cependant il ne mordait pas son maître.

Moi. Très-probablement, selon moi, il était attaché dans sa corbeille ; en tout cas, son irritation, son attitude presque constamment menaçante, les précautions du jongleur, l'insuccès de la seconde représentation demandée par l'officier, démontrent surabondamment qu'il était peu sensible au charme de la musique, et que son maître, avec ses plumes de paon et ses amulettes, ne lui inspirait qu'un très-médiocre respect. En résumé, le pauvre Hindou faisait un métier très-dangereux, qui a bien pu finalement lui jouer un mauvais tour. Mais ne voyons-nous pas ici aussi des saltimbanques risquer vingt fois par jour de se rompre le cou pour gagner misérablement leur vie. C'est du courage, je le veux bien, mais du courage fort mal employé. Au surplus, dans l'Inde, comme par tout pays, les jongleurs ne se recrutent que dans la lie du peuple ; ils vivent autant de vol que de leur métier avoué, ou tout au moins ils abusent de la crédulité du public en vendant de prétendus remèdes contre la morsure des serpents, ou des recettes pour les éloigner.

J'ai lu justement, il y a deux jours, dans un journal anglais, qu'un officier de l'armée de Madras, prenant le café sous la *verandah* de son habitation avec quelques amis, vit arriver à lui un jongleur accompagné d'un jeune enfant ; cet homme offrit de rechercher les serpents qui se trouvaient dans la maison. Après avoir parcouru tous les corps de logis du haut en bas, en jouant de la musique et en marmottant des paroles cabalistiques, il revint annoncer qu'il y avait un serpent dans l'étable, et qu'il allait le prendre vivant. En effet, après avoir parcouru l'étable, toujours avec accompagnement de musique et de formules magiques, il fourra tout à coup sa main dans une botte de foin et en tira un reptile. L'enfant se mit aussitôt à jouer avec cet animal, il feignit même de se laisser mordre; mais l'officier anglais, voyant bien qu'il n'y avait point de piqûre et soupçonnant une fraude, déclara au jongleur qu'il allait lui faire administrer des coups de bâton pour tout salaire. Sur quoi l'Hindou se jeta à ses pieds, et lui avoua que le serpent saisi était une bête inoffensive, privée de ses crochets à venin, et qu'il avait cachée lui-même dans l'étable. Lui et son enfant finirent par supplier l'officier de ne pas leur ôter leur gagne-pain en dévoilant leur secret.

Les najas ne sont pas, tant s'en faut, les seuls serpents qu'on rencontre dans l'Inde. Cette belle contrée en possède une quarantaine d'espèces de toutes les grandeurs, depuis la *manilla* ou *serpent-fil*, — imperceptible vipère dont la morsure tue en peu d'instants, et qui est d'autant plus dangereuse qu'elle se cache tout entière sous une feuille ou dans le calice d'une fleur, — jusqu'au gigantesque python, qui atteint une longueur de huit, dix et même quinze mètres, s'il faut en croire certains voyageurs. Le python n'est point venimeux, mais il est redoutable par sa force et sa voracité. Vous en verrez à la ménagerie du muséum un assez beau spécimen, long de près de quatre mètres et gros comme le bras d'un homme robuste. Si vous êtes favorisé, vous pourrez même assister à son repas. Ce repas consiste d'ordinaire en un lapin qu'on lui livre vivant, et qu'il avale tout entier, après l'avoir étouffé dans les replis de son corps.

CHAPITRE X.

Ornithologie. — Un petit oiseau de grand appétit. — Les chouettes. — Particularités de leur organisation. — Considérations apologétiques. — Histoire d'un duc et d'une chevèche. — La chevèche amie du chat, ennemie du corbeau. — Nouvelles considérations en faveur des chouettes. — Inimitié entre les diurnes et les nocturnes. — Combat héroïque d'un grand-duc contre des corneilles. — Les chouettes et les dieux. — Vengeance de Cérès contre Ascalaphe. — Châtiment de Nyctimène.

— Je n'ai à vous montrer, dis-je à Edouard, ni crocodile, ni lézard, ni tortue, pas même une humble grenouille. Les mammifères et les poissons ne sont pas non plus représentés dans ma galerie zoologique ; c'est une lacune qui se comblera peut-être. En attendant, passons aux oiseaux. Vous reconnaissez dans le plus gros de ceux que je possède un individu de la famille des rapaces nocturnes, laquelle est formée d'un seul genre, celui des chouettes. Dans ce genre sont comprises toutes les espèces désignées sous les noms de ducs, hibous, chouettes-épervières, chats-huants, effraies, chevèches, etc. L'oiseau que voici appartient à cette dernière espèce, une des plus petites du genre. C'est la chevèche commune, qu'on rencontre dans toute l'Europe. Son plumage, comme vous le voyez, est mélangé de noir et de blanc; sa queue est marquée de bandes brun-roux sur un fond plus clair; l'iris de ses yeux est jaune citron; son bec est jaunâtre; ses pieds sont blancs. Elle habite les vieux murs plutôt que les bois, et chasse à peu près indifféremment le jour et la nuit. Elle possède un appétit formidable, si on le compare à sa taille. On assure qu'elle est capable de dévorer jusqu'à cinq souris dans un seul repas. C'est un petit Gargantua emplumé. Aussi fait-elle une guerre meurtrière aux rats, aux souris, aux chauves-souris et aux petits oiseaux; elle mange aussi des insectes. Je pourrais maintenant vous nommer et vous décrire toutes les espèces qui composent la très-nombreuse et très-intéressante famille des chouettes; mais la revue serait un peu longue, je m'en tiendrai donc à des généralités que j'appuierai seulement, au besoin, de quelques exemples.

J'ai qualifié la famille des chouettes de *très-intéressante*, et je maintiens le mot, bien qu'il soit en désaccord avec l'opinion commune, ou plutôt précisément parce qu'il est une protestation contre l'injustice des hommes à l'égard de ces pauvres oiseaux, objets de préjugés si absurdes et d'une antipathie si peu méritée. Les chouettes sont, parmi les oiseaux, ce que sont les chats parmi les mammifères : des carnassiers nocturnes. Le vol des premières est silencieux et mystérieux comme la marche des seconds. Les uns et les autres ne jouissent réellement de toutes leurs facultés, ne se sentent forts que la nuit, au milieu du silence de la nature et du sommeil de leurs ennemis et de leurs victimes. Cependant les chats, — je prends ici ce terme dans son acception la plus étendue, et vous savez que le genre chat comprend non-seulement les animaux de l'espèce de ce gros sybarite qui dort là-bas dans sa fourrure, mais aussi les carnassiers les plus robustes et les plus féroces, tels que le lion, le tigre, le jaguar et *tutti quanti*; — les chats, dis-je, ont les yeux conformés pour voir très-bien le jour comme la nuit : leurs pupilles sont dilatables et contractiles à volonté ; elles prennent, lorsqu'il fait sombre, la forme circulaire, tandis qu'au jour elles se rétrécissent au point de devenir linéaires. Ainsi, la quantité de lumière nécessaire pour l'acte de la vision étant très-faible, c'est seulement la nuit que l'œil du chat ouvre sa fenêtre toute grande ; il la referme, au contraire, en présence d'une trop vive clarté. Les chouettes n'ont pas un organe aussi complaisant. Chez elles les yeux sont gros, la pupille toujours très-dilatée, la rétine d'une extrême sensibilité. Elles sont sans défense contre la lumière du jour qui les éblouit, et ne voient bien qu'au crépuscule ou au clair de lune, en un mot dans la lumière diffuse. N'allez pas croire pourtant que, comme le veut le préjugé commun, elles voient mieux encore dans l'obscurité complète. Non ; dans l'obscurité complète, elles ne verraient pas plus que vous et moi : il n'y a pas de vision possible sans une certaine quantité de lumière. Les chouettes aiment le clair-obscur ; à la rigueur, elles préfèrent encore la nuit sombre au grand jour ; mais n'oublions pas que la nuit la plus noire est encore plus ou moins éclairée.

Ces oiseaux ont un plumage à eux, qui ne ressemble pas à celui des oiseaux diurnes. Ce plumage, qui n'offre jamais de nuances vives et tranchées, est très-épais, doux, moelleux et duveté. C'est là ce qui rend leur vol silencieux, oblique et saccadé, et les oblige à partir toujours d'un point élevé, d'où ils commencent par faire une sorte de culbute avant de pouvoir prendre leur essor.

La nourriture des chouettes consiste en rats, souris, mulots, chauves-souris, petits oiseaux, lézards, grenouilles, insectes. Les grands hibous, tels que les ducs, ne se refusent pas, à l'occasion, un lapin, un lièvre, une gelinotte ou quelque autre grosse pièce de gibier; mais ce sont là, pour eux, des festins qu'ils ne se procurent que par extraordinaire, aux jours, — je veux dire aux nuits de grande chasse et de gala.

La façon dont la plupart des rapaces nocturnes ingèrent leurs aliments est très-curieuse. Ils ne déchirent point leur proie ; ils ne la mâchent point ; ils l'engloutissent, comme font les serpents, tout entière, sans autre soin préalable que de lui briser les os pour l'amollir. Il en est cependant qui, comme la chevèche, dépècent leur gibier, et même se donnent la peine de plumer très-proprement les oiseaux, avant de les dévorer. Au reste, l'estomac des chouettes est un organe singulièrement commode et perfectionné : il sépare avec un admirable discernement les substances digestibles et nutritives des parties dures et non assimilables; il transmet les premières à l'appareil digestif, et il fait des secondes des pelotes oblongues, que l'animal rejette par le bec au bout de quelques heures. Les chouettes sont, du reste, très-sobres, et une abstinence de plusieurs jours ne les incommode point. Un aide naturaliste du Muséum avait enfermé une effraie dans une boîte dont le couvercle était percé de trous, et l'y avait oubliée. Au bout de quinze jours seulement, il se souvient de sa prisonnière, et ne doute pas que la pauvre bête ne soit morte d'inanition. Il ouvre la boîte; l'effraie se dresse sur ses pattes et regarde tranquillement autour d'elle sans donner aucun signe de souffrance. Ces oiseaux peuvent encore mieux se passer de boisson que de nourriture. On suppose bien qu'à l'état de liberté ils doivent boire de temps en temps; mais, en captivité, ils ne s'y décident qu'avec peine et on dirait avec défiance. Nouveau trait de ressemblance avec les chats, qui boivent peu et commencent toujours par goûter prudemment le liquide qu'on leur présente, fût-ce même du lait, dont ils sont cependant très-friands.

Je protestais, il y a un instant, contre les préjugés

dont les chouettes sont l'objet, et cela surtout de la part des gens de la campagne, à qui elles rendent de véritables services, en détruisant les animaux nuisibles : insectes, reptiles et rongeurs. La vérité est que les paysans, au lieu de clouer bêtement et méchamment les pauvres hiboux au-dessus des portes de leurs cabanes, feraient beaucoup mieux de les laisser vivre, de leur faire bon accueil, de leur donner même l'hospitalité. Mais ces imbéciles sont cruels envers ces animaux parce qu'ils en ont peur. Peur ! et pourquoi ? Ce sont, disent-ils, des oiseaux de mauvais augure, des messagers de mort. Ils croient aux augures et aux présages, les païens ! Si, du moins, leur superstition était, comme celle des anciens, ingénieuse et poétique ! mais elle n'est qu'ignare et grossière. Ils reprochent aux chouettes, « oiseaux de ténèbres, » leurs habitudes nocturnes, leur cri, leurs yeux ronds, leur laideur ! Mais ces habitudes sont précisément ce qui fait d'elles d'utiles auxiliaires de l'homme. Quant à leur cri, il ne semble lugubre que parce qu'on l'entend la nuit, et en raison même des idées superstitieuses qu'on y veut attacher. Je m'inscris en faux contre l'imputation de laideur adressée aux chouettes ; elles ont plus de *physionomie* qu'aucun autre oiseau, et leur plumage, doux et soyeux, ne présente à l'œil que des nuances agréables et des teintes harmonieuses. Enfin, pour ce qui est du naturel, il n'en est pas de plus inoffensif et de plus facile. Toutes s'apprivoisent aisément, et les bons traitements ne les trouvent point ingrates.

Le naturaliste Gérard a raconté qu'il eut successivement pour commensaux un moyen duc et une chevèche. Le premier lui fut donné ayant déjà son plumage adulte, et on le laissa immédiatement courir dans le jardin. Chaque soir seulement on allait le chercher pour lui donner à souper. Au bout de quelques jours, il vint de lui-même frapper à la porte à l'heure accoutumée, sauta sur la table, et demanda à manger par un petit cri discret. Le repas terminé, il redescendait au jardin, où il passait la nuit à se promener. Le jour venu, il se retirait dans un coin et paraissait assez offusqué de la lumière. Il ne tarda pas à périr d'une façon tragique : un soir, il s'approcha sans défiance du chien de garde, qui l'étrangla d'un coup de dents. La chevèche, non moins familière, avait, dit Gérard, plus de gentillesse. Elle se laissait prendre et caresser à toute heure de la journée ; le grand jour ne l'incommodait point, et souvent elle sortait spontanément de sa retraite pour chercher des insectes, dont elle faisait un grand carnage. Elle continua sa chasse très-avant dans la saison, et, à une époque où les insectes se montrent à peine, elle en mangeait encore assez pour rejeter deux fois le jour une pelote d'élytres, de débris d'ailes, etc., grosse à peu près comme le bout du doigt.

Quoiqu'elle mangeât volontiers de tous les aliments

qu'on lui présentait, elle avait une prédilection marquée pour la viande crue, et Gérard la vit plus d'une fois rester accrochée des ongles et du bec à un morceau d'intestin, pendant plus de dix minutes, sans lâcher prise. Chaque fois qu'on essayait de le lui retirer, elle poussait un cri aigu et strident et témoignait une vive colère. La vue des petits oiseaux lui causait de l'irritation ; elle se jetait même souvent avec fureur sur des oiseaux empaillés ; elle les frappait de ses ailes à coups redoublés, ou, s'ils étaient assez légers, les emportait dans un coin pour les plumer à loisir.

A la même époque, vivait dans la maison un corbeau qui était l'ami intime du chien. La chevèche fuyait ce dernier, comme si elle eût deviné en lui l'assassin de son malheureux congénère et prédécesseur le moyen-duc ; mais elle s'était liée avec un jeune chat, et en avait fait son compagnon de jeu ordinaire, voire son camarade de lit. Il n'était pas rare de les trouver couchés ensemble, dans un panier assez étroit pour qu'ils fussent obligés de se presser l'un contre l'autre afin d'y trouver place. Le corbeau et la chouette étaient ennemis mortels. Après plusieurs rencontres, dans lesquelles le corbeau, malgré son bec robuste et la supériorité de sa taille, n'avait pas eu l'avantage, ils avaient pris le parti de s'éviter mutuellement, et s'étaient, pour ainsi dire, partagé le jardin : chacun avait son district et n'en sortait pas de la journée. La nuit arrivée, la chevèche devenait seule maîtresse du terrain, et courait partout « à petits pas si précipités, dit Gérard, qu'on les eût pris pour le trottinement d'un rat. » On lui avait donné le nom de *Houhou*, auquel elle répondait par un petit cri. Elle se plaisait fort dans la société de la famille. Hélas ! elle y vécut peu, et fut victime de son attachement pour ses maîtres. Quelqu'un de la maison mit un jour le pied sur la pauvre bête, qui expira peu d'instants après.

Gérard cite comme une preuve du degré de familiarité et de confiance de cette chouette la facilité avec laquelle elle acceptait à boire de sa main. Il ne la vit jamais se baigner ; mais, chaque fois qu'il pleuvait, elle allait se coucher sur le sable, les ailes étendues, et le plaisir qu'elle éprouvait à se sentir mouillée se traduisait par un frémissement de tout son corps.

Par une habitude commune à tous les oiseaux de ce groupe, lorsque quelque chose fixait son attention, elle ouvrait de grands yeux, se gonflait en hérissant ses plumes, se dressait sur ses pattes et s'accroupissait à plusieurs reprises, en tournant la tête et « en faisant des mines fort amusantes. »

Ce n'est pas une des moindres causes des persécutions auxquelles les chouettes sont en butte, que leur embarras bien naturel, leur trouble, leur gaucherie lorsqu'on les tire de leur retraite en plein jour et qu'on les force à évoluer en présence du soleil. Mais quoi ! le grand jour est pour elles ce qu'est la nuit pour les animaux diurnes, sans en excepter l'homme. Or, je vous le demande, un homme est-il bien adroit et bien hardi la nuit?... Les enfants ont de l'obscurité une peur instinctive. Le plus brave guerrier sent son courage faiblir quand le jour lui manque. « O Jupiter, rends-nous la lumière et combats contre nous ! » s'écrie, dans un combat nocturne, Ajax, l'émule d'Achille.

Pourquoi donc s'étonner que les oiseaux nocturnes soient mal à l'aise le jour? Que les passereaux s'acharnent après une chouette lorsqu'elle se hasarde hors de son trou après le lever du soleil, cela se conçoit; elle est pour eux un ennemi dangereux ; ils prennent leur revanche : c'est leur droit; la chouette reprendra la sienne une fois le soleil couché. Mais l'homme, à qui elle ne rend que des services, devrait la protéger contre ces agressions peu loyales, plutôt que de se faire du supplice de la pauvre bête sans défense un cruel amusement.

Edouard. Convenez pourtant que cet amusement est excusable, sinon légitime. Chez mon père, qui ne partage point les préjugés des paysans, on ne fait jamais de mal aux hiboux; on les laisse s'installer dans le grenier avec leurs couvées, et même, — voilà qui va vous satisfaire, — on leur porte quelquefois des débris de viande et des résidus de cuisine.

Moi. A la bonne heure !... Au surplus, ce n'est pas d'aujourd'hui que je connais votre père pour un homme de savoir et de bon sens.

Le grand duc et les corneilles (p. 181).

Edouard. J'ai donc été habitué dès l'enfance à considérer les hiboux comme des amis de l'homme, à beaucoup plus juste titre, je crois, que les lézards...

Moi. Dont la réputation de philanthropie est tout à fait usurpée : — encore une de ces sottises banales que tous les diseurs de riens s'en vont répétant sans savoir pourquoi !... Continuez.

Edouard. Eh bien, malgré ma sympathie pour ces estimables oiseaux de nuit, j'avoue qu'on imaginerait difficilement rien de plus comique que les contorsions et les soubresauts d'une chouette poursuivie par les huées et les coups de bec des petits oiseaux, comme un ivrogne par les gamins. C'est aussi un curieux phénomène que ce *tolle* général des oiseaux diurnes contre le nocturne qui s'aventure à la lumière ; j'y pensais tout à l'heure lorsque vous me parliez de la guerre de cris que font à la vipère fer-de-lance les petits oiseaux des tropiques. Ces roquets emplumés n'ont décidément du courage que lorsqu'ils sont en nombre et que l'ennemi ne peut rien contre eux.

Moi. Que voulez-vous ! Leur faiblesse est l'excuse de leur lâcheté ! D'ailleurs, tous les hiboux ne perdent pas contenance devant leurs agresseurs conjurés. L'ornithologiste Sprungli fut témoin de la résistance héroïque d'un grand-duc assailli par une nuée de corneilles. Accablé par le nombre, le hibou se laissa tomber à terre ; là, couché sur le dos, il présenta ses redoutables serres aux corneilles, qui n'osèrent pas s'exposer à leurs étreintes, et prirent la fuite. Sprüngli le recueillit et le secourut, mais en vain. Le brave duc ne put jouir de sa victoire ; il mourut de ses blessures au bout de quelques heures.

Les chouettes jouent un grand rôle dans la mythologie des peuples anciens... Mais, sur cette partie de leur histoire, vos souvenirs doivent être beaucoup plus complets que les miens.

EDOUARD. Oh ! à votre tour, vous me flattez.

MOI. Non, en vérité ; mon érudition classique est un peu effacée. Je me rappelle seulement que le hibou était l'oiseau de Minerve, et qu'il avait l'insigne honneur de percher sur le casque de la déesse. Devait-il cet honneur à sa vigilance ou bien au privilége qu'on lui attribuait de prévoir l'avenir ?

EDOUARD. Je n'ai, non plus que vous, sur cette question, de données positives. Quoi qu'il en soit, un poste aussi éminent ne pouvait manquer de susciter au divin oiseau des envieux et des ennemis. Les autres dieux, jaloux sans doute de leur illustre sœur, mais n'osant attaquer directement la fille préférée du grand Jupiter, s'en prirent à son oiseau et ne négligèrent rien pour le discréditer aux yeux des mortels. Ainsi, ils ne savaient pas de plus méchant tour à jouer à ceux dont ils voulaient se venger, que de les métamorphoser en hiboux.

Lorsque Proserpine eut été enlevée par Pluton, sa mère Cérès obtint de Jupiter qu'elle lui serait rendue si elle n'avait pris, depuis son mariage forcé, aucune nourriture. Un certain Ascalaphe, qui avait vu la nouvelle reine de l'Erèbe mordre dans une grenade, la dénonça lâchement au maître des dieux. Cet Ascalaphe était, je l'avoue, un traître digne de figurer dans le plus noir des mélodrames. Eh bien ! que fit Cérès pour le châtier ? Elle l'aspergea de l'eau du Phlégéton ; aussitôt, le nez d'Ascalaphe se changea en un bec entouré de plumes ; ses yeux s'arrondirent, ses ongles s'allongèrent, deux ailes fauves prirent la place de ses bras. — Bref, il devint, dit Ovide, « un oiseau hideux, un morne hibou, messager de deuil et funeste présage pour les humains. »

Une jeune fille aussi, nommée Nyctimène, fut, pour un crime plus affreux encore, changée en chouette. « Ses remords, dit le même Ovide, lui font fuir la lumière, et tous les oiseaux sont conjurés pour la chasser des plaines de l'air. »

Moi. Merci mille fois, des jolies choses que vous me rappelez ou que vous m'apprenez, — car je ne suis nullement certain de ne les avoir jamais sues. Vous, mon ami, gardez-vous bien de les oublier, quand même vous deviendriez un savant à tous crins, et méfiez-vous de ceux qui vous parleront de l'incompatibilité des lettres et des sciences : ce sont des esprits étroits ou des gens mal intentionnés, bien plus ennemis des lumières que les oiseaux nocturnes, dont vous reconnaissez comme moi les qualités estimables.

CHAPITRE XI.

Ornithologie (*suite*). — Les hoche-queue. — La bergeronnette et la lavandière. — Les oiseaux auxiliaires de l'homme. — Utilité du crapaud. — Aveuglement et férocité de l'homme. — La chasse et les chasseurs — Une confession. — Meurtre de ma bergeronnette. — Une aventure de M. de Lamartine. — Critique de la chasse. — La chasse vulgaire. — La chasse à courre. — La vraie chasse. — Les protecteurs des oiseaux. — La mésange à longue queue et son nid. — L'architecture des oiseaux — comparée à celle des quadrupèdes et à celle de l'homme sauvage, par M. Michelet. — M. Michelet, naturaliste. — Intelligence et instinct. — Les oiseaux qui ne nichent pas. — Le coucou. — Explications. — Moralité.

— Voici, continuai-je, après une pause, en désignant de la pointe de mon épée l'oiseau perché près de la chevèche, — voici un des plus jolis et des plus utiles habitants de nos campagnes.

Edouard. C'est, si je ne me trompe, une bergeronnette.

Moi. Vous l'avez dit. Ce charmant petit oiseau se reconnaît aisément à ses formes sveltes et délicates, à son bec effilé, signe distinctif de la famille des *becs-fins* ou *ténuirostres ;* à ses pattes hautes et minces ; aux plumes scapulaires qui couvrent le haut de ses ailes repliées ; aux nuances variées de son plumage, et à sa longue queue, dont la continuelle agitation lui a valu le nom générique de *hoche-queue* : nom populaire que MM. les ornithologistes veulent bien admettre dans la nomenclature, comme traduction du latin *motacilla*, qui est le nom magistral et scientifique du genre. Ce genre comprend deux espèces principales : la *lavandière* et la *bergeronnette*, qui ne diffèrent essentiellement que par la forme de l'ongle du pouce, plus court et plus arqué chez la première que chez la seconde, et parce que celle-ci préfère le séjour des champs, tandis que celle-là se plaît davantage au bord des rivières, des étangs et des abreuvoirs. Leurs mœurs sont, du reste, les mêmes. L'une et l'autre recherchent la société de l'homme, ou du moins ne la fuient pas, et leur présence est un bienfait pour celui-ci, car elles font une chasse active aux insectes les plus incommodes. La bergeronnette suit en sautillant le sillon que trace le laboureur, et dévore les vermisseaux mis à découvert par le soc de la charrue ; ou bien elle happe au vol les moucherons qui harcèlent l'homme et le cheval. Souvent elle remplit le même office auprès du berger et de son troupeau. La lavandière tient volontiers compagnie aux femmes qui viennent du village voisin laver leur linge à la rivière, et ne s'effraye nullement du bruit de leurs battoirs.

Le hoche-queue présente une particularité assez

rare dans la gent volatile : il change de plumage selon la saison, de même que les mammifères à fourrure des climats septentrionaux changent de poil. Il a pour l'hiver un vêtement sombre et uniforme, qui fait place, quand vient la belle saison, à une robe de couleurs plus gaies et plus variées. En sa qualité d'oiseau insectivore et non hivernant, le hoche-queue est voyageur : le soin de sa conservation lui fait une loi d'abandonner nos contrées à la fin de l'automne, pour aller chercher vers le sud une température plus douce et une atmosphère giboyeuse. Comme la chouette, comme l'hirondelle, comme tant d'autres, la frêle bergeronnette est un de ces alliés de l'homme, trop souvent payés par lui d'ingratitude, méconnus, proscrits même, qui sauvent nos fruits, nos moissons, en dévorant les ravageurs, les fléaux de l'air et de la terre, les insectes. Il faut avoir vu de près la nature, le grand mouvement de la production et de la destruction, l'éternel va-et-vient de la vie et de la mort, pour comprendre l'utilité, non : l'indispensable nécessité de la guerre que fait l'oiseau à l'insecte. Vous qui vivez à la campagne, vous en avez une idée ; vous savez que l'oiseau même ne suffit pas, et qu'on en est venu à chercher d'autres mangeurs de limaces, de chenilles et de larves d'insectes. On a trouvé le crapaud. — Oui, l'immonde crapaud, naguère objet de dégoût, sinon d'effroi, et que beaucoup de gens encore n'oseraient toucher de peur de son prétendu venin, — eh bien, le crapaud est devenu un auxiliaire de l'agriculture ; il est réhabilité, estimé ; il a une valeur commerciale. Non-seulement on ne le détruit plus, mais on le protége, on l'achète, assez cher, ma foi ! Nous verrons un de ces jours, si ce n'est déjà fait, quelque spéculateur intelligent inventer l'art de se faire trois mille francs de rente en élevant des crapauds !

Franchement, il est fâcheux d'en être réduit à héberger chez soi des hôtes aussi laids, à en peupler son jardin ; mais c'est pour l'homme une leçon méritée et tardive ; il se la fût épargnée en se montrant moins injuste et moins cruel envers ses alliés, ses amis naturels, qui, tout à la fois, protégent ses champs et ses vergers, et les animent de leur doux ramage, de leur grâce, de leur vivacité. La justice, l'humanité, l'intérêt conseillaient de les respecter ; mais il y a chez l'homme un penchant qui l'emporte sur de telles considérations, et devant lequel ni la beauté, ni la gentillesse, ni la douceur ne trouvent grâce : c'est l'instinct féroce de la destruction, le plaisir de tuer; et lorsqu'à ce plaisir, si grand par lui-même, vient se joindre la vanité de montrer son adresse, la jouissance est complète et l'attrait irrésistible. La passion du chasseur n'est comparable qu'à celle du joueur. De même que celui-ci ne se sent vivre et palpiter que devant un tapis vert, de même le chasseur oublie tout, affections, devoirs sociaux, travail, pour courir les champs et les bois avec ses chiens et son fusil. Il s'ennuie, il tombe dans le spleen et dans le marasme pendant tout le temps d'inaction forcée que lui imposent les lois et les règlements administratifs. Il ne se réveille, il ne renaît qu'à l'ouverture de la chasse. Avec quelle joie alors quittant ses affaires, sa famille, ses amis, il s'élance à la poursuite de ses victimes ; avec quel orgueil, chaque soir, poudreux ou crotté, accablé de lassitude, mourant de faim, il rentre à la maison, vide sa carnassière et raconte les exploits de la journée !... C'est si bon de tuer ! Car, remarquez-le bien, un chasseur ne chasse point pour se procurer du gibier : il n'a pas même, d'ordinaire, l'excuse de la gourmandise, encore moins celle du besoin : non, il tue pour tuer ; il fait de l'art pour l'art : ce qui prouve combien était raisonnable et vraie la thèse développée avec tant d'éloquence par Jean-Jacques, à savoir « que l'homme est naturellement bon !... »

Il me sied mal peut-être de gourmander mes semblables, car j'ai bien eu, moi qui vous parle, mon grain de férocité native. Cette même bergeronnette, qui a été le point de départ de ma philippique virulente contre la chasse et les chasseurs, et spécialement contre les tueurs d'oiseaux, c'est moi qui l'ai tuée, hélas ! tuée lâchement et bêtement, pour ne pas rentrer avec mon fusil chargé !... La pauvre petite sautillait gaiement au bord d'une rivière où, comme le chat de la mère Michel, je faisais la chasse aux rats, — chasse légitime, car ces rongeurs faisaient de grands dégâts dans la propriété. J'en avais déjà envoyé un assez grand nombre *aux sombres bords*, et ce jour-là pas un ne s'était montré. Obéissant à ce double besoin de tuer quelque chose et d'exercer mon adresse, qui, peu à peu, s'était emparé de moi, j'ajustai l'oiseau et je tirai. Il tomba : le remords aussitôt pénétra dans mon cœur. Je sautai dans un bateau, je traversai la rivière et j'abordai à l'endroit où la bergeronnette avait été frappée. Elle vivait encore ; je ne lui vis d'autre mal qu'une aile brisée ; je la pris avec précaution, je l'emportai, j'essayai de la réchauffer ; j'aurais donné bien des choses pour la sauver : cela m'eût délivré du sentiment douloureux, poignant, que laisse une mauvaise action. Mes soins furent inutiles : la bergeronnette mourut au bout de quelques heures ; elle mourut dans ma main, après une agonie affreuse...

M. de Lamartine a raconté, dans le *Musée des Familles*[1], comment il prit la chasse en horreur, et de quelle pitié profonde, de quels regrets, de quelle indignation contre lui-même il fut saisi en voyant expirer un pauvre chevreuil atteint par la balle de son fusil. Que n'ai-je ici, pour la mettre sous vos yeux, cette belle page ! ne manquez pas de la lire si le livre vous tombe entre les mains. Il faut la plume d'un grand écrivain pour retracer une telle scène, pour traduire fidèlement le dialogue muet de l'assassin repentant et de l'innocente

[1] T. XXIII, p. 357, article intitulé : *Le dernier coup de fusil.*

victime : celle-ci tournant vers lui ses grands yeux noirs si doux, pleins de tristesse et de justes reproches, qui semblent lui dire : « Que t'avais-je fait?... » celui-là éperdu, désolé, se penchant vers l'animal blessé, examinant la plaie, puis, lorsqu'il a reconnu qu'elle est mortelle, faisant un suprême effort pour abréger l'agonie du moribond, et jetant au loin son fusil, avec serment de ne jamais plus ôter la vie à aucun être.

Mon aventure, comme vous voyez, a beaucoup d'analogie avec celle de l'illustre poëte. Cependant, mon impression fut, je l'avoue, moins profonde, et je ne pris pas autant la chose au tragique. La mort de ma bergeronnette m'inspira des réflexions très-sérieuses sur la méchante et aveugle tyrannie de l'homme, sur son insensibilité brutale à l'égard des animaux, — êtres intelligents et sensibles, quoi qu'en aient dit, dans leur morgue pédante, certains philosophes, — et sur bien d'autres choses encore. Quant au serment de ne plus toucher un fusil, il était superflu, car je n'étais alors, non plus qu'à présent, rien moins qu'un Nemrod. L'ennui seul d'une villégiature plus prolongée que je ne l'eusse souhaitée avait fait de moi, momentanément, un chasseur de rats et de moineaux, et ce que je voulais surtout tuer en m'armant d'un fusil, c'était le temps, ce bourreau des oisifs.

Depuis lors, je n'ai pas eu d'autre occasion de chasser, et je n'en ai point cherché. La chasse vulgaire, la chasse aux lapins, aux perdrix et aux alouettes n'a rien qui me paraisse compenser l'ennui d'un dérangement, l'entretien d'un chien et la dépense d'un port d'armes. La chasse à courre, avec accompagnement de cavalcades, de piqueurs, de fanfares, de fracs galonnés et de bottes à l'écuyère, est un genre de fête que les princes et les grands peuvent seuls se permettre, et je voudrais croire qu'ils se le donnent plutôt par ostentation que pour le plaisir qu'ils y trouvent. Je ne serais, quant à moi, nullement tenté d'assister, encore moins de prendre part à ce drame atroce d'un malheureux cerf traqué, forcé, déchiré par des chiens, puis égorgé solennellement par un beau monsieur, et enfin éventré, étripé séance tenante, pour ses entrailles être jetées, chaudes et palpitantes, en pâture aux limiers. Pourtant cela se passe à la clarté des flambeaux et en présence d'une société d'élite, parmi laquelle figurent de très-élégantes, très-délicates et très-sensibles dames, qui applaudissent de leurs petites mains gantées, agitent leurs mouchoirs parfumés et joignent leurs cris de triomphe à ceux des chasseurs, lorsque le cerf aux abois tombe en pleurant sous le couteau damasquiné de son noble exécuteur. Que voulez-vous? il ne faut pas, dit-on, disputer des goûts. Celui des jeux sanglants a toujours été très-vif chez tous les peuples; chez les femmes de tout rang, il devient bientôt une passion. Il a donc sa raison d'être dans la nature humaine. Mais ici il perd l'unique stimulant propre à l'ennoblir, à le justifier même jusqu'à un certain point en le ralliant à l'instinct de *combativité,* au besoin de lutter et de vaincre; instinct généreux et utile, puisqu'il est au fond de tout héroïsme. La chasse au cerf, en effet, n'est pas une lutte : le chasseur n'y court aucun danger; son rôle se borne à de vaines parades. Ce sont les piqueurs et les chiens qui font toute la besogne, et ceux-ci seulement qui risquent quelque chose. En outre la victoire, d'avance assurée, n'est qu'une question de temps. Le cerf, seul contre toute une armée d'hommes et de chiens, n'est pas un ennemi que l'on attaque et que l'on combat loyalement : c'est un condamné qu'on fait traquer et poursuivre par des limiers, et qu'on met à mort en cérémonie.

Somme toute, je ne comprends qu'une seule chasse : c'est la guerre primitive et normale, la lutte de l'homme avec la bête fauve. Mais cette chasse-là n'es plus guère de notre temps, et elle n'est plus du tout de notre pays. Les forêts ont presque disparu du sol de la France, et avec elles ours, loups et renards. — A peine reste-t-il çà et là quelques sangliers, qui ne tarderont pas à être anéantis aussi, à moins qu'ils ne viennent d'eux-mêmes se constituer prisonniers et ne consentent à se faire... pourceaux. Il faut désormais aller bien loin par de là les monts et les mers, pour rencontrer des lions, des rhinocéros, des tigres, des ours, des bisons, des jaguars, en un mot, des ennemis dignes de l'homme. Ici la chasse n'est qu'un jeu d'enfants désœuvrés et méchants, un honteux massacre des animaux les plus timides, les plus inoffensifs et souvent les plus utiles. On a massacré tant, avec si peu d'économie et de discernement, qu'on peut, dès maintenant, prévoir l'époque prochaine où le gibier sera passé, pour la majorité des hommes civilisés, à l'état de souvenir historique. Mais ce ne serait rien encore. Le vrai péril, c'est la disparition de l'oiseau, partant l'invasion de l'insecte. Déjà le fléau sévit et l'on se plaint, comme toujours, du mal qu'on a causé. Le paysan, race ignorante, routinière, entêtée, maladroitement égoïste, imputant au ciel et à la terre, au gouvernement, à tout le monde et à toutes choses les conséquences de ses propres fautes, le paysan maudit l'insecte et persiste dans son ingratitude envers l'oiseau, qui seul peut le sauver.

Depuis peu des voix imposantes se sont élevées en faveur du gardien des moissons. M. Isidore Geoffroy Saint-Hilaire à l'Académie des sciences, M. Michelet, dans son beau livre de *l'Oiseau*, et, à leur exemple, la presse scientifique et agricole ont plaidé cette juste cause. Leurs conseils seront-ils entendus? cela est douteux ; car le paysan se soucie peu de ce qui se fait et se dit à l'Institut ; il ne lit généralement des journaux, — lorsqu'il y lit quelque chose, — que la partie la moins instructive et la moins utile ; et en fait de livres, on ne trouve chez lui que l'Almanach liégeois. Il est très-persuadé qu'il n'a que faire de s'instruire, et les *bourgeois* savants qui le lui conseillent sont à ses yeux des *fainéants* qui se mêlent fort mal à propos de lui enseigner son métier. C'est pourquoi les choses vont leur train et le mal s'aggrave de jour en jour. A quoi donc servent les bons livres ? M. Michelet, par exemple, qui s'est fait l'historien de la nature après avoir été celui des sociétés humaines, M. Michelet écrit *l'Oiseau*. Qui lit cet ouvrage ? Un public d'élite : des littérateurs, des artistes, des savants, des gens du monde ; mais pas un de ces cultivateurs endurcis, — *durus arator*, dit Virgile, — qui y puiseraient de si sages enseignements. Ceux-là restent sourds même aux leçons de l'expérience, — expérience bien coûteuse pourtant, — jusqu'à ce que l'évidence des faits lui crève les yeux ; et encore !...

Laissons les paysans et revenons à nos oiseaux. Le troisième et dernier de ma collection est un des plus petits de nos contrées. Il est trop connu pour que je vous fasse l'injure de vous le nommer.

Edouard. Je ne suis pourtant pas, à vous parler franchement, bien sûr de mon fait. Cet oiseau n'est pas un roitelet : le roitelet est encore plus petit et s'habille autrement. N'est-ce pas une mésange ?

Moi. Oui, une mésange à longue queue. L'artiste a eu l'heureuse idée de la placer sur son nid, qui présente une particularité assez curieuse.

Edouard, *examinant le nid*. J'avoue humblement que je ne l'ai jamais remarquée, et qu'à présent même... à moins que ce ne soit cette double ouverture ?

Moi. Justement. N'en devinez-vous pas la destination?

Edouard. Je suis encore obligé de dire non, pour ne me point vanter.

Moi. Comparez donc les dimensions du logis avec celles de l'habitant : celui-ci n'est pas gros, il est vrai, mais sa queue est au moins aussi longue que son corps et ne peut entrer dans le nid. Grâce à ces deux trous, percés en face l'un de l'autre, la mésange entre, sort, couve sans être embarrassée de sa queue, qui reste en dehors. Le procédé est simple, direz-vous; j'en conviens, mais encore fallait-il le trouver.

Il y aurait long à dire sur l'architecture des oiseaux. Chaque espèce, à peu d'exceptions près, a la sienne, où se concentrent ses facultés. Le nid est la grande affaire de l'oiseau, et cela se conçoit; car le nid c'est le sanctuaire de l'amour, l'asile, la forteresse de la famille, de la postérité; et comme les lois de la nature tendent avant tout à favoriser directement la conservation et la multiplication des espèces, en raison des causes de destruction qui s'y opposent indirectement, il était nécessaire que l'oiseau fût d'autant meilleur architecte et ingénieur, qu'il avait plus de périls à redouter pour sa progéniture.

C'est, en effet, ce qui a lieu. Les grands rapaces, tyrans de l'air, devant qui tout tremble et fuit, n'ont qu'un nid grossier, à peine digne de ce nom. Au contraire, les nids des humbles passereaux sont combinés avec un art merveilleux pour garantir les œufs et les jeunes oiselets des intempéries de l'air, aussi bien que pour les dérober aux atteintes de l'ennemi, quel qu'il soit. Plusieurs de ces nids sont de véritables chefs-d'œuvre de patience, d'adresse, et, ce qui est mieux, de prévoyante sollicitude. Il y aurait à faire une bien intéressante et poétique monographie du nid. M. Michelet n'y a consacré que deux chapitres, — bien à regret, j'en suis sûr, — car, à voir l'enthousiasme plein d'attendrissement que lui inspire la contemplation de cet « objet charmant, plus délicat qu'on ne peut dire, » il est aisé de deviner avec quel bonheur il se serait complu à l'étudier et à le décrire sous toutes ses formes, sous tous ses aspects et dans ses moindres détails.

N'importe ! Je vous recommande ces deux chapitres... et même je puis mieux faire encore. Le livre de *l'Oiseau* n'est jamais bien loin de ma main. En attendant que vous le lisiez en entier, je veux vous montrer une page ou deux relatives à l'architecture des oiseaux : vous m'en direz des nouvelles.

Je n'eus pas besoin de chercher longtemps sur mon bureau pour y trouver le volume. Je l'ouvris à la page 209, où l'auteur compare la demeure des animaux terrestres à ce berceau moelleux que l'habitant de l'air invente et construit avec tant de peine, tant d'art et de dévouement, non pour lui-même, — il n'est point égoïste, — mais pour sa compagne et pour leurs enfants. Je lus ces lignes : . . . .

« Tout autre est la demeure du quadrupède. Il naît vêtu ; qu'a-t-il besoin de nid ? Aussi ceux qui bâtissent ou creusent, travaillent pour eux-mêmes plus que pour leurs petits. La marmotte est un mineur habile, dans son oblique souterrain qui lui sauve le vent de l'hiver. L'écureuil, d'une main adroite, élève la jolie tourelle qui le défendra de la pluie. Le grand ingénieur des lacs, le castor, qui prévoit la crue des eaux, se fait plusieurs étages où il montera à volonté : tout cela pour l'individu. L'oiseau bâtit pour la famille. Insouciant, il vivait sous la claire feuillée, en butte à ses ennemis ; mais, dès qu'il n'est plus seul, la maternité prévue, espérée, le fait artiste. Le nid est une création de l'amour.

« Aussi l'œuvre est empreinte d'une force de volonté extraordinaire, d'une passion singulièrement persévérante... Le mâle va chercher les matériaux, herbes, mousses, racines ou branchettes. Mais quand le bâtiment est fait, quand il s'agit de l'intérieur, du lit, du mobilier, l'affaire devient plus difficile. Il faut songer que cette couche doit recevoir un œuf infiniment prenable au froid, dont tout point refroidi serait pour le petit un membre mort. Ce petit naîtra nu. Le ventre, au ventre de la mère bien appliqué, ne craindra pas le froid ; mais le dos, dépouillé encore, le lit seul doit le réchauffer : la mère est là-dessus d'une précaution, d'une inquiétude bien difficile à satisfaire. Le mari apporte du crin, mais c'est trop dur : il ne servirait que dessous et comme un sommier élastique; il apporte du chanvre, mais c'est trop froid : la soie ou le duvet soyeux de certaines plantes, le coton ou la laine, sont admis seuls; ou mieux, ses propres plumes, son duvet, qu'elle arrache et qu'elle met sous le nourrisson.

« Il est intéressant de voir le mâle en quête des matériaux, quête habile et furtive; il craint qu'en le suivant des yeux on n'apprenne trop bien le chemin de son nid. Souvent, si vous le regardez, pour vous tromper, il prend un chemin différent. Cent petits vols ingénieux répondront aux désirs de la mère. Il suivra les brebis pour recueillir un peu de laine. Il prendra à la basse-cour les plumes tombées de la pondeuse. Il épiera, dans son audace, si la fermière, sous l'auvent, laisse un moment sa pelote ou sa quenouille, et s'en ira riche d'un fil dérobé. »

Au chapitre suivant, c'est au travail de l'homme même que M. Michelet compare celui de l'oiseau; et le parallèle n'est pas à l'avantage du premier.

« Entrons, dit-il, dans les forêts sauvages de l'Amérique; examinons les moyens de sûreté que possèdent les êtres isolés. Comparons les ressources de l'oiseau, l'effort de son génie, aux inventions de son voisin, l'homme qui vit aux mêmes lieux. La différence fait honneur à l'oiseau; l'invention humaine est tout offensive. L'Indien a trouvé le casse-tête, le couteau de pierre à scalper; l'oiseau n'a trouvé que le nid.

« Pour la propreté, la chaleur, pour la grâce élégante, le nid est supérieur de tout point au wigwam de l'Indien, à la case du nègre, qui souvent, en Afrique, n'est qu'un baobab creusé par le temps.

« Le nègre n'a pas encore trouvé la porte ; sa maison reste ouverte ; contre l'invasion nocturne des bêtes, il en obstrue l'entrée d'épines.

« L'oiseau non plus ne sait fermer son nid. Quelle sera sa défense? Grande et terrible question. Il fait l'entrée étroite et tortueuse. S'il choisit un nid naturel, comme fait la sitelle, au creux d'un arbre, il en rétrécit l'ouverture par un habile maçonnage. Plusieurs, comme le fournier, bâtissent un nid double en deux appartements : dans l'alcôve couve la mère ; au vestibule veille le père, sentinelle attentive, pour repousser l'invasion.

« Que d'ennemis à craindre ! Serpents, hommes ou singes, écureuils ! Et que dis-je ? les oiseaux eux-mêmes. Ce peuple aussi a ses voleurs. Les voisins aident parfois le faible à recouvrer son bien, à chasser par la force l'usurpateur. On assure que les freux (espèce de corneilles) poussent plus loin l'esprit de justice. Ils ne pardonnent pas au jeune couple qui, pour être plus tôt en ménage, vole les matériaux, le mobilier d'un autre nid ; ils se mettent huit ou dix ensemble pour mettre en pièces le nid coupable, détruisent de fond en comble cette maison de vol ; et les voleurs punis s'en vont bâtir au loin, forcés de tout recommencer.

« N'est-ce pas là une idée de la propriété et du droit sacré du travail ? Où en trouver les garanties, et comment assurer un commencement d'ordre public ?... »

— Je ne veux pas, repris-je en posant le livre, pousser plus loin cette lecture, que vous ferez mieux seul. Mon intention était de vous montrer quel charme le sentiment et l'imagination, aidés d'un style brillant et original, peuvent ajouter à des études scientifiques fort attrayantes, il est vrai, par elles-mêmes. Que vous en semble ?

Edouard.

« Je suis déjà charmé de ce petit morceau. »

Moi.

« *Et vous avez raison* de trouver cela beau. »

Je vous prêterai volontiers l'ouvrage, si cela peut vous être agréable ; mais quand vous l'aurez lu, vous aurez plus d'une fois envie de relire tel ou tel chapitre, comme cela m'arrive à moi journellement. *L'Oiseau* est un de ces livres qu'il faut avoir. Je vous engage donc à l'acheter.

Edouard. C'est bien mon intention ; mais alors il me faudra aussi les ouvrages qui continuent la série des études de M. Michelet sur la nature ?

Moi. Je ne dis pas non. Cependant *l'Insecte*, à mon sens, est loin de valoir *l'Oiseau*. Dans *la Mer* vous trouverez d'admirables chapitres, de fortes pensées, des tableaux saisissants de grandeur et de vérité, mais aussi bien des bizarreries qui vous feront sourire avec tristesse. Car les étrangetés, qui ne seraient que bouffonnes chez un esprit médiocre, deviennent affligeantes chez un écrivain comme M. Michelet. Trop souvent son imagination d'artiste, sa sensibilité de poëte l'entraînent dans des erreurs, — il faudrait peut-être dire des aberrations regrettables. Je vous dis cela parce que c'est surtout à votre âge et avec vos préoccupations littéraires, qu'on est plus enclin à se laisser séduire et tromper par de telles hérésies. Défiez-vous surtout du penchant qui porte sans cesse l'illustre écrivain à prêter aux animaux les plus infimes : aux insectes, aux mollusques, aux zoophytes même, des sensations, des sentiments, des raisonnements, des actes réfléchis, une sorte de science infuse, dont l'observation sérieuse n'a jamais pu découvrir le moindre vestige. M. Michelet a un système à lui, une sorte de pan-spiritualisme, qui fait de tout être animé une personne dont il partage les joies et les douleurs, dont il suit avec une anxiété palpitante la naissance, le développement, les amours, les dangers, la mort. Que dis-je? vous le verrez s'indigner contre les esprits grossiers qui prennent la mer pour une masse d'eau soumise aux seules lois mécaniques de la nature; car la mer aussi est à ses yeux *une grande personne*, un être pensant, agissant et sensible. Vous avez déjà pu voir poindre, dans le passage que je viens de vous lire, ce système poussé, dans *l'Insecte* et dans *la Mer*, à ses dernières conséquences. C'est la contre-partie de la fameuse et non moins absurde théorie des animaux-machines, soutenue par Descartes, Bossuet, Malebranche, et d'après laquelle les animaux les plus haut placés sur l'échelle zoologique ne seraient que des automates bien montés, jouant à s'y méprendre l'intelligence, la mémoire, la volonté, le plaisir et la douleur, mais ne possédant réellement aucune faculté, pas même la sensibilité physique. M. Michelet, lui, ne distingue pas clairement l'instinct de l'intelligence, et n'est point du tout certain que celle-ci soit supérieure à celui-là. Aussi, dit-il, en parlant des nids : « Ce sont choses d'un monde à part. Faut-il dire *au-dessus*, *au-dessous* des œuvres humaines? ni l'un ni l'autre; mais différentes essentiellement, et dont les rapports ne sont guère qu'extérieurs. »

Edouard. Il est cependant permis de croire, sans trop nous flatter, que nos arts et nos industries, chaque jour perfectionnés grâce aux efforts de notre intelligence, sont au-dessus de l'art, éternellement stationnaire, des oiseaux ; et si les édifices construits par ces architectes ailés méritent notre admiration, ce n'est point parce qu'ils sont mieux faits que nos maisons, mieux aménagés que nos appartements : c'est parce qu'ils supposent chez leurs auteurs un instinct tout particulier, qui ne se rencontre point chez la plupart des autres animaux.

Moi. Précisément : l'architecture des oiseaux, comme celle des castors, ou comme celle des abeilles, est tout instinctive; elle est une et immuable pour chaque espèce; elle n'est point enseignée à l'oiseau par l'expérience, l'imitation ou la réflexion : construire un nid de telle ou telle façon lui est aussi naturel, aussi nécessaire que de chercher telle ou telle nourriture, de vivre dans tel ou tel climat; et il ne dépense pas, dans ce travail mécanique et fatal, la millième partie de l'esprit d'initiative que déploie un enfant pour bâtir en jouant une maison de sable, ou un château de cartes. En résumé, l'architecture des oiseaux, extrêmement curieuse et intéressante à étudier en tant que manifestation de l'instinct propre aux diverses espèces, n'est rien moins qu'un argument en faveur de leur intelligence. Bien au contraire, il est parfaitement démontré que les animaux les plus intelligents, les plus capables de concevoir et d'associer des notions, des idées, des sentiments, sont ceux chez lesquels les *instincts-industries*[1] manquent ou ne se montrent qu'à l'état rudimentaire.

Quoi qu'il en soit, puisque nous parlons de la sollicitude des oiseaux pour leur famille, c'est ici le lieu de rappeler que cette sollicitude ne se traduit pas de la même façon dans toutes les espèces. L'immense majorité, il est vrai, se donne la peine, sinon de

[1] M. Flourens, dans ses remarquables recherches sur les facultés de l'homme et des animaux, a parfaitement établi la distinction des *instincts-industries*, qui n'appartiennent qu'à des animaux dépourvus d'intelligence proprement dite, et des *instincts-sentiments* qui existent non-seulement chez les animaux supérieurs, mais aussi chez l'homme.

construire un nid bien chaud et bien coquet, où la femelle puisse, à l'aise et en sûreté, pondre et couver ses œufs et élever ses petits, au moins de chercher et de préparer à la mère et aux enfants un abri, une retraite plus ou moins commode. Il y a pourtant à cette règle générale une exception bien connue, et une autre qui l'est beaucoup moins : la première, c'est le coucou ; la seconde, c'est un oiseau d'Amérique, le brunet. Mais le brunet ne serait-il pas lui-même une espèce du genre coucou? — C'est-là une question que je ne me suis jamais mis en peine d'éclaircir. Je ne vous parlerai donc que de notre coucou d'Europe. Cet oiseau s'est fait une réputation par le seul fait de cette singularité : il n'a point de nid, et la femelle se dispense également de couver ses œufs et d'élever ses petits. N'allez pas croire pour cela qu'elle soit indifférente à leur sort ; qu'en mère dénaturée elle les abandonne aux caprices mortels de la destinée, ou qu'elle compte, pour les faire éclore et les nourrir, sur les miracles de la Providence. Non ; *la* coucou n'a point lu Racine, et elle sait parfaitement que la pâture ne tombe point du ciel dans le bec béant des « petits des oiseaux. » C'est pourquoi, le rôle de couveuse et de nourrice étant incompatible avec ses occupations, elle s'ingénie à trouver quelque bonne personne qui le remplisse à sa place. Aucune de ses commères ne consentirait à s'en charger bénévolement : et cela se conçoit, car il n'y a que des désagréments à attendre de la part de ces mauvais garnements de petits coucous. Il y a donc nécessité de recourir, pour les faire élever, à la ruse ou à la force. La femelle du coucou combine avec beaucoup d'audace et de bonheur l'emploi de ces deux moyens.

Ses petits sont insectivores. Elle se garde donc bien de les placer chez des granivores. Lorsqu'elle se sent prête à pondre elle se met en quête, dans son voisinage, d'une bonne famille où elle sache que les enfants sont bien soignés et bien nourris. C'est dans le nid de cette famille qu'elle va subrepticement déposer son œuf, pendant l'absence des maîtres de la maison. Si la place manque, elle y pourvoit en jetant sans façon par-dessus le bord un ou plusieurs des œufs qui encombrent le nid; puis, lorsqu'elle a bien casé le sien, elle se retire à l'écart et observe du coin de l'œil ce qui va se passer quand le monsieur et la dame rentreront au logis. Or, il arrive souvent que ces honnêtes oiseaux ne remarquent ni la présence de l'œuf étranger, ni même la disparition de leurs propres œufs; et la femelle couve sans défiance et nourrit indistinctement, aveuglément tout ce qui éclôt. Lorsque la mère coucou voit que son usurpation reste inaperçue, elle s'en va joyeuse et tranquille. Mais les choses ne se passent pas toujours aussi bien pour elle. Certains parents plus clairvoyants reconnaissent la fraude et rejettent hors de leur nid, avec indignation, l'œuf intrus. Dans ce cas, le coucou le ramasse, l'emporte et va chercher ailleurs un nid plus hospitalier, — je veux dire moins bien gardé.

Le coucou et ses œufs (p. 206).

Vous avez vu des coucous. Ce sont des oiseaux assez grands, — parmi les petits s'entend, — et presque toujours plus gros que ceux chez lesquels ils s'installent. Leur appétit est large et formidable. Mauvaise affaire pour la nourrice ; plus mauvaise pour les nourrissons. L'égoïsme, l'ingratitude, la cruauté se développent chez le petit coucou, avant que les plumes lui poussent. A peine sorti de l'œuf, se voyant plus gros que ses co-nourrissons, et mal satisfait de la maigre pitance qu'il faut partager avec eux, il débute dans la vie par un crime odieux, accompli avec une astuce et une perversité dignes d'un scélérat émérite. Pendant l'absence de ses parents adoptifs, — très-occupés au dehors à chercher de la nourriture pour leur couvée, — il soulève successivement, avec sa tête, son cou et son dos, chacun de ses compagnons, et les jette hors du nid sur la terre nue, où ils ne tardent pas à périr de froid et de faim. Resté seul, il fait bonne chère, car le père et la mère, privés de leurs enfants, reportent sur lui toute leur sollicitude, ne chassent plus que pour lui. L'assassin grandit rapidement, et, dès que ses ailes et ses forces le lui permettent, prend sa volée, s'en va sans dire merci. Ces mœurs étranges, cette dépravation innée du coucou ont donné, comme on dit, du fil à retordre aux naturalistes de tous les temps, depuis Elien et Aristote jusqu'à nos jours. Il serait curieux de rechercher tous les contes qui ont été débités, toutes les hypothèses biscornues dont on s'est avisé pour expliquer comme quoi le coucou, par des motifs impérieux résultant de son organisation, ne peut ni se procurer un domicile conjugal, ni couver ses œufs, et se voit dans la nécessité d'agir comme il fait. — Car il est à remarquer que pas un naturaliste n'a songé à mettre le parasitisme du coucou sur le compte de la paresse et de la mauvaise foi, — deux vices que l'on ne suppose pas pouvoir exister à l'état natif chez un animal autre que l'homme.

Aristote dit... Au fait, que dit-il là-dessus? — « de fort belles choses » assurément, ou plutôt, je le crains bien, quelque grosse naïveté, — très savante et très-judicieuse pour l'époque. — Selon Elien, si je ne me trompe, si le coucou ne couve point, c'est qu'il se sent d'un tempérament trop froid. Parmi les modernes, un naturaliste et voyageur célèbre, Levaillant, a prétendu, au contraire, que la femelle du coucou est, après la ponte, dans un état de fièvre tel, que si elle couvait ses œufs, elle en « brûlerait le germe » infailliblement; qu'en conséquence elle fait preuve de sagesse et acte de bonne mère en les confiant à une couveuse moins échauffée.

Guéneau de Montbeillard, un des collaborateurs de Buffon, inclinait à croire que la mère coucou, en déposant ses œufs dans des nids étrangers, n'avait d'autre but que de les soustraire à la voracité trop peu scrupuleuse de son époux. Hérissant et quelques autres naturalistes avaient mis en avant une raison physiologique tirée de la position de l'estomac chez le coucou. En effet, cet organe, au lieu d'être protégé par le sternum, comme chez les autres oiseaux, est seulement recouvert par les muscles du bas-ventre, et c'est ce qui, d'après l'opinion de ces auteurs, rendrait pour le coucou l'incubation douloureuse, incompatible avec le travail essentiel de la digestion. Mais on a reconnu que plusieurs oiseaux, présentant la même particularité de conformation, ne laissent pas de se construire un nid et de couver leurs œufs, sans que leur digestion en soit troublée, ni leur santé altérée.

L'explication la plus plausible a été trouvée récemment, par M. Florent Prévost, je crois. La voici : Le coucou, ou plutôt *la* coucou est polygame, et cela forcément, à ce qu'il paraît : les mâles étant, dans l'espèce, quatre fois plus nombreux que les femelles. Au printemps, chaque mâle s'établit dans un canton, d'où il ne sort plus tant que dure la saison des amours, c'est-à-dire jusqu'à l'automne ; et il passe son temps à voltiger çà et là, répétant son cri, que tout le monde connaît et qu'on lui a donné pour nom. Ce cri est un appel à la femelle. Celle-ci ne manque pas d'y répondre, mais elle est seule au milieu de trois ou quatre soupirants. Il faut que chacun ait son tour. A peine a-t-elle contracté une première union, qu'elle est conviée à une seconde, puis à une troisième, à une quatrième ; en sorte que les pontes se succèdent à des intervalles très-rapprochés, et qu'avec la meilleure volonté du monde, elle ne saurait vaquer à la fois aux soins divers qu'exigent les fruits de ses trop rapides amours : couver les œufs du dernier lit, chasser pour les petits frais éclos du précédent, guider les premiers pas de ses aînés déjà grands, mais trop faibles encore pour voler seuls, et sachant à peine manger. — Que faire? — Les oiseaux n'ont pas encore inventé les crèches, les salles d'asile et les maisons de sevrage. La femelle du coucou est placée dans l'alternative de deux crimes : l'infanticide ou l'usurpation; car ses petits ne peuvent vivre qu'aux dépens d'autrui; elle cède à l'instinct maternel. — Est-elle bien coupable?... Et voilà comme, — diraient certaines gens, — les crimes souvent doivent être imputés aux vices d'une société basée sur l'injustice, plutôt qu'à la volonté libre de ceux qui les commettent.

CHAPITRE XII.

Conchyliologie. — L'aronde perlière. — M. Coste et les huîtres. — La pêche des arondes à Ceylan. — Les plongeurs et les requins. — Les nègres aux prises avec les *montas* et les *couveras*. — Ce que coûte une perle. — Ce qui plaît aux dames. — Condition des pêcheurs de nacre. — La recherche des perles. — Le triage et le forage. — Rôle des perles dans les sociétés anciennes et modernes. — Ce que c'est que la nacre et la perle. — Notions sur la composition des substances précieuses. — Le corindon. — Le diamant naturel et le diamant artificiel. — Comment se forment les perles. — Comment on obtient des perles artificielles. — Zooplastie des Chinois. — Les fausses perles. — Les perles de Rome et de Venise.

Cette réflexion éminemment philosophique me parut terminer d'une façon tout à fait relevée et point du tout vulgaire notre entretien sur les oiseaux ; mais elle pouvait nous entraîner dans une digression hasardeuse sur le domaine des sciences morales et politiques. Grave danger que je vis à temps, et que je m'empressai de conjurer en sautant brusquement au premier objet qui me tomba sous la main, — ou, pour parler plus exactement, sous la pointe de l'épée que je tenais toujours en main.

Le hasard me servit assez bien. L'arme innocente effleura un large coquillage presque plat, très-épais, dont la face intérieure, légèrement concave, offre l'éclat chatoyant et les teintes irisées propres à la substance bien connue sous le nom de *nacre*. La surface extérieure et convexe est terne et rugueuse, comme si la nature avait voulu dissimuler sous une apparence pauvre et grossière les précieux trésors renfermés dans le coquillage, et préserver ainsi des attaques de l'homme l'animal très-infime qu'elle a jugé à propos de loger dans une si belle chambre. Vaine précaution. Car l'homme a dès longtemps appris à compter les apparences pour peu de chose et à croire généralement le contraire de ce qu'elles disent.

— Connaissez-vous ceci ? demandai-je à mon compagnon.

EDOUARD. Pas précisément; mais je connais quelque chose qui y ressemble.

MOI. Et c'est ?...

EDOUARD. Une écaille d'huître, — aux dimensions près.

MOI. Il y a, en effet, beaucoup d'analogie entre ce coquillage et l'huître commune (*ostrea edulis*) ; mais ce n'est pas une raison pour le considérer avec dédain. L'huître elle-même est un mollusque très-estimable, dont la culture est devenue depuis peu une affaire d'Etat, grâce à l'initiative du très-illustre apôtre de la pisciculture, de M. Coste, — je devrais dire *Sextus*

Coste, proconsul des fleuves et des mers; — de M. Coste, dont le *Moniteur* a enregistré avec orgueil les pompeux bulletins; de M. Coste, entendez-vous, qui « défriche les Océans » (*ipse dixit*); de M. Coste, enfin, qui, s'il eût vécu au dix-septième siècle, pour la gloire du grand roi et le bonheur de ses peuples, eût certainement conservé au prince de Condé son incomparable maître-d'hôtel; car la marée n'eût jamais manqué, — et elle ne manquera plus jamais maintenant, — et les Vatels de l'avenir n'auront plus de raison plausible pour s'embrocher avec leur épée, et c'est à M. Coste qu'on le devra. Donc, jeune homme, alors même que vous n'aimeriez pas les huîtres, veuillez ne pas oublier que M. Coste daigne s'y intéresser; qu'il convient, en conséquence, de ne point parler légèrement de ces mollusques ni des autres membres de leur honorable famille. Quant à ce coquillage-ci, apprenez qu'il n'est autre que l'aronde ou avicule perlière, ou *mère aux perles* (*avicula margaritifera*), d'où l'on tire et la nacre et la perle, la vraie perle fine, ce joyau préféré des beautés et des reines d'Orient.

Edouard. Ah! c'est bien différent. Pardonnez-moi, monsieur, d'avoir manqué de respect à votre coquillage, et permettez que je l'examine de près, avec toute l'attention qu'il mérite.

Moi. Examinez, mon ami, et veuillez en remarquer d'abord les dimensions : la largeur, qui est de près de 2 décimètres, et l'épaisseur, d'environ 25 millimètres;

puis la blancheur et les reflets chatoyants de la nacre, et le cercle bleuâtre qui l'entoure et se relie, par une autre bande verdâtre, puis jaunâtre, à la bordure grise et feuilletée de la coquille. Ce sont là les caractères de la nacre franche ou vraie, qui est la plus estimée. On la désigne aussi quelquefois, dans le commerce, sous le nom de *nacre de Ceylan*, parce que les coquillages qui la fournissent se pêchent principalement dans le détroit de Manaar, entre cette île et la pointe du Dekkan. Mais l'aronde habite aussi, dans l'ancien monde, les côtes du Japon, le golfe Persique et la mer Rouge, et, dans le nouveau monde, la mer de Californie, la mer des Antilles, le golfe du Mexique et les côtes de la Colombie, de l'Equateur, du Chili, du Pérou, de la Guyane. Les pêcheries du détroit de Manaar appartinrent d'abord aux Hollandais; les Anglais s'en emparèrent en 1795, et ils en sont demeurés possesseurs, en vertu du traité d'Amiens, qui leur a définitivement cédé l'île de Ceylan. Le gisement de Manaar comprend plusieurs bancs, dont un occupe à lui seul, vis-à-vis de Condatchy, une longueur de vingt milles. Pour ne pas épuiser ce banc en l'exploitant à la fois sur toute son étendue, on a adopté, depuis bien des années, le système des coupes réglées; on a divisé le banc en sept parties, dont une seule est livrée aux pêcheurs pour chaque campagne; en sorte que lorsqu'on a exploité la septième, les coquillages de la première ont eu tout le temps de se reproduire et de se développer.

La pêche commence au mois de février et se termine au mois d'avril; mais comme il y a, dans le calendrier hindou, à peu près autant de jours fériés que de jours ouvrables, elle ne dure pas, en somme, plus d'un mois.

Les barques armées en pêche portent chacune une vingtaine d'hommes, dont dix rameurs et dix plongeurs, plus le patron pilote. Elles partent le soir à dix heures, et, poussées par la brise de nuit, elles arrivent avant l'aube sur les bancs. Elles regagnent le port vers le milieu de la journée, à l'heure où la brise a changé de direction et souffle vers la terre.

Dès que le jour paraît, les plongeurs se mettent à l'œuvre. Ceux d'un même équipage se partagent en deux groupes de cinq hommes chaque, qui plongent et se reposent tour à tour. Ces hommes sont presque tous des indigènes hindous, malais ou japonais, habitués dès l'enfance et peu à peu à ce pénible et dangereux métier. Le plongeur saisit entre les orteils du pied droit une corde qui traverse dans sa hauteur une grosse pierre en forme de pyramide tronquée; cette pierre est destinée à faciliter sa descente et à le maintenir au fond de l'eau. Elle est amarrée au bateau et joue en même temps le rôle de corde d'appel. Le pêcheur plonge debout ou accroupi, et non pas la tête la première, comme on le croit vulgairement. Il tient, du pied gauche, son filet; de la main droite, la corde à pierre; de la main gauche, il se pince les narines;

ses oreilles sont bouchées avec du coton imbibé d'huile. Arrivé au fond de l'eau, il se hâte d'arracher les coquillages qui sont à sa portée, les met dans son filet, qu'il s'est passé autour du cou, et, sur un signal qu'il donne au moyen de la corde d'appel, on le remonte.

La plus grande profondeur à laquelle puisse s'opérer le travail du plongeur ne dépasse pas douze mètres, et le temps qu'il y peut séjourner, trente ou trente-cinq secondes au plus. Les récits d'après lesquels certains plongeurs demeureraient une ou plusieurs minutes sous cette masse d'eau, dont la pression égale celle de deux atmosphères, sont controuvés : il n'y a pas d'homme au monde capable d'un pareil tour de force. Lorsque le temps est favorable, un plongeur robuste peut exécuter, dans la matinée, quinze ou vingt descentes, séparées par des intervalles de repos de dix ou quinze minutes ; dans le cas contraire, il ne plonge pas plus de quatre ou cinq fois. Cet exercice, répété pendant une trentaine de jours chaque année, suffit pour altérer rapidement la santé de ces pauvres gens. Un plongeur de profession devient rarement vieux. Beaucoup contractent de bonne heure une maladie affreuse, qui leur rend bientôt impossible l'exercice de leur profession. Leur vue s'affaibit ; leurs yeux s'ulcèrent, leur corps se couvre de plaies. D'autres sont un beau jour frappés d'apoplexie au sortir de l'eau, ou bien ils meurent étouffés au fond de la mer. Je ne parle pas de ceux qui deviennent la proie des requins. Le requin est la terreur des pêcheurs de perles. La présence d'un de ces gigantesques et voraces poissons, signalée à tort ou à raison dans une pêcherie, suffit pour que toute la flottille se disperse, et que chacun regagne le port, sans même avoir pris la peine de vérifier la cause de l'alerte.

Avant de se laisser aller au fond de l'eau, comme avant de frapper du pied le sol pour accélérer son ascension, le plongeur ne manque jamais de regarder si l'ombre du terrible squale ne se dessine pas dans la masse liquide ; il n'est pas rare qu'une pointe de rocher, un corps quelconque de nature à rappeler la forme du monstre, ayant été aperçu par quelque pêcheur craintif et sujet aux hallucinations, l'alarme se répande en un clin d'œil de proche en proche, et que la partie soit aussitôt abandonnée. — Ne riez pas, mon ami : la terreur de ces pauvres gens est bien excusable ; tous les marins vous le diront : rien n'est moins gai que de se trouver à la portée des formidables mâchoires d'un requin, et parmi ceux à qui pareille chose est arrivée, on en cite un sur vingt qui l'ait pu conter à ses amis. Vous avez lu, — tout le monde a lu, dans les relations de voyages, des récits de combats corps à corps entre un homme et un requin : — ces récits sont très-dramatiques, et c'est toujours avec un plaisir extrême que le lecteur reprend son souffle arrêté par l'émotion, en voyant le hardi nageur plonger enfin son coutelas dans le ventre du monstre. De telles victoires ont pu être remportées réellement sur le tyran des mers par des hommes aguerris, libres de leurs mouvements, agiles, bien armés, en un mot, dûment préparés pour le combat. Mais ce n'est point le cas des pauvres pêcheurs de perles, à demi suffoqués par le manque d'air, embarrassés et surchargés de leurs engins et de leur butin, et dont la grande affaire est d'aller vite en besogne. Ils ont bien à leur ceinture un couteau, un épieu de bois dur pour se défendre au besoin ; mais la lutte est trop inégale contre un ennemi dont la gueule est un arsenal, et qui est chez lui, dans son élément. Bref, on peut dire que le pêcheur de nacre qui rencontre un requin est un homme perdu, et l'on conçoit qu'il y regarde à trois fois avant de s'exposer à une mort si affreuse.

Les nègres qui font la pêche des huîtres perlières dans la baie de Panama ont à redouter, dit-on, outre les requins, très-communs dans ces parages, les *montas* et les *couveras*, espèces de raies et d'étoiles de mer d'une taille monstrueuse, qui se cramponnent à leur corps, les enlacent et leur sucent le sang. Chaque homme est armé d'un petit épieu de bois dur, aiguisé par les deux bouts, avec lequel il parvient quelquefois à éventrer ces immondes agresseurs ; mais il n'est nullement assuré de s'en débarrasser du premier coup, et trop souvent les forces lui manquent pour prolonger sa défense. Je me rappelle avoir lu dans un journal scientifique, qu'une des dernières campagnes de pêche entreprises aux bancs de Panama fut arrêtée dès son début par une série d'accidents affreux survenus pendant les premiers jours, et qui jetèrent parmi les plongeurs une panique telle, qu'on ne pût, ni par menaces, ni par promesses, les décider à continuer la pêche. Dans une seule semaine, onze nègres avaient été dévorés par les requins ; seize autres avaient été remontés étouffés par les étoiles de mer ou par les raies, qu'il avait fallu couper en morceaux pour les détacher du corps de ces malheureux.

Les belles dames, qui se parent avec tant de joie et d'orgueil des concrétions calcaires extraites des valves d'une huître, savent bien que cela se paye fort cher ; mais elles ne se doutent pas que le plus modeste ornement fait avec ces grains brillants : un collier, un bracelet, une paire de pendants d'oreille, a peut-être coûté la vie à plusieurs hommes.

Edouard. Bien certainement, si elles savaient cela, elles ne voudraient plus jamais porter de ces parures.

Moi. Erreur, mon ami, grosse erreur de votre jeune âge et de votre inexpérience. Si les dames savaient cela, il s'opérerait en peu de temps une révolution dans le commerce de la joaillerie et de la bijouterie : les perles doubleraient, tripleraient de valeur, et les autres pierres précieuses baisseraient proportionnellement.

Edouard. J'ai déjà remarqué que « vous voulez un grand mal à la nature humaine ; » mais j'aurais pensé que du moins les dames trouveraient grâce devant votre misanthropie.

MOI. Il ne s'agit point de misanthropie, et je suis bien éloigné de mal dire ou de mal penser du sexe féminin ; mais enfin ce sexe, comme le nôtre, a les qualités de ses défauts et les défauts de ses qualités. Le goût des femmes pour la parure se compose de deux éléments distincts : le premier est le désir de plaire, qui leur fait rechercher ce qui est beau, élégant, propre à faire ressortir leurs attraits. Le second est la vanité, qui leur fait attacher surtout du prix à ce qui est rare, à ce qui vient de très-loin, à ce qui a coûté beaucoup d'argent, de peines, de dangers même. J'ai donc raison de dire que les dames seraient très-flattées de savoir que chacune des perles qu'elles portent à leur cou, à leurs poignets, à leurs oreilles, représente une vie, ou seulement une fraction de vie humaine.

EDOUARD. Au fait, vous avez peut-être raison, et je connais trop peu le monde pour soutenir avec vous une discussion sur un sujet aussi délicat. Mais dites-moi, je vous prie, la science n'a-t-elle trouvé aucun moyen de rendre moins périlleuse une industrie qui n'a pour but que l'acquisition d'objets aussi futiles ? Les pêcheurs d'huîtres nacrées ne peuvent-ils faire usage des cloches à plongeur et des autres appareils beaucoup plus perfectionnés qu'on a inventés dans ces derniers temps, et qui ont été plusieurs fois, si je ne me trompe, employés avec succès pour des travaux bien plus compliqués et bien plus longs que celui-là?

Moi. Assurément, les appareils à plonger ne manquent point. Il y en a de bien des espèces : entre autres celui de MM. Deanes et Sieb, ingénieurs anglais, qui permet à des ouvriers de travailler au fond de l'eau pendant plusieurs heures de suite ; et le bateau sous-marin de MM. Payerne et Lamiral, dont on a beaucoup parlé, il y a deux ou trois ans, et qui me fait maintenant l'effet d'être *tombé dans l'eau*. Mais il paraît que ces ingénieux appareils présentent, relativement à l'application spéciale dont nous parlons, plusieurs inconvénients ; le plus sérieux, je le crois, c'est leur prix de revient et de transport, et la difficulté de les faire accepter, soit par les entrepreneurs de pêche, qui tiennent médiocrement à la vie de leurs hommes, et ne se soucient point de faire, par pure humanité, des sacrifices d'argent dont ils ne retireraient aucun avantage matériel ; soit par les pêcheurs eux-mêmes, qui aiment encore mieux continuer leur métier tel qu'il est, avec ses fatigues, ses dangers, ses chances bonnes et mauvaises, que de recommencer tout un apprentissage et de voir à la fois diminuer leurs bénéfices et augmenter le nombre des concurrents. Car, d'une part, les maîtres refusant d'acheter les appareils, il faudrait que ce fussent les ouvriers eux-mêmes qui en fissent les frais ; d'autre part, la profession de plongeur, devenant d'un exercice plus facile et moins dangereux, ne tarderait pas à s'encombrer comme toutes les autres, ce qui contribuerait puissamment à faire baisser les salaires. Dans l'état actuel des choses, le métier de pêcheur de perles est périlleux sans doute, mais il est lucratif. En Orient, les pêcheurs reçoivent une assez forte prime proportionnée à l'abondance et à la valeur de leur récolte. En Amérique, au temps de l'esclavage, les nègres pouvaient, s'ils étaient adroits et robustes, et si la chance les favorisait, gagner en peu de temps de quoi racheter leur liberté. Chacun d'eux devait, il est vrai, fournir à son maître un nombre de perles déterminé; aussi, à moins d'être blessé ou harassé de fatigue, il ne cessait de plonger que lorsqu'il croyait avoir pêché une assez grande quantité de coquillages pour fournir le nombre fixé par le règlement. Mais, la pêche terminée, il ouvrait les huîtres une à une, en présence du commandeur, auquel il délivrait les perles, petites ou grosses, au fur et à mesure qu'elles se présentaient; et, sa part une fois complétée, le reste lui appartenait en propre. Or, l'excédant des coquillages récoltés par lui pouvait ne pas renfermer une seule perle; mais il se pouvait aussi qu'il en contînt plusieurs et de fort belles, que le nègre alors vendait, soit à son maître lui-même, soit à d'autres marchands, et dont le produit constituait à son profit un pécule inaliénable. Ces conditions ont dû être maintenues depuis l'abolition de l'esclavage; ou, si elles ont été modifiées, c'est nécessairement à l'avantage des pêcheurs.

En Amérique, les huîtres étant, comme je viens de

vous le dire, ouvertes une à une devant le régisseur, c'est en écrasant entre les doigts la chair du mollusque, qu'on trouve les perles qu'elles recèlent. Ce mode de recherche, au dire des Américains, conserve aux perles leur fraîcheur et la pureté de leur eau.

A Ceylan et dans les autres parages de la mer des Indes, on procède d'une façon plus expéditive, mais moins délicate et, pour trancher le mot, peu ragoûtante. Lorsque les barques reviennent de la pêche, chaque propriétaire emporte son lot chez lui. Les filets ou les paniers sont vidés sur des nattes en sparterie. Là les coquillages sont abandonnés jusqu'à ce que les mollusques qui les habitent meurent et, qui plus est, tombent en putréfaction. Ils s'ouvrent alors d'eux-mêmes ; on sépare les valves et on les visite pour trouver les plus grosses perles ; on soumet ensuite à l'ébullition la matière putréfiée, et on la tamise afin de recueillir les petis grains qui avaient échappé à la première perquisition. Quant aux coquilles, elles sont triées d'un autre côté : on choisit les plus épaisses et les plus larges, qui sont vendues comme nacre brute, et l'on rejette les autres.

Les perles extraites des arondes sont lavées avec soin, puis polies avec de la poudre de nacre presque impalpable ; après quoi on les classe par catégories, suivant leur grosseur, en les faisant passer par une série de cribles en cuivre de plusieurs dimensions. On procède ensuite au forage pour la mise en chapelets.

On se sert pour cela de poinçons de diverses grosseurs, suivant le numéro des perles. Le forage passe pour une opération difficile. Il faut, en effet, savoir apprécier le plus beau côté de chaque perle et le mettre en évidence dans le chapelet. Les Indiens et les Chinois excellent dans ce travail et peuvent, en une journée, percer six cents grosses perles, ou trois cents petites. On enfile sur soie blanche ou bleue les perles moyennes et petites ; on réunit les rangs par un nœud de ruban bleu ou par une houppe de soie rouge, et on les vend par *masses* de plusieurs rangs, suivant le choix. Les grosses et belles perles, dites *parangones,* se traitent séparément, à la pièce, et les toutes petites, appelées *semence de perles*, sont vendues à la mesure de capacité.

Les perles *fines* ou *vraies*, — on les nomme ainsi pour les distinguer des perles *fausses*, dont je vous dirai tout à l'heure quelques mots si cela vous intéresse, — les perles fines ont été, de tout temps et chez tous les peuples, estimées à l'égal des gemmes les plus rares et les plus belles, pour orner les couronnes des monarques, les armes et les costumes d'apparat, et servir de parure aux princesses et aux dames du plus haut rang. L'usage de ces *gouttes de rosée durcies,* comme les appellent les Orientaux dans leur langage figuré, a pris certainement naissance dans l'Asie, cette terre classique du luxe, de l'ostentation et de la prodigalité. Il en est parlé dans le livre de

Job et dans le livre des Proverbes, et les anciens poëtes sanskrits, persans, arabes, en ont fait l'emblème de la perfection et de la beauté.

Les siècles n'ont point changé, à cet égard, le goût des Orientaux, qui aiment à enrichir de perles leurs turbans, leurs ceintures, le manche de leurs poignards et souvent même jusqu'à leurs chaussures. Le shah de Perse, aujourd'hui régnant, possède, dit-on, un long chapelet de perles, toutes à peu près de la grosseur d'une noisette. Un de ses prédécesseurs avait payé 275,000 francs au voyageur français Tavernier une seule perle que celui-ci avait achetée à Catifa.

Les perles furent importées en Europe, avec les autres richesses de l'Orient, à l'époque où le goût du luxe se développa chez les Romains et chez les Grecs avec la civilisation. Au temps de la décadence, l'usage en devint excessif, comme celui de toutes les substances précieuses, de quelque nature qu'elles fussent, et pourvu qu'elles fournissent aux maîtres du monde l'occasion de faire parade de leur prodigieuse opulence. Les dames patriciennes et les courtisanes enrichies firent ruisseler les perles sur leur cou, sur leurs bras et dans leurs cheveux, et les empereurs en firent broder leurs manteaux. C'était renchérir de beaucoup sur le faste de Jules César, qui avait offert comme un présent magnifique à Servilie, mère de Junius Brutus, une perle valant plus d'un million de notre monnaie, et sur celui d'Antoine, dont la royale épouse crut faire une extravagance digne d'elle-même et du triumvir en avalant dans un festin une perle évaluée par les commentateurs un million et demi de francs.

La perle a conservé son prestige parmi les peuples modernes ; c'est encore une des gemmes les plus estimées des joailliers, et elle figure avec honneur à côté des diamants et des rubis, parmi les joyaux qui font partie des trésors royaux. On en a pu juger aux expositions universelles de 1851 et 1855, où la reine d'Angleterre et l'empereur des Français avaient envoyé une profusion de perles diversement montées. La collection de quatre cent huit perles, pesant chacune 16 grammes, et d'une forme irréprochable, appartenant à la couronne de France, représente une valeur de plus de 500,000 francs.

Pourtant, la plus belle perle ne diffère nullement, quant à sa composition chimique, de la nacre, qui est d'une valeur incomparablement moindre. L'une et l'autre sont formées de substances très-communes, que nous foulons aux pieds, que nous rencontrons à chaque instant sous diverses formes, sans leur accorder la moindre attention : du carbonate de chaux (la matière de la craie, de la marne, des pierres à bâtir, — du marbre aussi et de l'albâtre) ; du phosphate de chaux (la partie solide, dure, incorruptible des os) ; enfin un peu de gélatine : la même substance qui, extraite des débris de matières animales, rognures de peaux, os, cartilages, membranes, donne la colle forte.

ÉDOUARD. En vérité! un misérable mollusque avec de telles matières fait d'aussi jolies choses que la nacre et les perles!

MOI. Pourquoi non? Les mêmes éléments diversement modifiés ou combinés donnent naissance, dans la nature, aux produits les moins semblables entre eux, à des aliments ou à des poisons, à des substances infectes ou à des parfums délicieux, à des cristaux réguliers et brillants ou bien à une vile poussière, à un limon fangeux. En voulez-vous des exemples?

Dans tous les corps organiques, principes immédiats des tissus et des liquides de l'économie animale ou végétale, l'analyse chimique a reconnu la présence des mêmes éléments : le carbone, l'hydrogène, l'oxygène, souvent l'azote, quelquefois un peu de soufre ou de phosphore. Il n'est même pas rare que dans deux corps entièrement différents d'aspect et de propriétés, on retrouve les mêmes éléments combinés exactement dans les mêmes proportions. Ces corps sont appelés *isomères*, c'est-à-dire formés de parties ou d'éléments semblables. Il arrive aussi qu'une même substance, minérale ou organique, tout en conservant ses propriétés fondamentales, se présente sous les aspects et avec les caractères physiques les plus différents. C'est le cas du carbonate de chaux, qui se trouve dans la nature, soit à l'état de craie, de marne, de pierre commune, soit à l'état de marbre ou d'albâtre, soit en cristaux diaphanes, comme celui que vous voyez sur cette étagère, à côté du coquillage nacré qui défraye depuis une demi heure notre conversation. C'est aussi le cas de certains oxydes, tels que l'alumine dont nous avons déjà parlé. L'alumine, je vous l'ai dit, constitue, à l'état amorphe et pulvérulent, les argiles : terre à pipes, kaolin, terre glaise; mais, cristallisée par l'effet d'une de ces puissantes réactions qui se sont accomplies jadis dans le grand laboratoire de la nature, elle est devenue le corindon; et le corindon, diversement coloré par des traces d'oxydes métalliques, c'est le rubis, c'est le saphir, l'émeraude — c'est toute la brillante série des gemmes, dont quelques-unes rivalisent avec le diamant... Et le diamant lui-même, savez-vous ce que c'est?

ÉDOUARD. Ah! oui, je sais cela; le diamant est du charbon cristallisé.

MOI. Oh! mais vous êtes très-savant!

ÉDOUARD. J'en conviens. Je sais encore que l'on a souvent essayé de faire du diamant; qu'un physicien entre autres, M. Despretz, je crois, s'est donné beaucoup de peine pour trouver cette nouvelle pierre philosophale, et qu'il est seulement parvenu à obtenir de tout petits cristaux noirs, ayant bien la dureté du diamant, mais non pas sa blancheur et son éclat.

MOI. Or ça, monsieur Édouard, vous commencez à m'inspirer de graves soupçons. Comment! je me préparais à jouir de la surprise que je croyais vous causer en vous apprenant que le diamant et le charbon sont une seule et même substance, et voilà que vous savez cela et que vous êtes au courant des travaux de M. Despretz ! Seriez-vous par hasard un faux ignorant?

ÉDOUARD. Plût à Dieu, monsieur ! Mais hélas ! toute ma science se réduit à ce que je viens de vous dire, et que j'ai lu par hasard dans un journal.

MOI. A la bonne heure ; je me déclare satisfait de cette explication et, puisque nous parlons du carbone et du diamant, j'ajouterai encore quelques renseignements à ceux — fort exacts — que vous avez puisés dans cet estimable journal. Mais auparavant, et pour ne pas abuser des digressions, voulez-vous que nous achevions le chapitre de la nacre et des perles ?

Sur un signe d'assentiment de mon auditeur, je repris :

— La nacre et la perle, disais-je, sont identiques quant à leur composition chimique. L'énorme différence entre les valeurs qu'on leur accorde s'explique premièrement par ce fait, que la nacre se retrouvant, comme principe constituant normal, dans plusieurs espèces de mollusques testacés : — l'haliotide, la burgandine, voire l'huître commune, — est relativement abondante ; tandis que les excrétions globuleuses qui constituent les perles ne sont qu'accidentelles, même dans l'avicule margaritifère, et qu'il faut quelquefois explorer deux ou trois douzaines de ces coquillages, avant d'y trouver une perle de forme régulière et d'un certain volume. En second lieu, la disposition que les couches de substance nacrée affectent dans la perle donne réellement à celle-ci des reflets, des nuances, un éclat doux et chatoyant, en un mot cet aspect particulier que les joailliers appellent *orient*, et qu'on a vainement tenté d'imiter, en taillant et en polissant avec soin de petites boules de nacre.

La forme d'une perle résulte de la situation où le hasard a placé le corps étranger, grain de sable ou esquille d'écaille, autour duquel vient se déposer la substance nacrée, et qui lui sert de noyau. Si c'est à l'endroit où les valves ont le plus d'écartement, il est évident que la perle prendra à la fois plus de développement et une forme plus régulière. Si la concrétion s'est formée près des charnières, il est probable qu'elle sera plus ou moins déprimée. Si elle touchait aux parois de la coquille, de manière à ce que l'animal n'ait pu la remuer, elle est ordinairement adhérente à la couche nacrée qui revêt les parois du coquillage; et l'on ne peut l'en détacher sans l'entamer et la détériorer. Si enfin elle s'est développée dans les plis charnus du mollusque, elle peut avoir pris une forme irrégulière.

Le mode de formation des perles, sur lequel nos savants ont longtemps discuté sans pouvoir s'entendre, avait été très-anciennement constaté et mis à profit par les Chinois, qui savaient produire artificiellement des perles naturelles, à une époque où les naturalistes les plus renommés d'Europe s'évertuaient en pure perte pour atteindre ce résultat. Le procédé des Chinois est fort simple : il consiste à entr'ouvrir les valves d'un coquillage nacré, et à glisser dans le manteau de petits grains de gravier arrondis, qui deviennent les noyaux d'autant de perles très-régulières et quelquefois très-belles. Les Chinois font mieux encore : ils pratiquent sur le coquillage appelé *anodonte* un artifice basé sur le même phénomène, et au moyen duquel ils obtiennent des incrustations nacrées, d'un curieux effet, et qui, à leur apparition en Europe, ont fort émerveillé, non-seulement les dames, mais aussi le public barbu, et parmi ce public, les savants.

L'anodonte est un mollusque à coquille bivalve et nacrée, qui habite les marais d'eau saumâtre situés vers l'embouchure du fleuve Ning-po. Les Chinois le pêchent, l'ouvrent avec précaution, maintiennent l'écartement des valves avec des coins de bois, soulèvent adroitement le mollusque sans le blesser, et introduisent dans sa demeure une plaque mince de métal estampé, qu'ils fixent avec une matière agglutinative insoluble dans l'eau, afin que le mollusque ne puisse pas l'expulser. Ils laissent ensuite le coquillage se refermer, et le rejettent dans un parc spécial où ils le laissent vivre en paix pendant un certain temps, après quoi ils le repêchent, l'ouvrent de nouveau et en retirent la pièce de métal entièrement recouverte d'un émail nacré. MM. Moquin-Tandon et J. Cloquet ont présenté en 1858, à la Société d'acclimatation, un mémoire très-intéressant sur cette sorte de *zooplastie*. Ce mémoire, que vous trouverez *in extenso* dans le Bulletin de la Société ou dans la cinquième *Année scientifique* de M. Figuier, vous fera connaître dans tous ses détails l'ingénieux procédé des artistes du Céleste-Empire.

Il ne faut pas confondre les perles artificielles obtenues de la façon que je viens de vous exposer, avec les *fausses perles* qu'on fabrique en Europe, notamment à Paris, qui est le principal foyer de cette industrie. Ces fausses perles sont de petites bulles de verre soufflé, remplies de cire, et orientées avec les écailles d'un poisson assez commun dans nos rivières, et bien connu sous le nom d'*ablette*. Ce fut un nommé Jaquin ou Janin, fabricant de chapelets et d'autres objets analogues,—*patenôtrier*, comme on disait autrefois,— qui, en 1680, remarqua le premier que les ablettes, lavées dans un baquet, laissaient déposer au fond un sédiment de particules nacrées, ayant le lustre des plus belles perles. Il conçut aussitôt l'idée de se servir de cette matière pour imiter les perles fines. Il y réussit en mélangeant les écailles d'ablettes avec de la gomme, de manière à former une sorte de vernis qu'il introduisit dans de petites bulles de verre extrêmement minces. Son procédé est encore, sauf quelques perfectionnements secondaires, celui qu'on emploie aujourd'hui. Les écailles d'ablettes, recueillies et préparées pour l'usage des fabricants de perles fausses, sont appelées *essence d'Orient.*

On imite aussi, à Rome, les perles fines avec de petits grains d'albâtre recouverts d'un enduit fait avec de la colle de poisson et de la nacre pulvérisée. Ces fausses perles sont, dit-on, plus solides que celles qu'on obtient par le procédé de Jaquin, mais elles n'imitent pas aussi bien l'orient des vraies perles. Quoi qu'il en soit, en Italie, où les femmes du peuple ont un goût prononcé pour toute sorte de parures, ces brimborions sont, concurremment avec les *perles de Venise,* la base d'une industrie et d'un commerce considérables.

Les perles de Venise sont en verre ou en émail (verre opaque) diversement coloré. On en distingue deux sortes : les petites, qui sont faites avec des tubes d'émail très-ténus, divisés en petits tronçons qu'on arrondit en les chauffant dans une sorte de casserole à long manche, et en les remuant continuellement ; — et les grosses, ou perles à colliers et à chapelets, qui sont soufflées à la lampe avec des verres dont les couleurs imitent celles du rubis, de la topaze, du saphir, de l'améthyste. La fabrication des perles de Venise est d'origine vénitienne, comme l'indique leur nom ; mais elle s'est transportée de là à Rome, à Naples et jusqu'à Paris. Ces faux bijoux occupent une place importante dans les pacotilles de verroterie que les voyageurs emportent pour faire des échanges avec les sauvages et les barbares de tout pays et de toute couleur.

CHAPITRE XIII.

Les premières atteintes de la faim. — Mesures prises pour assurer nos subsistances et un bon emploi du temps. — Reprise de l'entretien scientifique. — Minéralogie et physiologie. — Le spath calcaire. — Le cristal de roche. — Le diamant et ses congénères. — Le graphite. — Les charbons minéraux. — Leur origine. — Rôle du carbone dans la nature. — Le corps des animaux comparé à une machine à feu. — La circulation du sang. — La respiration. — Causes de la chaleur animale. — Critique de la comparaison précédente. — Un assemblage bizarre. — Fin du cours de sciences naturelles. — Nous quittons le musée.

Cependant la journée s'avançait. Cinq heures venaient de sonner à ma pendule ; le soleil avait disparu derrière les maisons, et le jour se voilait déjà des premières ombres du crépuscule. Et puis, tandis que nos esprits, embarqués sur une écaille d'huître, voguaient hardiment de la mer des Indes à la mer des Antilles, assistaient curieusement à la pêche des perles et sondaient du regard les mystères de l'Océan, *l'autre* se sentait peu à peu envahie par les symptômes de cette maladie périodique des gens bien portants, qu'on nomme la faim, et elle adressait aux deux vagabonds de fréquents appels, pour les avertir que l'heure du dîner approchait et qu'elle n'entendait pas, sous prétexte de science, être dérangée de ses habitudes.

Je trouvai pour mon compte cette réclamation légitime, et ne doutant pas que mon compagnon ne fût du même avis, je me disposais à mander mon ministre des subsistances (c'est le titre que je confère à ma bonne le matin, de neuf heures à dix heures et demie, et le soir, de cinq à sept), lorsque cet intelligent fonctionnaire vint de lui-même frapper à la porte pour prendre mes instructions. Je lui ordonnai de préparer le dîner pour six heures précises et de nous le servir dans ma chambre même, afin que, tout en y faisant honneur et sans quitter nos assiettes, nous pussions, si bon nous semblait, poursuivre notre voyage.

Cette importante affaire étant terminée, il nous restait à bien employer les instants qui nous séparaient de l'heure du dîner. Nous délibérâmes sur le parti à prendre et reconnûmes d'un commun accord qu'il ne fallait pas songer à achever en si peu de temps le tour de mes Etats. Nous avions encore tant de choses à voir : l'observatoire de météorologie, la bibliothèque, l'arsenal!... et encore, puisque nous avions tant fait que de butiner quelques lambeaux de botanique et de zoologie, nous ne pouvions décemment quitter le lieu où nous étions sans compléter notre cours de sciences naturelles, en étudiant aussi un ou deux échantillons du règne minéral.

Ce fut l'opinion d'Édouard, c'était aussi la mienne. Nous convînmes donc de prolonger d'une vingtaine de minutes notre station devant le *muséum ;* de donner une demi-heure à l'observatoire de météorologie, de passer sans nous arrêter devant la bibliothèque, et de flâner à l'arsenal jusqu'au moment où la bonne apporterait le potage.

« Parlons donc de minéralogie, dis-je à mon compagnon lorsque notre programme fut ainsi arrêté ; et lui remettant ma vieille épée :

— Tenez, ajoutai-je, prenez cet instrument et désignez-moi, dans la riche collection que voilà, le caillou dont vous désirez connaître la nature et les propriétés.

— Ce minéral incolore, transparent et de forme si régulière, dit-il en touchant un échantillon de carbonate de chaux cristallisé, est formé, si je me rappelle bien ce que vous m'avez appris, de la même substance que la nacre, le marbre, la craie, les pierres à bâtir. Présente-t-il, en dehors de son identité de composition avec des matières si différentes en apparence, quelque particularité digne de remarque ?

Moi. Aucune, sinon de se diviser aisément en lames ou plaques minces qui, si les cristaux étaient assez volumineux, pourraient, comme celles de gypse, de mica et de talc, servir à garnir les châssis des croisées ou des lanternes. Les vitres taillées dans ces sortes de pierres transparentes ont l'avantage d'être moins fragiles que les vitres en verre. Aussi les emploie-t-on quelquefois à bord des navires. On en fait usage également dans certaines contrées de l'Asie septentrionale, où l'on trouve en assez grande abondance le talc et le mica lamellaires ; et les anciens, qui ne connaissaient point le verre, ne connaissaient pas d'autre moyen de se clore dans leurs maisons, tout en y laissant pénétrer la lumière. Mais des fenêtres ainsi vitrées étaient un luxe que les riches pouvaient seuls se permettre, et les pauvres gens n'avaient que l'alternative de subir en hiver le froid, le vent, la pluie, la neige, ou de vivre dans leurs maisons hermétiquement fermées, comme des blaireaux dans leurs terriers.

Édouard. N'est-ce pas ce carbonate de chaux cristallisé et diaphane que les minéralogistes appellent *cristal de roche?*

Moi. Point du tout. En minéralogie, le carbonate de chaux cristallisé a nom *spath calcaire* ou *spath d'Islande ;* c'est une pierre tendre, facilement attaquable par les acides, et qui, sous l'influence d'une haute température, se décompose. On retrouve à sa place, dans le creuset, une matière blanche, opaque, pulvérulente, caustique comme la potasse et la soude, mais beaucoup moins soluble dans l'eau, qu'elle absorbe avec une énergie extraordinaire et un dégagement de chaleur qui peut élever la température jusqu'à trois cents degrés. Cette matière blanche n'est autre que la *chaux*, tout à l'heure unie à l'acide carbonique, dont elle a été séparée par l'action dissolvante du calorique, et qui a repris, grâce à celui-ci, sa liberté et son état naturel, l'état gazeux. Le cristal de roche est de la silice (oxyde de silicium) pure et cristallisée. Son nom minéralogique est *quartz*. Son nom vulgaire lui vient de ce qu'on le trouve presque exclusivement dans des creux de rochers, et de ce qu'il présente tous les caractères propres au cristal type ou par excellence, à savoir la netteté et la rectitude des arêtes et des faces et la parfaite limpidité de la masse, incolore et transparente. Cette dernière qualité, vous le savez, est devenue proverbiale, et l'on dit au propre ou au figuré : « pur ou limpide comme du cristal de roche. » La forme cristalline normale et complète du quartz serait celle d'un prisme à six pans, terminé à ses deux extrémités par des pyramides hexagones ; mais on n'en a jamais trouvé de parfait sous ce rapport : tantôt le cristal se réduit à une seule pyramide fixée directement sur la roche ; tantôt cette pyramide surmonte un prisme ou un tronçon de prisme ; tantôt le prisme manque et les deux pyramides sont appliquées, base à base, l'une contre l'autre. Dans tous les cas, la forme seule suffirait, à défaut des autres caractères, pour rendre impossible toute confusion entre le cristal de roche et le spath calcaire. Vous allez en juger, car à côté de ce dernier minéral, qui a d'abord frappé vos yeux, je puis vous montrer un assez joli échantillon de cristal de roche. Je tirai, en effet, de derrière un gros coquillage, le cristal annoncé, qui, modestement se cachait aux yeux, tandis que son obscur rival occupait sur l'étagère une place d'honneur, à côté de la *mère aux perles*.

Vous reconnaissez ici, repris-je, la pyramide aux faces lisses, aux arêtes vives, assise sur la colonne hexaèdre dont la base faisait corps avec le rocher. Le spath est un cristal plus parfait, mais aussi beaucoup moins complexe : un simple rhomboèdre à pans inclinés. Je n'ai pas besoin de vous faire remarquer combien le premier l'emporte sur le second par son éclat et sa transparence ; mais je puis encore faire sous vos yeux une expérience qui vous montrera quelle différence existe entre l'un et l'autre, sous le rapport de la dureté.

Je m'armai de mon couteau et, sans beaucoup d'efforts, j'enlevai, parallèlement à l'une des faces du cristal de spath, une feuille diaphane que j'offris à mon compagnon.

— En vérité, me dit-il, c'est folie de gâter pour moi un de vos échantillons. Je suis désolé....

— Ne le soyez point, interrompis-je : celui-ci n'est pas bien précieux, et je pourrai facilement le remplacer. Ce minéral est assez commun dans les terrains calcaires des environs de Paris, — que dis-je? de Paris même, car on en trouve dans les carrières de Montmartre.

Je n'en dirais pas autant de l'autre. Le cristal de roche bien pur d'eau et de formes est assez rare : c'est presque une pierre précieuse. On le trouve dans les

Alpes, en Sibérie, à Madagascar et surtout au Brésil. J'ai donc double raison pour ne point chercher à entamer l'échantillon assez beau que je possède. Je ne réussirais tout au plus qu'à l'ébrécher, ce qui serait dommage, et je risquerais fort de briser mon couteau. Mais vous voyez qu'il fait feu sous le choc comme la pierre à fusil.

Avec la lame de mon couteau fermé, je frappai à deux ou trois reprises la base du prisme, d'où jaillirent des étincelles. Je repris :

— Le cristal de roche est assez dur pour rayer le verre, mais il est lui-même rayé par d'autres pierres bien plus dures encore et plus précieuses que lui : le rubis, le saphir, la topaze et enfin le diamant, le plus dur de tous les corps, qui les entame et les raye tous, sans qu'aucun ait prise sur lui, et qui ne peut être usé et poli que par sa propre poussière.... Au fait, ceci me remet en mémoire que je vous ai promis de revenir sur l'histoire de ce roi des minéraux; je vais m'acquitter tout de suite, — pour la clôture du cours de minéralogie, qui ne saurait, vous en conviendrez, se terminer par un sujet plus brillant.

Édouard. Il est vrai ; mais permettez-moi de vous rappeler que vous me devez deux choses encore, dont je ne vous fais point grâce.

Moi. Qu'est-ce donc ?

Edouard. Primo, un petit bout de physiologie : la théorie de la respiration.

Moi. Fort bien. Cela vient à propos et se mariera très-naturellement avec l'histoire du diamant.

Édouard. Vous plaisantez ! quel rapport peut-il y avoir entre le diamant et la respiration ?

Moi. « Nous l'allons montrer tout à l'heure. » — Et l'autre dette ?

Édouard. Votre profession de foi philosophique sur la science et l'art envisagés comparativement !

Moi. Oh ! vous exigez aussi cela ? Je crains bien que ce ne soit tant pis pour vous ; mais puisque telle est votre volonté, je suis prêt à m'exécuter. — Je pense toutefois qu'il convient de garder ce discours pour la fin de notre voyage.

Édouard. Je vous ferai crédit jusque-là, d'autant plus volontiers que, pour le moment, je suis on ne peut plus impatient d'apprendre quel lien mystérieux rattache l'histoire naturelle du diamant au phénomène de la respiration.

Moi. Il n'y a pas là grand mystère... mais procédons avec ordre.

Le diamant, vous le pensez bien, est absent de ma collection ; il y est remplacé par des minéraux qui sont ses cousins, sinon ses frères. Voici d'abord une substance d'un gris-noir, douée d'une sorte d'éclat métallique, cassante, tendre et onctueuse au toucher, et que vous allez reconnaître aux traces qu'elle laisse aux doigts et sur le papier.

Édouard. Je l'aurais prise pour de la mine de plomb.

Moi. C'est ainsi, en effet, qu'on la désigne vulgairement. On l'appelle aussi *plombagine*, ou mieux *graphite*, du verbe grec γράφω, *écrire*, *dessiner*. Cette dernière dénomination est justifiée par son emploi bien connu : la fabrication des crayons ; mais les deux premières sont tout à fait impropres, car le graphite, loin d'être un minerai de plomb, ne renferme pas un atome de ce métal. C'est du carbone presque pur, combiné seulement avec une très-faible proportion d'oxyde de fer et mélangé quelquefois d'un peu d'argile. On peut donc le dire très-proche parent du diamant, dont il diffère, comme vous voyez, bien plus par ses caractères physiques que par sa composition et ses propriétés chimiques. Comme le diamant, il brûle au chalumeau et dans le gaz oxygène pur, mais il est assez réfractaire pour résister au feu des forges et des hauts fourneaux. Aussi est-ce dans des creusets façonnés avec un mélange de graphite et d'argile que l'on fait fondre le fer et le cuivre.

Le graphite est le second degré de pureté du carbone, qui ne se rencontre plus ensuite dans le règne minéral qu'à l'état de *charbon*, c'est-à-dire d'une matière noire, mélangée d'une plus ou moins grande quantité de substances étrangères. Encore ces charbons minéraux ou plutôt fossiles ont-ils évidemment une origine végétale. Les dépôts immenses qu'ils forment dans un grand nombre de contrées, notamment en Angleterre, en Belgique, en Prusse, en

Russie, dans l'Amérique septentrionale, résultent évidemment de l'entassement de végétaux enfouis, encore humides, à la suite d'une des grandes révolutions du globe, et desséchés sous l'influence d'une pression énorme et d'une très-haute température. L'aspect de ces masses charbonneuses, leur composition chimique, le gaz hydrogène carboné qui s'échappe de leurs cavités, où il semble avoir été emprisonné pendant des siècles, ne sauraient laisser aucun doute à cet égard. Il est également établi que les dépôts dont nous parlons se sont formés à des époques successives, et que les plus anciens, qui sont aussi les plus profonds, ont subi l'action d'une chaleur beaucoup plus intense. En effet, il n'y existe plus de substances volatiles, tandis que celles-ci se dégagent en abondance lorsqu'on entame les bancs situés à une moindre profondeur.

On distingue en minéralogie quatre sortes de charbons fossiles : les *houilles* ou charbons de terre communs, qui sont les plus récents, les plus riches en principes hydrogénés, et aussi les moins durs et les plus combustibles ; — les *lignites*, dont la formation paraît remonter à une époque antérieure, et dans lesquels on retrouve, comme leur nom l'indique, la structure fibreuse des végétaux dont ils proviennent ; — enfin les *anthracites*, qui sont les charbons les plus minéralisés, les plus durs, les plus compactes, les moins combustibles, et dans lesquels on trouve à peine des traces de substances bitumineuses.

L'histoire des houilles, considérée aux points de vue scientifique, technologique et économique, offre un haut intérêt. La houille est, en effet, l'âme de l'industrie moderne ; elle est devenue, pour les peuples civilisés et travailleurs, je ne dirai pas d'une utilité incomparable, mais d'une indispensable nécessité. Sans elle point de machines à vapeur, point de hauts fourneaux, point de métallurgie, point de chaleur à bon marché... Mais cette étude exigerait des développements pour lesquels le temps nous manque. Je m'en console en songeant que vous la pourrez faire aisément sans moi, et que, sur ce sujet, nul n'est plus que votre père capable de vous bien instruire. En attendant que vous ayez l'occasion de mettre à profit son savoir théorique et son expérience, il ne tient qu'à vous de consulter quelqu'un des dictionnaires encyclopédiques, publiés depuis peu d'années, ou même en cours actuel de publication, et dans lesquels ces matières sont généralement traitées avec soin par des écrivains très-compétents et très-consciencieux.

Pour le moment, je vous ferai seulement remarquer l'extrême rareté du carbone à l'état vraiment minéral, et, par contre, son abondance à l'état organique. Nous venons de voir que la houille, l'anthracite, le lignite, ne sont point à proprement parler des charbons minéraux, mais bien des charbons végétaux fossilisés. Quant au graphite, faut-il lui attribuer une origine semblable et le regarder comme le produit d'une calcination de matières végétales ou animales, opérée dans des circonstances particulières, grâce auxquelles la minéralisation se serait opérée d'une manière complète? Ou bien faut-il y voir un reste des dépôts du carbone primitif tenus en réserve par la nature pour la création et l'alimentation des êtres organisés? Soit qu'on préfère l'une ou l'autre de ces deux hypothèses, il est évident que le carbone est un élément étranger au règne minéral; qu'il a dû commencer à s'en séparer dès l'instant où la vie est apparue sur le globe; et que si plus tard il s'est trouvé, en si grandes masses, rejeté dans le sein de la terre et emprisonné entre des couches pierreuses, ç'a été par suite de révolutions violentes, de catastrophes qui n'ont même pu triompher entièrement de sa puissante affinité pour les combinaisons organiques. Ici est, en effet, sa véritable place. Il entre comme élément indispensable dans la constitution de tous les tissus végétaux et animaux, et il paraît y jouer le rôle de principe solidifiant. Décomposez par la chaleur le bois, qui est le corps des végétaux, ou la fibre musculaire qui forme le corps des animaux, vous obtenez un volumineux résidu de charbon; ou, si vous opérez à l'air libre, ce même charbon est brûlé par l'oxygène; le produit principal de la combustion est alors du gaz acide carbonique, et le résidu minéral, les cendres, ne représentent qu'une minime proportion du poids total de la matière brûlée.

Est-ce à dire pour cela que le carbone n'existe que

dans les parties solides des animaux et des plantes? Nullement. Il existe aussi dans la séve de ceux-ci, dans le sang et dans les humeurs de ceux-là. Mais n'oublions pas que ces liquides ne sont que les véhicules des principes solidifiables destinés à constituer les organes, ou de ceux qui, après avoir servi pendant un certain temps à leur entretien, en sont éliminés, soit par voie de sécrétion, soit par voie de combustion.

Edouard. De combustion, dites-vous ! Il se brûle donc quelque chose dans le corps des animaux ?

Moi. Eh ! oui. Il se brûle l'excès de carbone et d'hydrogène dont le sang veineux est chargé, avant d'avoir été modifié par l'oxygène de l'air et changé en sang artériel dans l'acte de la respiration.

Edouard. En vérité ! je savais bien que nous avions des veines et des artères, mais je connaissais mal leur destination ; je ne me doutais point qu'ils renfermassent deux espèces de sang différentes, et encore moins que notre corps fût une véritable machine à feu.

Moi. Cela est pourtant ainsi. Le corps humain, comme celui des autres animaux qui respirent — et ils respirent tous plus ou moins, — est, en effet, une sorte de machine à feu. Son moteur, c'est la force vitale ; son piston, c'est le cœur, organe central de la circulation ; son foyer, ce sont les poumons, où s'opère la combustion du carbone et de l'hydrogène ; sa cheminée, c'est la trachée-artère, large tuyau qui aboutit à la bouche, et par lequel s'échappent l'acide carbonique et la vapeur d'eau, produits de cette combustion. Son travail, son *effet utile,* comme disent les mécaniciens, c'est d'abord la conversion du sang veineux noir, épais, impropre à l'entretien des tissus, en sang artériel rouge, fluide et assimilable; c'est, en outre, la production de la chaleur animale, indispensable à la conservation de la vie.

Edouard. Voilà encore une chose dont je ne me serais point avisé de rechercher la cause. Cela me semblait tout simple, que le corps fût chaud; mais qu'est-ce qui le chauffe? Je ne m'en souciais guère! — Ah! triple sot que j'étais! être ignare et stupide! Et de bonne foi, comme bien des gens aussi ignares et stupides que moi, je me croyais instruit!...

Cette naïve colère du jeune homme contre lui-même me charmait doublement: elle m'amusait par son côté comique, et j'y voyais avec joie une preuve manifeste du changement complet qui s'était opéré depuis le matin dans ses idées.

— Allons, allons! calmez-vous, mon ami, lui dis-je en souriant: puisque tant de gens réellement instruits ignorent et peut-être ignoreront toute leur vie ce que vous venez d'apprendre, cela doit adoucir l'amertume de votre repentir. Sachez, du reste, que jusqu'à une époque très-récente, les savants eux-mêmes — je dis les plus forts — ont en vain pâli sur ce double problème de la circulation et de la respiration, dont la première partie n'a été résolue que vers le milieu du dix-septième siècle, par le médecin anglais William Harvey, et la seconde, à la fin du dix-huitième, par Lavoisier. Encore les travaux de ces grands hommes avaient-ils laissé plus d'un point obscur que les physiologistes et les chimistes modernes sont parvenus, non sans peine, à éclaircir.

J'ai accepté votre comparaison des organes essentiels de la circulation et de la respiration avec les pièces principales d'une machine à vapeur, afin de vous en donner d'abord une idée élémentaire et facile à saisir, et je me félicite d'y avoir réussi ; mais, en réalité, les fonctions dont il s'agit et les organes à l'aide desquels elles s'accomplissent ne sont pas, tant s'en faut, aussi simples que vous pourriez le penser.

Examinons d'abord l'appareil circulatoire. Son centre, le cœur, est un muscle creux comprenant quatre cavités, dont chacune a son rôle propre. Une première cloison le divise, suivant sa hauteur, en deux moitiés sans communication directe entre elles, qui constituent, par le fait, deux cœurs correspondant à deux systèmes bien distincts : le système veineux ou à sang noir, et le système artériel ou à sang rouge. Deux autres cloisons, munies de valvules ou soupapes qui ne s'ouvrent que de haut en bas, subdivisent le cœur droit et le cœur gauche, chacun en deux compartiments : l'un supérieur, appelé *oreillette*, l'autre inférieur, qu'on nomme *ventricule*. Les oreillettes sont les organes *récepteurs*, et les ventricules, les organes *propulseurs*. La circulation s'opère uniquement sous l'influence des pulsations, c'est-à-dire des contractions régulières du cœur. Les veines caves, où afflue de toutes parts le sang noir, versent ce liquide dans l'oreillette droite ; celle-ci, en se contractant, le pousse dans le venticule droit qui, à son tour, le chasse, par les veines pulmonaires, vers les poumons. L'oreillette gauche reçoit, par l'artère pulmonaire, le sang révivifié au contact de l'air, et le rejette dans le ventricule gauche, qui le chasse dans l'aorte, large vaisseau recourbé en forme de crosse, d'où partent les branches artérielles qui se ramifient et circulent à travers nos organes. Une multitude de vaisseaux capillaires unissent les dernières extrémités de ces branches à celles des veines, lesquelles résorbent ainsi le sang rouge, redevenu sang noir par suite de l'altération et des pertes qu'il a éprouvées dans son trajet, et le ramènent au cœur : d'où résulte ce qu'on appelle la grande circulation, ou circulation générale. Un autre réseau de vaisseaux capillaires, formé par les ramifications des veines et des artères pulmonaires et par celles des conduits aériens dérivés de la trachée artère, complète la petite circulation, ou circulation pulmonaire. Ce second réseau est développé au point de former deux masses spongieuses inégales qui remplissent, avec le cœur et ses annexes, la cavité thoracique ou poitrine. Ces masses, dont l'une, celle de droite, est partagée en trois lobes, et l'autre, celle de gauche, en deux seulement, ne sont autre chose que les poumons.

Ici s'accomplit la respiration. Ici, le sang veineux, impur, noir, est mis en contact avec l'oxygène de l'air ; il subit une combustion partielle ; sa composition se modifie ; il se transforme en sang artériel et devient propre à l'entretien de la vie, à la réparation des tissus. Nous voici donc en présence d'un phénomène chimique dont la nature, à première vue, semble assez simple. L'homme aspire de l'air pur, composé, vous ne l'avez pas oublié, d'environ 21 volumes d'oxygène et 79 d'azote, plus une très-petite quantité de vapeur d'eau et d'acide carbonique. L'air expiré, au contraire, ne contient plus que 5 à 6 volumes d'oxygène ; on y trouve, en revanche, de 3 à 5 volumes d'acide carbonique, et une forte proportion de vapeur d'eau. Il est donc évident que l'oxygène a brûlé une partie du carbone et de l'hydrogène du sang ; d'où l'on est porté à conclure que cette combustion est la cause de la chaleur incessamment développée en nous, et à voir dans les organes où elle est censée s'opérer le véritable foyer de la vie.

Or, tout cela est vrai en grande partie, mais non pas d'une façon absolue. On a démontré de nos jours, en premier lieu, que la transformation du sang veineux en sang artériel repose, non-seulement sur l'élimination d'une partie de son carbone et de son hydrogène par voie de combustion, mais aussi sur l'absorption d'une certaine quantité d'oxygène qui se combine avec les principes du sang ; — en second lieu, que ces actions chimiques, accompagnées, en effet, d'un dégagement de chaleur assez considérable, n'ont point pour siége unique, ni même pour siége véritable, les poumons, — sans quoi la température de ces organes serait nécessairement plus élevée que dans les autres parties du corps : ce qui n'est point ;— mais que l'oxygène, absorbé et entraîné par le sang artériel et circulant jusque dans les vaisseaux les plus ténus du corps, y détermine la formation de produits au nombre desquels se trouvent l'acide carbonique et l'eau, et donne ainsi lieu à un dégagement continuel de calorique, qui se répartit également dans toutes les parties de l'organisme. Il paraît démontré, enfin, que la combustion de l'hydrogène et du carbone par l'oxygène de l'air n'est pas la cause unique de la chaleur animale, et que les frottements déterminés par le jeu des divers organes contribue aussi à la produire, bien que pour une faible part. Une dernière remarque à faire sur les analogies du corps des animaux avec les appareils à feu que nous connaissons, est relative au mode d'élimination des produits et des résidus de la combustion. J'assimilais tout à l'heure la trachée-artère à une cheminée. Or il est vrai que l'acide carbonique et la vapeur d'eau sont expulsés par ce conduit, le même qui sert à introduire l'air dans les poumons et dans les vaisseaux. Toutefois ce n'est point par là que le corps se débarrasse des résidus solides et liquides de la combustion, mais bien par les intestins. En effet, indépendamment des fonctions de digestion qui lui sont propres, « le canal intestinal est, dit M. Liebig, un organe de sécrétion ; il est, si l'on veut, la cheminée de l'organisme ; les parties fétides des fèces sont la suie que le canal intestinal sépare du sang ; l'urine représente la fumée, c'est-à-dire les parties solubles, alcalines ou acides... » Je vous demande pardon d'appeler votre attention sur de tels objets ; mais il est impossible de s'engager tant soit peu dans l'étude de la physiologie ou dans celle de la chimie organique, sans avoir à s'occuper de certaines matières qui affectent désagréablement les sens ; et si la raison et la volonté ne faisaient alors surmonter aux investigateurs des répugnances en elles-mêmes très-légitimes, où en seraient, je vous le demande, les sciences naturelles et la médecine?...

EDOUARD. Je suis bien de votre avis, et ne m'offense en aucune façon de ce que vous me dites ; je m'émerveille, au contraire, du chemin que nous avons fait depuis une demi-heure, et j'admire comment la science rapproche les choses en apparence les plus différentes. Voyez : nous avons commencé par parler du diamant, et des transitions insensibles nous ont amenés à considérer successivement les révolutions du globe, la conversion des substances végétales en substances minérales, puis le rôle du carbone dans l'organisme, et, à ce propos, la circulation, la respiration... si bien que nous sommes arrivés finalement à un sujet auquel je ne me serais guère douté qu'on pût être conduit si logiquement en prenant le diamant pour point de départ.

Moi. Le fait est que je vous ai conduit bien loin de la minéralogie, sur laquelle devait rouler notre entretien. Mais notre programme n'était-il pas de n'en suivre aucun ?...

Edouard. Certes, et je suis loin de me plaindre. Les notions de physiologie que vous venez de me donner étaient le complément indispensable d'un cours de sciences naturelles. Tout mon regret est de ne pouvoir pénétrer avec vous plus avant dans les secrets de la vie animale et végétale. — Je n'ai déjà que trop abusé de votre complaisance. Et puis l'heure du dîner approche : six heures vont sonner et nous avons encore beaucoup à voir avant de nous mettre à table.

Moi. C'est vrai : le temps nous presse. Quittons donc le musée et passons à mon observatoire — ou mon cabinet de météorologie.

CHAPITRE XIV.

Les hygromètres. — Les corps hygrométriques et déliquescents. — Comment on peut dessécher l'air d'une chambre. — Les hygromètres populaires. — Valeur de leurs indications. — S'ils annoncent la pluie et le beau temps. — Construction de l'hygromètre à cheveu. — Le baromètre. — Ses usages. — Son histoire. — L'horreur du vide. — La pompe du château grand-ducal de Florence. — Phénomène inattendu. — Embarras des savants. — Explication de Galilée: — Torricelli. — *L'expérience du vide.* — Emotion dans le monde savant. — Blaise Pascal. — Quelques mots sur sa vie. — Le malheur d'avoir du génie. — Expériences du Puy-de-Dôme et de la Tour-Saint-Jacques-la-Boucherie. — Les baromètres modernes. — Le baromètre à cuvette. — Le baromètre à siphon. — Les baromètres métalliques. — Le baromètre à cadran.

J'appelle ainsi l'angle sud-ouest de ma chambre, où j'ai appendu au mur les deux instruments les plus usuels d'observation météorologique : un baromètre droit et un hygromètre à cheveu. Mon compagnon reconnut aisément le premier, mais il n'avait jamais vu ou jamais remarqué le second ; ce fut donc de ce dernier qu'il me pria d'abord de lui expliquer l'usage et la construction.

— Les hygromètres, lui répondis-je, sont, comme

leur nom l'indique, des instruments servant à mesurer la quantité d'humidité contenue dans l'atmosphère. Celui-ci n'est pas le plus parfait de ceux qu'on emploie : il est même aujourd'hui dédaigné des physiciens qui lui trouvent, avec raison, de nombreux défauts; mais c'est le plus ancien, le plus connu et l'un de ceux qui coûtent le moins cher, bien que, pour en avoir un bien construit, il faille encore le payer un prix assez élevé. L'invention en est due au célèbre physicien suisse Théodore de Saussure. S'il présente, comme je viens de vous le dire, des imperfections assez graves, il a aussi des avantages fort appréciables, surtout au point de vue de la démonstration scientifique, tout élémentaire, telle que nous la faisons en ce moment. Sa construction repose sur un principe très-simple, et ses indications sont, par suite, faciles à comprendre.

Les masses d'eau qui couvrent ou sillonnent une grande partie de la surface de la terre émettent incessamment, sous l'influence de la chaleur solaire, des vapeurs qui se répandent dans l'atmosphère et constituent ce qu'on nomme l'humidité de l'air. La transpiration et la respiration des animaux et des plantes, et d'autres causes physiologiques et chimiques, naturelles ou artificielles, qu'il serait trop long d'énumérer, contribuent aussi, pour une certaine part, à entretenir cette humidité.

La présence de la vapeur d'eau dans l'air est constante, bien qu'elle ne soit pas toujours sensible; elle est, de plus, nécessaire à l'entretien de la vie sur le globe, et s'il arrive souvent que l'on ait à souffrir de sa trop grande abondance, on ne doit pas oublier que son absence totale serait bien plus funeste encore. Heureusement, par les temps les plus secs, l'air renferme toujours de la vapeur d'eau, et pour l'en priver complétement, il faut recourir à des procédés qui ne peuvent jamais s'appliquer qu'à de très-petits volumes. Ainsi, on peut dessécher de l'air enfermé sous une cloche de verre d'une capacité de quelques litres. A la rigueur, on pourrait faire la même expérience dans une chambre comme celle-ci, par exemple, après l'avoir bien close et bien calfeutrée.

Edouard. Et comment vous y prendriez-vous pour dessécher l'air de cette chambre ?

Moi. M'y voici justement. Il existe des substances extrêmement avides d'eau, qui l'attirent et l'absorbent avec une singulière avidité, les unes pour s'en imprégner, s'en gonfler, comme les cheveux, les *cordes de boyaux*, et quelques autres matières organiques; les autres pour s'y combiner chimiquement, comme l'acide sulfurique (huile de vitriol du commerce) et la chaux vive; d'autres enfin pour s'y dissoudre, comme le chlorure de sodium (sel marin), le chlorure de calcium et le carbonate de potasse.

Edouard. J'ai remarqué souvent, en effet, que le sel de table se mouille de lui-même par les temps humides.

Moi. Eh bien, les corps qui se mouillent ainsi sont dits *déliquescents*, parce qu'à force d'absorber de l'eau ils finissent par s'y dissoudre et tomber en *deliquium*. Ceux qui, comme les cheveux ou les cordes de boyaux, ont la propriété de s'imbiber et de se gonfler spontanément au contact de l'air humide, sont dits *hygrométriques*. On se sert des premiers lorsqu'on veut dessécher l'air renfermé dans un espace clos, et des seconds pour construire les instruments comme celui que vous avez sous les yeux. Ainsi, supposons que je veuille enlever à l'atmosphère de cette chambre toute l'humidité dont elle est chargée. Je n'aurais, pour cela, qu'à placer ici sur le plancher, sur les meubles, des jattes évasées contenant, soit de l'acide sulfurique, soit du chlorure de calcium. Ces deux corps sont les plus avides d'eau que l'on connaisse, et l'on en fait un fréquent usage dans les laboratoires pour dessécher les gaz ou les solides. S'il s'agit d'un gaz, on le fait passer dans un tube rempli de fragments de chlorure de calcium, ou de pierre ponce imbibée d'acide sulfurique. S'il s'agit d'un solide, on le met, sur une tablette ou sur un trépied, au-dessus d'une capsule ou d'une soucoupe contenant également de l'acide sulfurique ou du chlorure de calcium ; on place le tout sur le plateau d'une machine pneumatique, et on le couvre d'une cloche de verre s'appliquant hermétiquement sur le plateau ; puis on fait le vide. A mesure que l'air qui, par sa pression, s'opposait à l'évaporation, est extrait du récipient, l'eau passe à l'état gazeux, mais elle est aussitôt absorbée ; au bout de quelques instants on peut laisser rentrer l'air extérieur, enlever la cloche, et l'on retire l'objet parfaitement sec.

Voyons maintenant en quoi consistent les appareils dans lesquels on utilise, pour mesurer le plus ou moins d'humidité de l'air, la propriété hygrométrique. Il en est de fort grossiers que vous avez pu voir dans les campagnes : ce sont ces moines en carton qui sont censés annoncer le beau temps lorsqu'ils ôtent leur capuchon, et la pluie, lorsqu'ils le ramènent sur leur tête. Le moteur qui produit ce manége prophétique n'est autre qu'une corde de boyau fixée par une de ses extrémités à la planchette qui soutient le personnage, et par l'autre à un petit levier sur lequel est attaché le capuchon. Lorsque le temps est humide, la corde se gonfle, partant se raccourcit, et le capuchon s'abaisse. Au contraire, quand le temps est sec, la corde se dégonfle et s'allonge, et le capuchon se relève. Les bonnes gens tirent de là des pronostics infaillibles, selon eux, de beau ou de mauvais temps; et, de fait, ces pronostics les trompent rarement. Car lorsque l'air est très-chargé de vapeur d'eau, il y a toute probabilité que cette vapeur ne tardera pas à se condenser en nuages ou en brouillards et à retomber en pluie ; et même c'est, le plus souvent, lorsque le ciel s'est déjà obscurci et que l'arrosage céleste a commencé, que le moine ou le chat qui fait sa toilette donne, le premier avec son capuchon, le second avec sa patte, le signe néfaste. Et réciproquement, lorsqu'ils exécutent le signe contraire, la pluie a cessé, l'atmosphère s'est purgée de vapeurs, et le ciel a repris sa sérénité. D'où vous voyez que ces joujoux météorologiques n'annoncent, en réalité, que ce que l'on voit fort bien sans eux. Les meilleurs hygromètres de précision ne sont pas, au reste, mieux doués de la vertu prophétique. Ils indiquent l'état présent, mais non l'état futur de l'atmosphère. Aussi sont-ils destinés à des usages plus sérieux que la prédiction de la pluie et du beau temps.

L'hygromètre à cheveu se compose d'un cadre sur lequel est tendu un cheveu, fixé invariablement par une extrémité, tandis que l'autre s'enroule sur une poulie à double gorge. Sur la même poulie s'enroule, en sens inverse du cheveu, un fil de soie non tordu, qui supporte un petit contre-poids destiné à maintenir le cheveu toujours également tendu. Le pivot de la poulie traverse le cadre et porte une aiguille dont la pointe décrit sur un cadran des arcs proportionnels aux allongements et aux raccourcissements du cheveu. Le point zéro, qui indique la sécheresse absolue, est celui où l'aiguille s'arrête à gauche, lorsque l'appareil est enfermé hermétiquement dans un vase contenant de l'air complétement privé de vapeur d'eau au moyen de l'acide sulfurique. Le point 100, au contraire, s'obtient en maintenant pendant quelque temps l'hygromètre dans le même vase, où la capsule d'acide sulfurique a été remplacée par une assiette remplie d'eau. Il indique que l'air est *saturé* d'humidité, c'est-à-dire contient autant de vapeur d'eau qu'il en peut contenir.

EDOUARD. Je suis bien aise de savoir à quoi m'en tenir sur la valeur des indications fournies par les hygromètres (je parle de ceux des bonnes gens, les seuls que je connusse avant de venir ici), et auxquelles j'avais foi, je le confesse, comme un simple campagnard que je suis. Je me tiendrai pour dit, désormais, que le baromètre seul annonce vraiment le beau temps et la pluie.

MOI. Ne vous y fiez pas trop non plus. Le baromètre, dont le nom est dérivé des mots grecs βάρος, pesanteur, et μέτρον, mesure, est destiné à mesurer la pression de l'air, et ses indications, à cet égard, sont d'une rigoureuse exactitude ; mais elles ne se rattachent qu'indirectement à l'état du ciel, à la pluie ou à la sécheresse; au lieu de précéder, comme le vulgaire le pense, les changements qui surviennent dans l'atmosphère, elles les accompagnent, et en cela seulement elles sont préférables à celles de l'hygromètre, qui ne font que suivre ces changements, et ne les suivent qu'avec beaucoup de lenteur. Car ce n'est point en qualité de baromètre, que le baromètre annonce le beau temps ou la pluie, mais en qualité d'hygromètre;

et ses indications hygrométriques n'ont de valeur; elles ne sont comparables entre elles qu'autant qu'elles se rapportent à une même latitude, à une même altitude et à une même température.

Edouard. Je ne comprends pas très-bien.

Moi. Je m'explique. La pression de l'air ayant pour effet de déterminer l'ascension du mercure dans le tube de verre que voici, comme je vous l'expliquerai tout à l'heure, il est évident que plus l'air sera dense, pesant, plus la colonne de mercure s'élèvera, et réciproquement, qu'elle descendra d'autant plus bas que l'air sera plus rare, plus léger. Or la rareté ou la densité, la légèreté ou la pesanteur de l'air sont en raison, premièrement, de la température, puisque, comme tous les autres corps, il se dilate en s'échauffant et se contracte en se refroidissant; secondement, de la latitude, parce que les conditions atmosphériques de toute espèce varient considérablement suivant qu'on se rapproche ou qu'on s'éloigne du pôle ou de l'équateur, suivant aussi qu'on se trouve sur terre ou sur mer, et dans une région soumise à telles ou telles influences climatériques, électriques, etc.; troisièmement, de l'état hygrométrique de l'air, car la vapeur d'eau étant environ de moitié moins pesante que l'air, son mélange ou sa combinaison avec ce gaz le rend nécessairement plus léger. Ainsi, toutes choses égales d'ailleurs, l'abaissement de la colonne barométrique est un signe que la proportion de vapeur d'eau contenue dans l'air augmente, et son élévation est un signe que cette proportion diminue. Voilà de quelle façon et dans quelles limites les variations du baromètre sont liées à celles du temps; voilà comment ce merveilleux appareil remplit à la fois les fonctions de baromètre proprement dit, de thermomètre, d'hygromètre, et sert en outre, aussi bien qu'aucun instrument géodésique, à mesurer les hauteurs. Mais ces fonctions diverses, s'accomplissant toutes ensemble, sont de nature à embarrasser souvent, — je ne dis pas les ignorants, qui croient tout savoir et ne s'embarrassent jamais de rien, — mais les gens assez versés dans les sciences physiques pour se rendre compte des nombreux éléments qu'embrasse un phénomène en apparence aussi simple que celui d'une colonne de mercure s'abaissant ou s'élevant dans un tube.

Edouard. Que d'illusions vous m'ôtez, monsieur, et que j'apprends et désapprends de choses en voyageant avec vous! Je n'avais jamais imaginé que le baromètre servît à autre chose qu'à prédire le beau et le mauvais temps; et voici qu'en réalité il sert à beaucoup d'autres choses, et peu ou point à celle-là. Les mots : *très-sec, beau fixe, variable, pluie ou vent, tempête,* qu'on lit sur les cadrans de tous les baromètres, étaient à mes yeux des oracles certains, et voici qu'il n'y faut plus voir, — comme dans tous les oracles, — qu'imposture ou niaiserie! A quoi donc me faudra-t-il croire désormais?

MOI. A la science, mon ami, à la science expérimentale surtout. Car c'est par l'expérience seule, par l'observation attentive des phénomènes, que s'est formée la vraie science. Autrefois — je vous en ai cité déjà quelques exemples, — les hommes timides et crédules, habitués à croire les docteurs sur leur simple affirmation, s'inclinaient avec respect devant certaines formules réputées articles de foi, et qu'on ne pouvait attaquer sans soulever contre soi un concert formidable d'anathèmes. Telle était cette maxime fameuse de l'école : La nature a horreur du vide, *Natura abhorret a viduo*. Pourquoi la nature avait-elle horreur du vide? Personne n'en savait rien. N'importe; c'était écrit : il n'y avait pas à y contredire, et il ne fallut rien de moins qu'une révolution, un véritable coup d'Etat scientifique, pour renverser cette sottise inviolable et séculaire. L'histoire de ce coup d'Etat est aussi celle de la découverte du baromètre. Je vais donc vous la raconter.

En 1630, le grand-duc de Florence avait fait construire, pour élever l'eau dans les appartements de son palais, une pompe aspirante dont le corps ou tuyau principal avait plus de quarante pieds de haut. Mais on fut bien étonné lorsqu'on voulut faire jouer cette pompe, de voir que l'eau s'arrêtait à une certaine distance de l'extrémité du tuyau, sans qu'il fût possible de la faire monter d'une seule ligne de plus. Après s'être assurés qu'il n'y avait aucune fuite, que toutes les pièces étaient parfaitement jointes, ingénieurs, architectes, physiciens cherchèrent vainement l'explication de ce qui semblait alors une anomalie des plus étranges; car tous professaient religieusement le principe que « la nature a horreur du vide », et il leur était impossible de le concilier avec ce vide de huit ou dix pieds que la nature laissait dans leur pompe entre le piston et le niveau de l'eau. Pour résoudre une difficulté si grande, on finit par s'adresser au plus grand physicien qu'il y eût alors en Italie, voire en Europe, à Galilée. Galilée examina la pompe; il interrogea les ouvriers, et apprit d'eux ce qu'il ignorait lui-même et qu'ignoraient également les ingénieurs, les architectes et tous les savants de l'époque, à savoir : que le phénomène observé dans la pompe du palais grand-ducal n'avait rien que de très-ordinaire, et que jamais, dans aucune pompe aspirante, on ne pouvait faire monter l'eau à plus de trente-deux pieds au-dessus du sol. Galilée mesura la colonne d'eau, et l'ayant trouvée, en effet, haute de trente-deux pieds, il ne fut, pour expliquer ce fait, guère moins embarrassé que ceux qui l'avaient appelé en consultation. Tout son génie et tout son savoir ne lui furent d'aucun secours en cette circonstance, et il ne trouva rien de mieux à dire, sinon qu'arrivée à cette hauteur de trente-deux pieds, la masse d'eau devenait trop pesante pour être supportée par sa propre base et, quelque effort que l'on fît pour la soulever davantage, retombait toujours, en vertu des lois de la pesanteur. On se contenta, faute de mieux et provisoirement, de cette explication, qui, n'en déplaise à la grande ombre du célèbre physicien de Pise, n'avait pas le sens commun.

Il était réservé à un jeune homme de vingt-deux ans, bien obscur alors, et qui étudiait à Rome les sciences physiques et mathématiques sous la direction de Caselli, disciple lui-même de Galilée, de donner la solution du formidable problème contre lequel avaient échoué et son maître et le maître de son maître. Ce jeune homme s'appelait Evangelista Torricelli. Il était né en 1608; il mourut en 1647 à l'âge de trente-neuf ans, comme Pascal, dont le nom est resté attaché à la même découverte, et avec lequel il offre plus d'un trait de ressemblance.

Dès qu'il connut le fait observé à Florence, Torricelli se mit à y réfléchir profondément. L'explication donnée par Galilée ne le satisfaisait point ; il en chercha donc une autre, et ne tarda pas à se convaincre, d'abord, que l'horreur prétendue de la nature pour le vide n'était qu'une hypothèse vaine, purement gratuite, ne reposant sur rien et ne pouvant rien prouver; ensuite, que l'ascension de l'eau dans les pompes aspirantes, qui semble s'opérer au rebours de la pesanteur, pouvait bien n'être qu'un effet indirect de cette même pesanteur; enfin, que l'air, dont on ne tenait aucun compte, et dont on semblait oublier tout à fait l'existence, est, malgré sa forme gazeuse et sa nature subtile, une masse matérielle, partant pesante, et exerçant sur tous les corps placés à la surface du globe une certaine pression. De là à supposer que, dans un corps de pompe, l'eau s'arrête au point où elle fait équilibre à la pression extérieure de l'atmosphère, et que ce point est précisément à trente-deux pieds, — ni plus, ni moins, — au-dessus du niveau normal, il n'y avait qu'un pas; mais un de ces pas que le génie seul sait faire, et qui mènent tout simplement un homme à l'immortalité.

Torricelli aurait pu, comme c'était encore l'usage en ce temps-là, exposer sa théorie telle quelle, en la délayant dans les phrases, et en tâchant de la mettre d'accord, tant mal que bien, avec le texte des Écritures et les doctrines d'Aristote; — car, aux yeux de l'école scolastique, celles-ci n'étaient pas moins inviolables que celles-là, et l'exemple de Galilée prouvait assez jusqu'à quel point était poussée, chez certains personnages très-puissants, la déplorable manie de contrôler les découvertes de la science par l'interprétation arbitraire des livres sacrés. Mais le jeune physicien estimait que l'argumentation la plus spécieuse ne vaut pas un fait bien observé et bien constaté, et ce fut par une preuve expérimentale qu'il voulut vérifier sa conjecture. Il se dit que, si cette conjecture était juste, la hauteur de la colonne liquide capable de faire équilibre à la pression de l'atmosphère devrait être inversement proportionnelle à la densité du liquide; qu'ainsi le mercure, étant environ quatorze fois plus lourd que l'eau, s'élèverait, dans des conditions analogues, à une hauteur quatorze fois moindre, c'est-à-dire à vingt-huit pouces.

Il prit donc un tube de verre long de trois pieds et fermé à l'une de ses extrémités ; il le remplit de mercure, en boucha l'orifice avec son doigt, le renversa dans une cuvette contenant aussi du mercure, puis abandonna le métal à lui-même, en se contentant de maintenir le tube dans la position verticale. Il vit alors le mercure redescendre et demeurer suspendu dans le tube. La hauteur de la colonne liquide était précisément de vingt-huit pouces, comme Torricelli l'avait présumé théoriquement, et il restait au-dessus un espace de huit pouces parfaitement vide.

Torricelli venait donc de mesurer la pression de l'atmosphère ; il venait d'inventer le baromètre ! Ce grand événement fut bientôt connu du monde scientifique, où je vous laisse à penser l'émotion qu'il produisit. On ne parlait plus que de l'*expérience du vide ;* c'était à qui la répéterait et la commenterait ; c'était à qui verrait de ses yeux, produirait de ses mains le *vide de Torricelli !* Cependant la démonstration de l'existence du vide et de la pesanteur de l'air, qui, pour le jeune physicien romain, résultait claire et lumineuse de ce remarquable phénomène, ne laissa pas de rencontrer bien des incrédules et des contradicteurs. Pareille chose arrive toutes les fois qu'un fait inattendu vient renverser tout d'un coup quelqu'une de ces bonnes vieilles doctrines sur lesquelles notre esprit paresseux s'est habitué à se reposer, comme monsieur Mitis sur son vieux fauteuil, et d'où il n'aime pas qu'on le dérange.

En réalité, la démonstration jusque-là n'était pas complète. On ne pouvait plus raisonnablement soutenir que la nature eût horreur du vide, au moins d'une manière absolue; mais on pouvait contester, à la rigueur, que ce fût bien la pesanteur de l'air qui faisait monter l'eau dans une pompe aspirante, et maintenait en équilibre dans un tube de verre une colonne de mercure. Sur ce dernier point, le doute était encore possible; il pouvait même être, de la part de certains physiciens, une marque de sagesse; car, en bonne méthode scientifique, les plus fortes probabilités ne sauraient motiver une conclusion définitive. La discussion continuait donc, et la question menaçait de s'embrouiller au lieu de s'éclaircir, lorsqu'un nouveau champion parut dans l'arène. C'était l'illustre Blaise Pascal. Vous le connaissez et vous l'admirez, je n'en doute pas, en tant qu'écrivain et philosophe, car vous avez lu ses *Pensées* et ses fameuses *Lettres provinciales;* mais il n'a déployé dans ces chefs-d'œuvre, devenus classiques, qu'une faible partie des prodigieuses facultés dont il était doué — pour son malheur.

EDOUARD. Pour son malheur, dites-vous! Est-ce donc, selon vous, un malheur d'avoir du génie?

Moi. Oui, lorsque le génie est poussé à ce degré, car il devient alors une véritable maladie mentale, qui peut amener dans tout l'organisme les plus graves désordres. Lorsqu'on étudie avec soin, dans ses détails intimes, la vie de ces hommes extraordinaires que la foule admire et envie, il est bien rare qu'on n'y trouve pas quelque chose de bizarre et de douloureux. Il en est peu qui aient possédé ce trésor inappréciable des gens médiocres et obscurs : la santé ; il en est moins encore qui aient été heureux ; et si l'on veut trouver la cause de leurs souffrances, ce n'est pas dans les circonstances extérieures qu'il faut la chercher, mais dans leur organisation même : organisation mal équilibrée, où le développement exagéré de certaines facultés ne s'opère qu'au détriment de certaines autres ; où la fièvre du travail intellectuel produit le dépérissement des forces physiques ; où la lame enfin, comme on dit, use le fourreau.

Un médecin aliéniste de notre temps, un physiologiste éminent, M. Moreau (de Tours), a soutenu dans un volumineux et très-intéressant ouvrage, cette opinion, que « le génie est une névrose, » c'est-à-dire une affection congéniale du système nerveux, accompagnée le plus souvent de symptômes morbides chroniques ou intermittents, qui ne font que trop expier au pauvre homme de génie sa supériorité sur le commun des mortels. Le savant médecin n'a point manqué d'exemples à l'appui de sa thèse : il n'a eu qu'à choisir parmi les noms les plus illustres dans les sciences, les lettres, les arts, la philosophie, la politique. Il a pourtant négligé le plus frappant de tous, celui de Pascal, dont un autre aliéniste non moins distingué, M. Lélut, de l'Académie des sciences morales et politiques, a écrit la vie, au point de vue de la pathologie mentale. Il faut lire ce livre éloquent et profond[1]; il faut lire aussi la *Vie de Blaise Pascal*, par sa sœur, Mme Périer, et la vie de son autre sœur, *Jacqueline de Sainte-Euphémie Pascal,* religieuse de Port-Royal, pour se faire une idée des souffrances et des prodiges qui ont rempli la carrière de ce grand homme, — carrière bien courte, car il mourut à trente-neuf ans ; mais trop longue encore pour lui, qui n'y connut guère que la douleur physique et les tortures morales !

Dès le berceau, la maladie le prit : une maladie étrange, inouïe, dont les principaux symptômes étaient, dit Mme Périer, que la vue de l'eau lui causait une horreur invincible, et qu'il ne pouvait voir son père et sa mère s'approcher l'un de l'autre pour lui donner des soins, sans tomber dans une crise violente. Il faillit mourir de cette première maladie et des remèdes qu'on lui administra pour l'en guérir. Enfin pourtant il se remit ou parut se remettre, et alors se déclara cette autre maladie incurable, son génie, qui le tourmenta toute sa vie et dégénéra, vers la fin, en un délire où

[1] *L'Amulette de Pascal*, 1 vol. in-8°.

il était tourmenté de visions et d'hallucinations épouvantables, de douleurs nerveuses atroces, et de tout un appareil de symptômes auxquels, les médecins aidant, il ne tarda pas à succomber.

La précocité funeste et merveilleuse de son esprit se manifesta dès l'âge le plus tendre, « par les petites reparties qu'il faisait fort à propos, dit Mme Périer, mais encore plus par les questions qu'il faisait sur la nature des choses, et qui surprenaient tout le monde. » — Son père, ajoute-t-elle, parlait souvent au petit Blaise « des effets extraordinaires de la nature, comme la poudre à canon, et d'autres choses qui surprennent quand on les considère. » L'enfant prenait grand plaisir à ces entretiens, « mais il voulait savoir la raison de toutes choses, et comme elles ne sont pas toutes connues, lorsque le père ne les disait pas, ou qu'il disait celles qu'on allègue d'ordinaire, qui ne sont proprement que des défaites, cela ne le contentait pas; car il a toujours eu une netteté d'esprit admirable pour discerner le faux, et on peut dire que toujours et en toutes choses la vérité a été le seul objet de son esprit, puisque jamais rien ne l'a pu satisfaire que sa connaissance. Ainsi, dès son enfance, il ne pouvait se rendre qu'à ce qui lui paraissait vrai évidemment; de sorte que, quand on ne lui disait pas de bonnes raisons, il en cherchait lui-même; et quand il s'était attaché à quelque chose, il ne la quittait point qu'il n'en eût trouvé quelqu'une qui pût le satisfaire. »

Ne vous étonnez donc pas si, avec de telles dispositions, Pascal, qui, lorsque fut publiée la découverte de Torricelli, était dans toute la force de son génie, et mieux portant — ou moins malade — qu'il ne l'avait

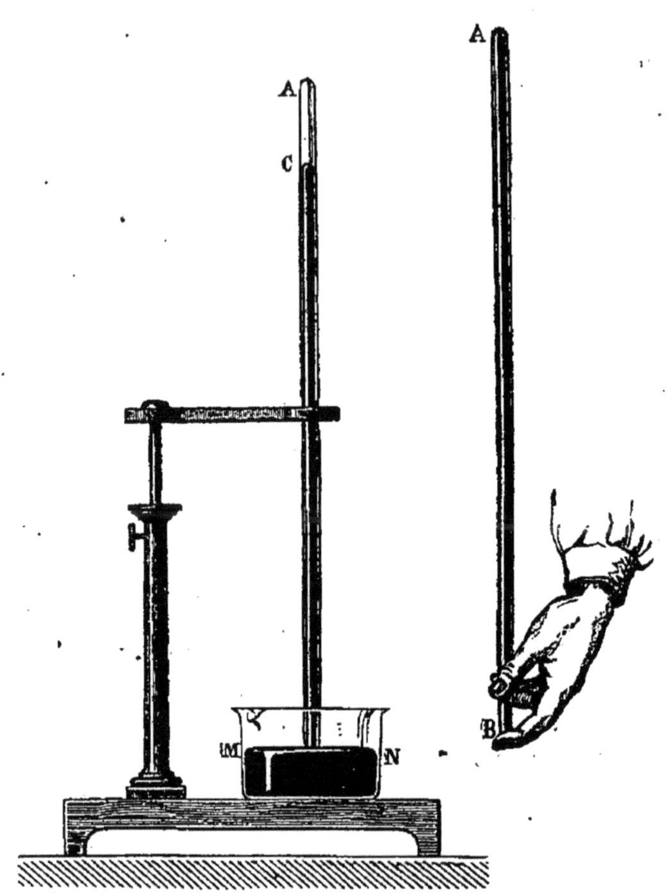

Expérience du vide.

jamais été auparavant et qu'il ne le fut par la suite, n'eut point de cesse qu'il n'eût trouvé et résolu le nœud de la question. Il entreprit avec ardeur ses *Recherches touchant le vuide*. N'osant au début attaquer de front les idées reçues, dont il sentait la fausseté sans cependant pouvoir encore leur opposer la preuve victorieuse dont il s'avisa plus tard, il prétendit que l'horreur de la nature pour le vide avait des limites, et qu'à la hauteur de trente-deux pieds le poids de la colonne d'eau était assez fort pour en triompher, de même qu'à vingt-huit pouces celui d'une colonne de mercure. Cette explication, qui n'en était pas une, fut vivement attaquée par les partisans du *plein universel*, et la polémique qui s'ensuivit aiguillonna l'esprit de Pascal. Mal satisfait lui-même de son propre raisonnement, il se mit à réfléchir plus profondément sur les causes probables de la suspension des liquides dans les tubes fermés, et voulut vérifier, par quelque moyen décisif, les vues de Torricelli. Une première expérience qu'il appelle *le vuide dans le vuide*, et dans laquelle il vit le mercure s'élever ou s'abaisser dans le tube, suivant qu'il augmentait ou diminuait la pression extérieure, le conduisit à en imaginer une autre, dont le résultat ne laisserait plus aucun doute. Il s'agissait d'observer exactement la hauteur de la colonne de mercure, d'abord au pied d'une haute montagne, et ensuite sur le sommet. Retenu à Paris par ses travaux, il s'adressa à son beau-frère Florin Périer, conseiller à la Cour des aides d'Auvergne, et qui résidait à Clermont-Ferrand. La montagne du Puy-de-Dôme, haute de cinq cents toises et située aux portes de la ville, se prêtait parfaitement à cette expérience, et Pascal pouvait compter sur le zèle obligeant de son beau-frère, assez versé d'ailleurs dans les sciences physiques pour exécuter l'opération avec tout le soin et toute la précision désirables.

Il écrivit donc à Périer, au mois de novembre 1647, pour le prier de s'en charger. « Vous voyez, sans doute, lui disait-il, que cette expérience est décisive sur la question, et que s'il arrive que la hauteur du vif-argent soit moindre au haut qu'au bas de la montagne (comme j'ai beaucoup de raisons pour le croire, quoique tous ceux qui ont médité sur cette matière soient contraires à ce sentiment), il s'ensuivra nécessairement que la pesanteur et pression de l'air est la seule cause de cette suspension du vif-argent, et non pas l'horreur du vuide, puisqu'il est bien certain qu'il y a beaucoup plus d'air qui pèse sur le bas de la montagne que non pas sur le sommet; au lieu que l'on ne saurait dire que la nature abhorre le vuide au pied de la montagne plus que sur le sommet. » L'expérience fut retardée de plusieurs mois par l'hiver qui couvrait de neige le Puy-de-Dôme, puis par une absence de Périer, que ses fonctions appelaient à Moulins. Elle eut lieu enfin le 20 septembre 1648. Périer se rendit ce jour-là au pied du Puy-de-Dôme, dans le jardin du couvent des Minimes, où se trouvaient réunis, sur son invitation, plusieurs personnages notables de la ville. C'étaient le père Bannier, ancien supérieur, et le père Chassin, religieux de l'ordre; le père Mosnier, chanoine de la cathédrale de Clermont, le docteur Laporte, et MM. Laville et Begon, conseillers à la Cour des aides.

Deux tubes de quatre pieds de long, fermés par un bout, furent remplis et renversés sur un bain de mercure. On marqua avec un diamant les points où le métal s'arrêta, et qui étaient, dans les deux tubes, à vingt-six pouces trois lignes et demie au-dessus du niveau de la cuvette. Puis l'un des tubes fut fixé à demeure au moyen d'un support, et laissé à la garde du père Chassin, qui se chargea de l'observer pendant toute la journée. Les autres expérimentateurs se mirent en marche et gravirent la montagne. Arrivés vers le milieu de la journée au sommet du Puy, ils renouvelèrent, avec l'apareil qu'ils avaient emporté, l'*expérience du vide*. Le mercure ne s'éleva dans le tube qu'à vingt-trois pouces deux lignes, ce qui donnait, entre les deux hauteurs mesurées à la base et au faîte de la montagne, une différence de trois pouces et une ligne et demie. Cette différence resta la même, de quelque façon qu'ils s'y prissent pour varier l'expérience, en demeurant sur le sommet ; mais lorsqu'en redescendant ils s'arrêtèrent à peu près à mi-chemin et répétèrent leur essai, ils virent avec joie le mercure prendre aussi une position intermédiaire, et remonter jusqu'à vingt-cinq pouces. Enfin, vers le soir, de retour au couvent, ils apprirent du père Chassin que, dans l'instrument laissé à sa garde, le mercure n'avait

B. Pascal sur la tour Saint-Jacques-la-Boucherie.

point varié, et Périer, ayant répété encore l'expérience avec le tube qu'il rapportait du Puy-de-Dôme, le mercure s'y éleva de nouveau, comme le matin, à vingt-six pouces trois lignes et demie ! Il était donc bien démontré que la hauteur du mercure variait suivant les hauteurs, et qu'en conséquence la suspension de la colonne liquide avait pour cause unique, comme Torricelli et Pascal l'avaient présumé, la pression de l'air.

Informé par son beau-frère d'un résultat qui confirmait d'une manière si éclatante ses prévisions, Pascal ne put résister au désir de contempler de ses yeux le phénomène que son génie lui avait révélé. A défaut d'une montagne qu'il lui eût fallu chercher un peu trop loin, il choisit la tour Saint-Jacques-la-Boucherie, haute alors de vingt-cinq toises, et il constata entre les points d'arrêt de la colonne mercurielle, en bas et au sommet de ce monument, une différence de plus de deux lignes.

C'est pour consacrer le souvenir de ce grand événement scientifique, qu'en 1856 la ville de Paris a fait placer, dans la tour Saint-Jacques restaurée, la statue de Blaise Pascal : — digne hommage rendu à l'un des plus glorieux enfants de la France. L'illustre philosophe est représenté debout, dans l'attitude de la méditation. Il tient d'une main une plume, de l'autre des tablettes. Auprès de lui est placé l'appareil qui rappelle l'expérience mémorable dont la tour a été le théâtre.

On continua longtemps d'appeler *tube de Torricelli* cet instrument qui, sous le nom plus moderne de *baromètre*, a rendu à la physique et à la météorologie de nombreux et importants services, et qui, depuis son origine, n'a subi aucun changement important. Les deux dispositions généralement adoptées aujourd'hui avaient déjà été employées par Pascal lui-même. La première consiste dans un tube droit, de quatre-vingt à quatre-vingt cinq centimètres de long, rempli de mercure parfaitement purgé d'air et d'humidité par l'ébullition, et renversé dans une petite cuve également pleine de mercure bien pur. Le tube et la cuvette sont fixés sur une planche où sont tracées, à partir du niveau du mercure dans la cuvette, les divisions du mètre. Ce mode de construction est défectueux et donne lieu à des inexactitudes que l'observateur est sans cesse obligé de rectifier. En effet, lorsque la pression de l'air augmente et fait monter le mercure dans le tube, elle en abaisse nécessairement le niveau dans la cuvette, et le zéro, d'où partent les divisions, se trouve placé au-dessus de ce niveau. Réciproquement, le zéro se trouve au-dessous, lorsque la pression atmosphérique, venant à diminuer, laisse le mercure redescendre dans le tube et remonter dans la cuvette. Toutefois ces causes d'erreurs peuvent être négligées dans les instruments qui, comme les baromètres d'appartement, n'exigent pas une grande précision, et l'on peut d'ailleurs les réduire à fort peu de chose, en donnant à la cuvette une certaine largeur, ce qui rend insignifiantes, pour l'usage ordinaire, les variations du niveau dans cette partie de l'appareil.

Dans les baromètres *à siphon,* formés d'un seul tube de verre recourbé en deux branches inégales, dont la plus petite communique seule avec l'air extérieur, l'inconvénient que je viens de vous signaler serait plus

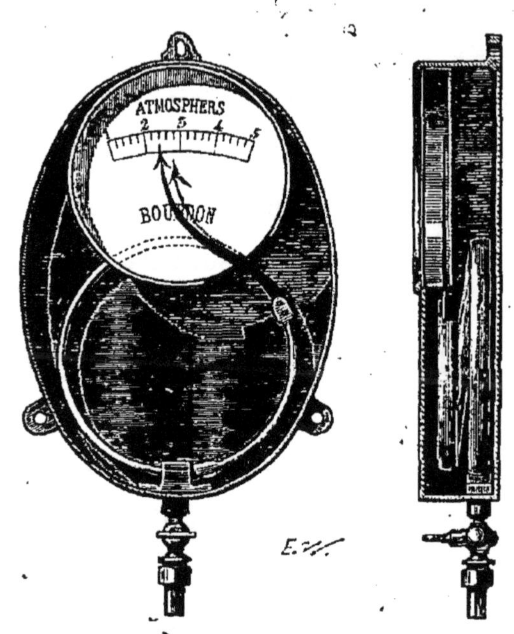

Baromètre métallique.

sensible encore, si les deux branches avaient le même diamètre ; car alors le mercure descendrait ou remonterait dans la plus petite, précisément de la même quantité qu'il monterait ou redescendrait dans la plus grande. Aussi convient-il de donner à la première un plus grand diamètre, et de la munir d'un renflement qui tienne lieu de cuvette. Mais pour les baromètres de précision, ces correctifs sont insuffisants, et l'on a recours à des dispositions particulières, qui permettent de mesurer avec une grande exactitude la longueur *vraie* des oscillations de la colonne liquide.

Telles sont, par exemple, les modifications introduites par Fortin dans le baromètre à cuvette, et par Gay-Lussac dans le baromètre à siphon, et que vous trouverez expliquées, avec figures, dans tous les traités de physique. L'instrument que je possède est un simple baromètre à siphon, dont la branche inférieure, renflée comme vous le voyez, se ferme à volonté au moyen d'un robinet, ce qui permet de le transporter assez aisément, sans crainte de répandre le mercure.

Mais on a imaginé, il y a quelques années, un autre genre de baromètres, infiniment moins fragiles, moins volumineux et, par conséquent, plus portatifs que les anciens baromètres : ce sont les baromètres métalliques. Ces instruments, dans lesquels il n'entre ni verre ni mercure, pourraient être appelés proprement baromètres *à vide* ou *à ressort*. Il en existe deux espèces fondées sur le même principe, et peu différentes l'une de l'autre quant à leur construction. L'une est plus connue sous le nom de *baromètre métallique,* l'autre sous celui de *baromètre anéroïde*.

Dans le baromètre métallique, dont l'invention est due à MM. Bourdon et Richard, la pièce capitale, l'agent barométrique est un tube de cuivre mince, à section elliptique, fermé à ses deux extrémités et roulé en spirale dans le sens de son plus petit diamètre, et dans lequel on a fait le vide. L'extrémité qui occupe le centre de la spirale est seule fixée sur une plaque métallique circulaire. Lorsque la pression exercée par l'atmosphère sur ce tube augmente, la spirale s'enroule davantage; elle se déroule, au contraire, grâce à l'élasticité du métal, lorsque cette pression diminue. Ce double mouvement se transmet, par un petit mécanisme très-simple, à une aiguille dont l'extrémité parcourt un cadran tracé sur l'une des faces planes de la boîte cylindrique qui contient l'appareil. Cette boîte est munie d'un anneau à l'aide duquel on peut la suspendre contre un mur, comme ces pendules de salle à manger ou de bureau, connues sous le nom d'*œils-de-bœuf*.

Dans le baromètre anéroïde, inventé par M. Vidi, le tube en spirale est remplacé par une boîte de forme lenticulaire, également en cuivre et purgée d'air. L'écartement des parois est maintenu par un ressort à boudin. Ici la pression atmosphérique a simplement pour effet de comprimer plus ou moins cette sorte de ballon métallique, dont les parois se rapprochent lorsque la pression augmente, et s'éloignent lorsqu'elle diminue.

ÉDOUARD. J'entends tout cela parfaitement, et me voici de première force sur le chapitre des baromètres; cependant vous ne m'avez pas expliqué la construction de ces classiques baromètres à cadran, beaucoup plus anciens que les baromètres métalliques, et qui, dans la plupart des salles à manger bourgeoises, font pendant au non moins classique œil-de-bœuf.

Moi. C'est un oubli qui ne sera pas long à réparer. Ces baromètres, qui se cachent modestement derrière des cadrans plus ou moins historiés, sont des baromètres à siphon, dont la petite branche est ouverte. Sur le mercure repose un petit cylindre de fer, attaché à l'une des extrémités d'un fil de soie qui s'enroule sur une poulie, et dont l'autre extrémité porte un second cylindre en fer, exactement du même poids que le premier. L'axe de la poulie traverse le centre du cadran et porte l'aiguille, qu'on voit s'arrêter tour à tour à *Variable*, à *Beau fixe*, à *Pluie ou vent*. C'est donc ici le mercure de la petite branche qui, par l'intermédiaire du flotteur, de la poulie et de l'aiguille, indique les variations de la pression atmosphérique et apprend aux honnêtes gens s'ils doivent sortir avec ou sans parapluie.

CHAPITRE XV.

Biographie hypothétique de ma vieille épée. — Les bonnes lames de Tolède. — L'industrie des armes blanches. — Les armes à feu. — Qui est-ce qui a inventé la poudre ? — Usage des mélanges inflammables et explosifs chez les anciens Orientaux. — Introduction de la poudre en Europe au treizième siècle. — Bertold Schwartz. — Roger Bacon. — Théorie de l'action de la poudre. — Les sels explosifs. — La poudre au chlorate de potasse. — Les allumettes chimiques. — Histoire de deux honnêtes gens. — Les allumettes perfectionnées. — Le phosphore. — L'*esprit du monde*. — Les tribulations d'un alchimiste. — Le phosphore extrait de l'urine humaine. — Métamorphoses de ce corps. — Le phosphore rouge. — Les *allumettes hygiéniques et de sûreté*. — Apologie des allumettes allemandes.

Ainsi que nous en étions convenus, en quittant le cabinet de météorologie, nous passâmes à l'arsenal, qui est contigu à la bibliothèque.

Avant de remettre à la place qu'elle occupait dans ma modeste panoplie la vieille épée qui venait de nous rendre un genre de service si peu conforme à sa destination première, Édouard se mit à l'examiner et à la faire plier en appuyant la pointe sur le parquet, comme pour apprécier la qualité de l'acier.

— C'est une bonne lame, me dit-il, et qu'il est dommage de laisser se rouiller ainsi sans fourreau. — Qui sait d'ailleurs si elle n'a pas appartenu à quelque héros illustre ?

— Ce n'est pas moi, répondis-je, et je m'en soucie médiocrement, car je ne suis ni guerrier ni antiquaire, et de tous les établissements de mon empire, l'arsenal est, je l'avoue, celui que je néglige le plus d'entretenir et d'enrichir. Cette épée, que vous voulez bien juger favorablement, a été achetée à vil prix dans une vente, il y a bien des années ; elle avait alors un assez joli fourreau de chagrin blanc, ce qui permet de conjecturer que c'était une épée de cour. Peut-être bien a-t-elle figuré autrefois avec honneur au flanc d'un marquis ou d'un chevalier à manchettes de dentelle. Mais ses titres de noblesse auront été perdus pendant la Révolution ; son propriétaire aura émigré ou bien il aura été guillotiné..., et la pauvre épée, déchue sans retour de sa splendeur primitive, aura langui bien des années dans les boutiques des marchands de bric-à-brac, avant de tomber en mes mains roturières et profanes. — Que voulez-vous ! Elle a subi le sort des habits de soie brodés, des culottes de velours, des tricornes galonnés, ses contemporains, devenus comme elle la proie des fripiers ; seulement elle leur a survécu, parce qu'en dépit de la rouille, l'acier s'use moins vite que le feutre, le velours et la soie... Vous êtes amateur d'escrime ?

Édouard. J'ai pris quelques mois de leçons et j'aime assez cet exercice.

Moi. Moi aussi, mais le temps et l'espace me manquent pour le cultiver, et mes fleurets, condamnés à une inaction à peu près complète, sont menacés du triste sort de leur voisine. — Ce sont cependant, ne vous déplaise, de vraies lames de Tolède ; ils m'ont été rapportés de cette ville même par un de mes amis, qui venait de passer une année à parcourir les Espagnes.

Edouard. En vérité ! on fabrique donc toujours des armes à Tolède ?

Moi. Un peu plus qu'à Damas, qui, au moyen âge, avait acquis dans ce genre d'industrie une si grande supériorité, et qui ne fabrique plus guère aujourd'hui que des étoffes de soie et des harnais de chevaux. Les sabres qui portent encore le nom de *damas*, et qui se payent quelquefois un millier de francs la pièce, viennent du Korassan, province de la Perse.

L'ami qui m'a rapporté d'Espagne mes fleurets m'a donné, sur la fabrication des armes blanches à Tolède, des renseignements dont je suis heureux de pouvoir vous faire profiter.

Il paraît que les Tolédains sont toujours très-jaloux de la réputation de leur ville, réputation qui remonte, s'il faut les en croire, à une très-haute antiquité. Vous savez de quelle estime jouissaient, il y a quelques siècles, ces *bonnes lames de Tolède*, remises à la mode,

— dans les drames du boulevard, — par l'école romantique. Ce fut, dit-on, après l'expulsion des Maures d'Espagne, que la corporation des armuriers de Tolède prit une grande importance et fut dotée de priviléges tout exceptionnels. N'en faisait pas partie qui voulait : c'était un honneur insigne, qu'on n'obtenait qu'après avoir subi de sévères épreuves et avoir justifié, non-seulement d'une habileté extraordinaire, mais aussi d'une irréprochable probité. Cette corporation a possédé dans son sein des artisans,—on pourrait dire des artistes éminents, dont on peut lire les noms sur quelques armes précieuses conservées jusqu'à nos jours par les antiquaires. Tels furent Juan Martinez, Antonio Ruiz, Dionisio Carrentès...

Mais chaque chose a son temps, et l'industrie favorite des Tolédains commença à décliner sensiblement, après que l'invention de la poudre eut opéré dans l'art de s'entre-tuer la profonde révolution que vous savez. En 1760 elle agonisait, lorsque le roi Charles III la releva — autant qu'elle pouvait être relevée, — en la prenant sous sa protection immédiate. Ce prince fit construire aux frais du trésor public, sur le sommet d'un rocher escarpé qui domine la ville, un vaste établissement qui devait faire l'admiration des étrangers. Mais il reconnut bientôt que cette position était aussi incommode que pittoresque, et de nouveaux bâtiments s'élevèrent aux portes de Tolède, sur la rive même du Tage, dont les eaux, incomparables, dit-on, pour la

La fabrication des armes blanches, à Tolède (p. 289).

trempe, servent en même temps à mettre en mouvement les meules sur lesquelles les armes sont fourbies et polies. Ces bâtiments existent encore. Ils comprennent plusieurs ateliers, affectés chacun à une destination spéciale : il y a l'atelier des lames, celui des gardes, celui des fourreaux, etc. Les forges sont au nombre de huit, avec deux fourneaux chacune.

Pour faire une lame, les forgerons prennent deux lingots d'acier, dont la longueur varie de quatre à cinq centimètres, suivant celle que doit avoir la lame. Entre ces deux lingots, ils adaptent un fragment de vieux fer à cheval forgé par les maréchaux tolédains. Ces fers, à ce qu'il paraît, sont remarquables par leur homogénéité et leur malléabilité, dues sans doute au battage prolongé qu'ils ont subi sur l'enclume du maréchal. La pièce ainsi composée est chauffée, non avec du coke ou de la houille, ou même avec du charbon de bois ordinaire, mais avec un charbon de souches de bruyères, préparé tout exprès. Lorsqu'elle est arrivée à la température convenable, entre le rouge cerise et le rouge vif, on la retire et on lui donne, en la pétrissant longuement sous le marteau, la forme voulue. Elle passe ensuite dans un des ateliers de trempe. Il y en a deux, avec deux fourneaux et deux bassins remplis de l'eau *blonde* du Tage. Les pièces y sont chauffées au même charbon que dans la forge, nettoyées avec du savon, chauffées de nouveau, plongées cérémonieusement dans l'onde sacrée; et enfin passées une dernière fois au feu, où s'adoucit ce que la trempe peut avoir de trop sec.

A la trempe succède le fourbissage. Le fleuve fait tourner douze meules de grès rouge, réparties dans deux ateliers. Les lames reçoivent sur ces meules leur forme définitive, leur pointe, leur tranchant; mais avant d'être polies, elles doivent être essayées. Les essais se font encore dans un atelier spécial. Ils sont au nombre de trois. Le premier consiste à poser la lame à plat sur une sorte d'enclume, et à peser fortement avec les mains sur ses deux extrémités. Le second s'appelle l'*épreuve de la langue du lion* : un ouvrier, tenant la lame par la tige, en appuie la pointe sur la langue pendante d'une tête de lion en plomb, fixée au mur. Il fait ployer, en une courbe plus fermée qu'un demi-cercle, la lame qui, après cette épreuve comme après celle de l'enclume, doit, — si elle ne s'est point brisée, — se redresser parfaitement d'elle-même. Enfin le troisième essai se fait en frappant de taille, à tour de bras, sur un bloc de fer doux, que la lame doit entamer sans s'ébrécher ni se fouler.

Les lames qui sont sorties victorieuses de ces épreuves décisives sont polies sur des meules en bois enduites de tripoli, puis on les livre au graveur, qui les orne de dessins et y inscrit la marque de la manufacture royale. Enfin on les munit d'une poignée, d'une garde, d'un fourreau, — et on les expédie dans les arsenaux de l'État ; qui s'en réserve jalousement l'usage et le monopole.

On fabrique à Tolède, en outre des sabres et des épées destinés à l'armée espagnole, des poignards, des couteaux de chasse, des fers de lance et des fleurets.

Une partie de ces produits est exportée, et la fabrication, se réglant sur la demande, est assez inégale ; on l'évalue toutefois, en moyenne approximative, à sept ou huit mille pièces par an. Cette production est bien peu de chose, comparée à celle des grands centres de l'industrie dont Tolède s'est laissé déposséder. En Prusse, Solingen ; en Belgique, Liége ; en France, Saint-Étienne, Chatellerault et Paris fournissent maintenant au monde entier, ou peu s'en faut, les armes blanches de guerre et de luxe. Pour les armes à feu, la France n'a point de rivaux, bien que Liége et Birmingham en produisent aussi beaucoup et d'excellentes. On est arrivé, du reste, dans cette industrie, à des résultats vraiment merveilleux, et qui montrent combien les facultés de l'homme s'appliquent toujours facilement et avec amour à inventer, à perfectionner, à orner les engins de destruction...

En fait d'armes à feu, je ne possède que ce fusil de chasse couché là-haut sur ces deux cornes de chamois où il dort — si toutefois ses remords le laissent dormir, — depuis le meurtre de la bergeronnette, — et cette vieille paire de pistolets à pierre, encore plus rouillés que l'épée leur voisine, et dont l'âge et l'origine me sont également inconnus.

Edouard. Ah! pardieu, monsieur, puisque nous voici dans votre arsenal et que vous me parlez d'armes à feu, c'est le moment de m'apprendre quel est l'inventeur de la poudre.

Moi. Vous me rappelez une des meilleures *charges* de l'amusante série des *Enfants terribles*. Un de ces enfants adresse à un ami de son père la même question que vous venez de me faire : « Monsieur, qui est-ce donc qui a inventé la poudre? — Pourquoi me demandes-tu cela, mon petit? répond le monsieur. — C'est que papa dit souvent que ce n'est pas vous... » Voilà un homme dûment informé qu'on le tient pour un imbécile : « Il n'a pas inventé la poudre! » — Ce dicton éminemment populaire ne fait pas honneur à ce qu'on appelle la sagesse des nations. Mais deux choses doivent consoler ceux qu'on prétend convaincre de bêtise en disant « qu'ils n'ont pas inventé la poudre, » ou que, si elle n'existait pas, ils ne l'inventeraient point : la première, c'est que ceux qui répètent si complaisamment ce lieu commun rebattu montrent par cela seul combien ils sont eux-mêmes peu capables de rien inventer, puisque, pour exprimer leur pensée, ils s'en vont puiser, dans le vocabulaire le plus banal, de méchantes phrases toutes faites; la seconde, c'est que si la composition de la poudre à tirer suppose chez son inventeur quelques notions de chimie et une certaine faculté de combinaison que le hasard a sans doute beaucoup aidée, elle ne suppose nullement de l'esprit ni une intelligence fort au-dessus du commun des mortels. Parlez-moi du feu, de la charrue, du chariot à roues, du bateau à rames ou à voiles, du levier, etc. Voilà des inventions vraiment ingénieuses, — sans parler de leur immense utilité, que n'égalent pas toutes les créations réunies de la science et de l'industrie modernes ! — Pourtant, qui se soucie d'en rechercher les auteurs ?...

Mais la poudre ! voilà vraiment une belle acquisition pour l'humanité ! Quel bénéfice en a-t-on retiré, sinon le plaisir de tuer les gens à distance avec beaucoup de bruit et de fumée ? La guerre est devenue incomparablement plus dispendieuse qu'elle ne l'était autrefois, en restant, quoi qu'on en ait dit, au moins aussi meurtrière. N'importe ! les savants et les érudits se sont évertués à découvrir l'inventeur de la poudre, afin de signaler ce grand homme à l'admiration et à la reconnaissance des peuples. Tous leurs efforts ont été en pure perte, et c'est, ma foi, justice. Cela apprendra à ces messieurs à mieux employer leur temps et leur savoir.

Donc, mon ami, je ne puis vous dire quel est l'inventeur de la poudre. Cet inventeur est inconnu ; il est très-probable qu'il le sera toujours, et il est très-possible qu'il n'ait jamais existé.

EDOUARD. Ah ! pardon. Permettez-moi de vous faire

observer que la poudre a dû nécessairement être inventée par quelqu'un.

Moi. Vous croyez que toute invention suppose un inventeur? Eh bien, c'est encore un préjugé dont il faut vous défaire : le temps, le hasard (j'appelle de ce nom le concours des circonstances que la volonté n'a point fait naître et que la science n'a point prévues) : voilà les vrais auteurs du plus grand nombre des découvertes qu'on a coutume d'attribuer au génie de l'homme. Celui-ci n'a eu généralement d'autre mérite que d'observer tel phénomène dont il ne se rendait point compte, de le reproduire tant mal que bien, par voie de tâtonnements, puis d'essayer — longtemps sans succès — de l'appliquer à ses besoins, jusqu'à ce qu'un nouveau hasard vînt lui apprendre le parti qu'il en pouvait tirer. C'est là, en quelques mots, l'histoire probable de la poudre à tirer. Les mélanges inflammables de bitume et de soufre étaient employés, à une époque très-reculée, par les Chinois, les Indiens, les Mongols et les Persans. Les Arabes, puis les Grecs du Bas-Empire en connurent ensuite l'usage. Ceux-ci achetèrent d'un certain Callinique le secret d'une composition de ce genre, qui prit alors le nom de *feu grec*, dont on a fait *grégeois*. Ce feu grégeois, sujet de tant de fables, n'était autre chose qu'un mélange intime de poix, d'huile de naphte et de soufre. En Chine et dans l'Inde, où le salpêtre est très-abondant, on remarqua sans doute de bonne heure que ce sel jouit de la propriété de fuser avec éclat au contact des charbons ardents, en activant la combustion d'une manière très-sensible. Ce fait une fois constaté, l'idée d'ajouter du nitre aux compositions incendiaires dont on faisait usage s'ensuivit nécessairement ; et l'expérience ne tarda pas à montrer que cette addition changeait notablement la nature du mélange, le rendait inflammable, même à l'abri du contact de l'air, et donnait lieu à une déflagration rapide et violente. On peut suivre maintenant l'histoire hypothétique de l'invention de la poudre, en s'appuyant sur des inductions aussi sûres que celles qui permettent aux paléontologues de ressusciter, par la pensée, un animal complet, pourvu qu'ils aient sous les yeux quelques fragments de son squelette.

La définition que Buffon a donnée du génie s'applique justement aux Orientaux, dont le génie n'est autre chose qu'une longue patience. Nous voyons donc d'ici les artilleurs ou artificiers chinois s'appliquant à modifier en cent façons leur mélange de nitre et de substances inflammables, et arrivant, à force de patients essais, à composer une poudre contenant les proportions de soufre, de charbon et de salpêtre les plus propres à déterminer une explosion formidable ; puis s'occupant d'en perfectionner la fabrication et de construire des engins pour utiliser, dans l'art de la guerre, la force élastique des gaz qu'engendre instantanément la combustion de la poudre. Tout s'enchaîne ici, vous le voyez, le plus logiquement du monde; chacun apportant à l'œuvre commune sa part d'idées, d'efforts et de patience, le résultat final se produit sans qu'il soit possible de l'attribuer en particulier à l'un ou à l'autre des coopérateurs ; l'invention se réalise, pour ainsi dire d'elle-même : il n'y a point d'inventeur.

Les Indiens ont-ils trouvé de leur côté la composition de la poudre, ou l'ont-ils apprise des Chinois, soit directement, soit indirectement? On l'ignore. Ce qu'il y a de certain, c'est que l'usage de cette substance et de certaines armes à feu très-grossières était répandu dans tout l'Orient, bien avant l'époque où les Occidentaux en eurent connaissance; et l'on a tout lieu de croire qu'il fut introduit en Europe par les Maures d'Espagne, dans les premières années du quatorzième siècle. Quoi qu'il en soit, l'artillerie ne commença de jouer, dans les guerres entre les peuples d'Occident, un rôle de quelque importance, qu'à partir de la bataille de Crécy, où elle assura, dit-on, aux Anglais la victoire sur les Français. Ceux-ci demeurèrent longtemps encore, pour ce progrès, — si l'on doit appeler progrès une aussi funeste innovation, — en arrière de leurs rivaux d'outre-Manche et de leurs voisins du continent. On établit cependant une fabrique de canons à Cahors, vers 1345, et en 1350 les habitants de Saint-Valery, assiégés par le roi d'Angleterre, Édouard III, purent opposer à l'ennemi des armes à feu semblables aux siennes. Mais quelques années plus tard, si l'on en croit la chronique de Froissart, le même Édouard III, assiégeant Saint-Malo, que défendaient les connétables de Clisson et Duguesclin, mit en batterie contre cette place deux cents bouches à feu. Il est vrai que ces canons primitifs ne pesaient que de 5 à 20 kilogrammes chacun. Ils étaient formés de lames de fer forgé juxtaposées longitudinalement, comme les douves d'un tonneau, et maintenues par des cercles également en fer forgé. Les Vénitiens se servirent les premiers de canons plus volumineux, en métal fondu. L'art de couler des pièces en fonte ou en alliage de cuivre et d'étain leur fut, selon quelques auteurs, enseigné par un certain Bertold Schwartz, que le Conseil des Dix fit enfermer sous les plombs, soit pour se dispenser de lui payer le prix convenu, soit pour l'empêcher de porter ailleurs des procédés dont la sérénissime république voulait se réserver le secret.

Ce Bertold Schwartz est un de ceux auxquels on a voulu attribuer l'invention de la poudre; ce sont des historiens allemands qui ont soutenu cette thèse, en ajoutant que l'empereur Wenceslas, loin de témoigner à Schwartz la moindre satisfaction pour une invention aussi meurtrière, le fit sauter avec le baril de poudre que cet homme était venu lui offrir. — Cette aventure est d'autant moins croyable, que Bertold Schwartz est lui-même un personnage très-problématique, Allemand selon les uns, Suisse selon les autres, — moine ou laïque, on ne sait, — et dont on n'a jamais pu dire ni en quel lieu ni en quel temps il naquit et vécut, ni si décidément il mourut victime de la cruauté de l'empereur Wenceslas ou de la mauvaise foi du sénat de Venise.

On a aussi attribué l'invention de la poudre et des armes à feu à un moine français, du nom de Jean Tilleri, dont l'existence n'est pas plus démontrée que celle de Bertold Schwartz. Mais le candidat qui a réuni parmi les historiens le plus grand nombre de suffrages, est le moine anglais Roger Bacon : — encore un moine! — Ainsi l'on a voulu à toute force que cette diabolique invention fût sortie d'une tête tonsurée ! — Celui-ci, du moins, est un personnage authentique et justement célèbre. On sait qu'il naquit à Ilchester en 1214, et mourut à Oxford en 1292. Ce fut peut-être l'homme le plus savant de son siècle. Il a laissé de volumineux ouvrages, dans lesquels il parle, en effet, plusieurs fois d'un mélange de *sel de pierre* (salpêtre), de soufre et de charbon, capable de produire, en s'enflammant, « un bruit qui égale le rugissement du tonnerre, et une lumière comparable à celle de l'éclair ; » mais il en parle comme d'un « amusement puéril qui se pratiquait dans plusieurs parties du monde ; » ce qui prouve manifestement qu'il ne l'avait point inventé et qu'il ne prétendait nullement à cet honneur.

Vous voilà donc édifié sur cette grave question de l'origine de la poudre. Quant à la théorie de son action, vous la comprendrez sans difficulté, maintenant que vous savez ce que c'est que l'oxygène, la combustion et l'affinité chimique.

Le nitre ou salpêtre est un sel résultant de la combinaison de la potasse (oxyde de potassium) avec l'acide azotique ou nitrique. Cet acide est lui-même formé d'azote et d'oxygène, dans la proportion de vingt-six parties en poids du premier gaz pour soixante-quatorze du second. L'azotate de potasse (tel est le nom chimique du salpêtre) renferme donc une grande quantité d'oxygène. C'est, de plus, un composé peu stable, qui se détruit aisément sous l'influence de la chaleur et au contact de matières ayant pour l'oxygène plus d'affinité que l'azote, qui en a fort peu. Le soufre et le charbon, substances très-combustibles, sont dans ce cas. C'est pourquoi, réduits en poudre et mélangés intimement avec du salpêtre bien sec et pareillement pulvérisé, ils sont tout prêts à absorber avec avidité l'oxygène contenu dans ce sel. Une étincelle suffit pour déterminer l'inflammation; aussitôt l'acide azotique se sépare de la potasse; l'oxygène se sépare de l'azote et s'unit au soufre et au charbon, qu'il transforme, l'un en acide sulfureux, l'autre en acide carbonique et oxyde de carbone. Or, ces produits sont gazeux et de plus très-dilatés par la chaleur que dégage la combustion; en sorte qu'au lieu de la poudre qu'on avait tout à l'heure et qui ne tenait que très-peu de place, il se forme tout à coup une masse gazeuse qui tend à occuper un espace considérable. On peut admettre qu'un litre de poudre donne, en brûlant, deux mille litres de gaz. Aussi arrive-t-il que, si cette poudre est enfermée dans un vase, elle le fait éclater, à moins qu'on n'y ait adapté un bouchon capable de céder avec une certaine facilité à la pression des gaz. Eh bien! dans un canon ou dans un fusil, c'est le boulet ou la balle, c'est le projectile qui représente ce bouchon, et qui est lancé au loin avec la force et la rapidité que vous savez... Cette théorie, très-simple, comme vous voyez, est à peu près celle de toutes les explosions possibles. Le phénomène est toujours le même au fond: c'est la formation instantanée de produits gazeux très-échauffés, doués, par conséquent, d'une force d'expansion considérable, et tendant à se répandre dans l'espace en dépit des obstacles qui s'opposent à leur dilatation. Le salpêtre est la plus bénigne de toutes les substances explosibles; il y en a de bien autrement terribles: le fulminate d'argent, par exemple, dont la découverte à coûté au physicien Dulong, je crois, un œil et une main, et qui éclate avec une violence formidable sous le seul frottement d'une barbe de plume; — le fulminate de mercure, dont on garnit les capsules pour les armes à percussion; — le chlorate de potasse, qui entre dans la composition de la pâte des allumettes chimiques.

Pendant les guerres de la Révolution, alors que le salpêtre manquait en France, et que les savants étaient mis en réquisition pour contribuer, par leurs découvertes, à la défense de la patrie, Berthollet proposa de substituer le chlorate au nitrate de potasse dans la fabrication de la poudre. Mais le premier essai de cet ingrédient eut pour résultat de faire sauter la poudrerie d'Essonnes ; le second occasionna une nouvelle explosion où périrent trois ouvriers occupés à triturer le dangereux mélange. On reconnut alors seulement l'impossibilité d'utiliser le chlorate de potasse comme agent balistique, et ce sel fut relégué dans le laboratoire des chimistes et dans l'officine des pharmaciens, jusqu'à ce que, vers 1835, on s'avisa de l'associer au phosphore pour fabriquer des allumettes qui s'enflammeraient par le simple frottement sur un corps dur et rugueux. J'ai nommé les *allumettes chimiques,* — une des merveilles de l'industrie moderne, un des cadeaux les plus précieux, les plus commodes, que la science ait faits à Monsieur Tout le monde. Je n'allume jamais un de ces petits bouts de bois à tête rouge ou bleue sans me sentir plein de reconnaissance pour l'auteur — ou les auteurs d'une si utile invention.

Edouard. Quoi donc ! celle-là aussi est anonyme, comme l'invention de la poudre à canon ?

Moi. Hélas ! oui. On sait seulement qu'elle est d'origine allemande, — comme l'indique le nom des premières allumettes chimiques lancées dans le commerce. Pour ce qui est de l'introduction de ces allumettes en France et en Angleterre, l'histoire en est assez curieuse. La voici telle que je l'ai lue dans le *Journal des Connaissances utiles*.

Il y a une trentaine d'années, un voyageur arrivait de Berlin à Paris, avec quelques paquets de ces allumettes, qui se fabriquaient depuis un certain temps dans la capitale de la Prusse, mais dont les fabricants, venus on ne sait d'où, se réservaient jalousement le secret. A peine descendu de diligence, notre homme s'en fut chez un pharmacien et le pria de les analyser, — ce que fit le pharmacien, moyennant la somme de 400 francs. Possesseur de la composition ignifère, le voyageur repartit immédiatement pour Londres, où il se mit en devoir d'exploiter le procédé dont il venait d'acheter le secret. Mais le pharmacien, de son côté, ne resta pas inactif. Bientôt les allumettes chimiques de Londres et de Paris se croisent et se rencontrent dans les boutiques d'épiciers, dans les débits de tabac. Le champ commercial était sans doute assez vaste pour les unes et pour les autres; mais la spéculation n'aime point le partage; elle trouve que, quand on gagne de l'argent, on n'en saurait trop gagner, et elle se montre d'ordinaire peu scrupuleuse sur la moralité des moyens qu'elle juge propres à lui en faire gagner beaucoup. Voilà donc la guerre allumée entre les deux rivaux. Que fait alors, pour terrasser son concurrent, l'honnête pharmacien de Paris? Le chlorate de potasse, élément principal de la composition pyrogène, ayant éprouvé une forte hausse, il expédia à Londres — sous un nom d'emprunt, — et fit vendre à bas prix quelques barils de ce produit, convenablement falsifié. Qui les acheta? ce fut, bien entendu, le fabricant anglais, enchanté de l'aubaine. Mais les allumettes préparées avec cette matière impure refusaient de brûler, tandis que celles de Paris prenaient feu au moindre frottement. Et là-dessus, chacun de vanter la supériorité de l'industrie française, et d'acheter les allumettes françaises, et de déblatérer contre la perfide Albion, qui ne vend à l'étranger que des marchandises frelatées... Le tour était joué. L'apothicaire de Paris fit sa fortune, tandis que son concurrent se ruinait. Celui-ci parvint-il ensuite à se relever? c'est ce que l'histoire ne dit pas, et qu'il nous importe peu de savoir.

La fabrication des allumettes chimiques tomba bientôt dans le domaine public. Le secret de leur préparation n'était pas difficile à trouver, et le monopole, en Allemagne, en France et en Angleterre, dut faire place à la libre concurrence. Cette industrie entra alors dans l'ère des perfectionnements. Car, après avoir admiré et béni les allumettes chimiques, on ne tarda pas à leur trouver toutes sortes de défauts : elles éclataient au visage; elles pouvaient aveugler les gens, allumer des incendies, — que sais-je encore? — Pour conjurer tant de périls, la chimie se remit à l'œuvre. Elle a trouvé les allumettes *hygiéniques et de sûreté,* au phosphore rouge ou amorphe. Avant de vous dire en quoi celles-ci diffèrent de leurs aînées, il est nécessaire que je vous donne quelques notions sur le phosphore et sur ses métamorphoses. C'est un des plus curieux exemples que je puisse vous donner de ce *protéisme* dont je vous parlais tantôt à propos d'autres substances qui, sous ce rapport, sont bien loin de l'égaler.

Vers le milieu du dix-septième siècle, un certain Baudoin ou Balduin, bailli de Grossenhayn en Saxe, s'avisa un jour, conjointement avec un sien ami, le docteur Frülen, d'une innocente spéculation médico-chimique. Ils s'agissait de préparer et de recueillir « l'esprit du monde (*spiritum mundi*), » et de le débiter à juste prix, comme remède souverain contre toute espèce de maux. Dans ce but, les deux associés prirent de la craie (carbonate de chaux); ils la firent dissoudre dans l'*esprit de nitre* (c'est ainsi qu'on appelait alors l'acide azotique), et évaporèrent cette solution jusqu'à siccité. Le résidu, exposé à l'air, en absorba l'humidité; ils le soumirent à la distillation, lui firent ainsi rendre l'eau qu'il avait prise, et ce fut cette eau qu'ils vendirent, sous le nom d'*esprit du monde*, à raison de 12 groschen le loth (environ 2 francs les 35 grammes). Tous, seigneurs et vilains, voulurent avoir de cette eau.

Baudoin, ayant un jour cassé une cornue qui contenait du nitrate de chaux calciné, résidu de la préparation de sa panacée, remarqua que ce sel était phosphorescent dans l'obscurité, lorsque, pendant le jour, il avait été exposé à la lumière du soleil. Émerveillé de ce phénomène, il courut aussitôt en faire part à plusieurs savants, entre autres à Kunckel, un des plus célèbres chimistes de l'Allemagne. Mais il fit grand mystère du procédé par lequel le hasard l'avait conduit à le découvrir. Kunckel parvint cependant à savoir qu'il avait traité de la craie par l'esprit de nitre ; il fit faire par son préparateur l'expérience, qui réussit à souhait, et put ainsi se procurer, autant qu'il en voulut, du phosphore, ou plutôt du sel pyrophorique de Baudoin.

Quelques semaines après, Baudoin, allant à Hambourg, emporta un échantillon de ce produit, qu'il fit voir à un de ses amis. Celui-ci n'en fut nullement étonné, et lui dit : « Nous avons en cette ville un M. Brand qui a aussi découvert quelque chose qui luit constamment dans l'obscurité. » Ce Brand, — qu'il faut se garder de confondre avec le savant chimiste suédois Georges Brandt, né en 1694, mort en 1768, — était un homme fort ignorant, bien qu'il s'intitulât pompeusement *doctor medicinæ et philosophiæ*. S'étant ruiné dans le négoce, il avait entrepris de s'enrichir dans l'alchimie, et il cherchait la pierre philosophale. Un alchimiste ne devait pas avoir les nerfs trop délicats, et l'*auri sacra fames* rendait ces cupides investigateurs aussi peu accessibles aux dégoûts physiques que le sont aujourd'hui, par amour de leur science et de leur art, nos chimistes et nos médecins. Brand eut l'idée assez bizarre de manipuler, pour en tirer de l'or, l'urine humaine. Il n'en tira point ce qu'il eût voulu, mais un corps singulier, lumineux dans l'obscurité, brûlant spontanément au contact de l'air, et répandant, avec des fumées blanches, une odeur suffocante : — quelque chose de diabolique ; — c'était du phosphore. « Mais quoi ! se dit notre alchimiste après réflexion : voilà bien un moyen, sinon de faire de l'or, au moins d'en acquérir ! » Et il vendit une première fois son secret, pour 200 thalers, à un nommé Kraft, qui s'en alla le colporter en Angleterre. Kunckel fit de vains efforts pour obtenir de Brand ou de Kraft quelques renseignements sur leur procédé : tous deux s'étaient engagés réciproquement, dans leur marché, à ne lui rien dire. Tout ce quil put savoir indirectement, c'est que l'urine était la matière première de cette nouvelle fabrication. Il résolut alors de faire pour ce produit comme il avait fait pour le phosphore de Baudoin : de le trouver lui-même. Il le trouva en effet ; mais alors déjà le secret de Brand était devenu à peu près celui de Polichinelle. Le malheureux alchimiste l'avait mis au rabais et vendu à plusieurs personnes pour la modique somme de 10 thalers. Parmi les acheteurs se trouvait un Italien qui en fit commerce à son tour, et le livra à qui voulut, moyenant 5 thalers. De son côté, le premier acquéreur, Kraft, s'était rendu en Angleterre, où il gagna, assure-t-on, beaucoup d'argent, en faisant voir le phosphore comme une curiosité. Robert Boyle, ayant vu ce singulier corps, voulut savoir aussi comment on le préparait ; mais il ne put tirer de Kraft aucune indication positive, sinon que cela se trouvait dans quelque chose venant du corps humain. Aussi ce ne fut qu'après bien des tâtonnements et des essais que le physicien anglais réussit à obtenir de petits grains de son *phosphore glacial*, dont il décrit très-exactement les propriétés. Le mode de préparation qu'il découvrit, et qui était bien le même qu'employaient Brand, Kunckel et Kraft, consistait à distiller avec de l'argile ou du sable le résidu de l'évaporation de l'urine humaine putréfiée.

Kunckel et Boyle, qui étaient de vrais savants, ne firent pas, vous le pensez bien, de leur découverte un mystère et la base d'une misérable spéculation. Ils s'empressèrent, au contraire, de la faire connaître. Seulement le premier y mit d'abord quelque réserve, et ne l'enseigna qu'aux chimistes expérimentés, à cause des dangers que présentaient, pour les autres personnes, la préparation et le maniement d'un corps à la fois inflammable et vénéneux comme le phosphore.

Durant un siècle environ après les événements que je viens de vous raconter, on ne sut pas préparer le phosphore avec autre chose que l'urine humaine putréfiée. Ce fut seulement en 1769 que Gahn et Scheele signalèrent dans les os des animaux la présence d'une forte proportion de phosphate de chaux, et firent connaître, pour en extraire le phosphore, un procédé plus simple et surtout moins répugnant que celui de Brand. C'est ce procédé qui est encore en usage aujourd'hui dans les laboratoires et dans l'industrie. Il serait trop long de vous le décrire et de vous l'expliquer. Je dois me borner à vous dire que le phosphore préparé de cette façon est ce qu'on appelle le phosphore normal, ordinaire ou diaphane. On le trouve dans le commerce en bâtons qui ne sont pas sans quelque ressemblance extérieure avec ceux de sucre d'orge. Ce phosphore est incolore, translucide, d'un aspect corné, sans saveur, doué d'une faible odeur d'ail, flexible et assez mou pour être entamé avec l'ongle. Sa combustibilité est telle, qu'il brûle spontanément au contact de l'air, en répandant des fumées blanches d'acide phosphorique. On le conserve en le mettant dans de l'eau privée d'air par l'ébullition. A la température ordinaire, le phosphore est lumineux dans l'obscurité, alors même qu'il est plongé dans l'eau, et l'eau dans laquelle on l'a conservé jouit également de cette singulière propriété, que les savants n'ont pas encore pu expliquer d'une manière bien satisfaisante. Mais en outre de cet état, sous lequel on a obtenu primitivement le phosphore, on en connaît maintenant trois ou quatre autres où ce corps, qui est pourtant un corps simple, ne se ressemble point du tout à lui-même. Ainsi, il y a le phosphore blanc, — le phosphore noir, — le phosphore rouge, — le phosphore violet ; — il y a enfin du phosphore de toutes les couleurs.

Mais le plus curieux à étudier, c'est le phosphore rouge, appelé aussi *amorphe*, c'est-à-dire sans forme, parce qu'il ne peut, comme le phosphore ordinaire, être obtenu en poudre cristalline. Ce phosphore rouge est inodore et pulvérulent ; sa densité est supérieure à celle du phosphore ordinaire. Loin de s'enflammer spontanément, comme celui-ci, au contact de l'air, il s'y conserve indéfiniment sans altération aucune, et n'y devient lumineux qu'à la température de 200 degrés. Il est insoluble dans le sulfure de carbone, qui est le meilleur dissolvant du phosphore ordinaire ; et tandis qu'on donne lieu à une véritable explosion en mettant ce dernier en présence du soufre fondu, le phosphore amorphe ne s'altère pas plus à ce contact que ne ferait du sable ou de la brique pilée. Enfin le point de fusion du phosphore ordinaire est à 44 degrés, et celui du phosphore rouge n'est qu'à 250 degrés. Il est difficile, n'est-ce pas, de trouver deux corps plus différents l'un de l'autre ; et cependant ces deux corps n'en sont qu'un seul ; car d'une part le phosphore ordinaire se transforme spontanément en phosphore rouge, sous l'influence, soit de la radiation solaire, soit d'une température de 230 à 250 degrés maintenue pendant quelques heures, le phosphore étant, dans les deux cas, plongé dans un milieu qui soit sans action chimique sur lui, comme, par exemple, le gaz hydrogène ;

— d'autre part, le phosphore rouge, chauffé à 10 degrés au-dessous de son point de fusion, revient à son état primitif, et reprend entièrement l'aspect et les propriétés du phosphore normal. A une température intermédiaire (156 à 158 degrés), il éprouve, au contraire, une nouvelle métamorphose : il devient dur, tenace, d'un brun bleuâtre ; c'est le phosphore violet, encore plus inaltérable que le phosphore rouge ! Qu'on nie après cela la possibilité des transmutations !

Malgré son incombustibilité relative, le phosphore rouge s'enflamme cependant par le frottement au contact du chlorate de potasse. Cette propriété est le principe fondamental de l'invention des allumettes *hygiéniques et de sûreté*, — *androgynes*, — *à l'antiphosphore*, etc. Ces allumettes sont garnies seulement d'une pâte au chlorate de potasse, qui ne s'enflamme point par le simple frottement, comme celle des autres allumettes chimiques. Le phosphore amorphe, dont le contact est nécessaire pour décomposer le chlorate de potasse, est étendu sur un des côtés extérieurs de la boîte ; ou bien il est fixé, avec une substance agglutinative, à l'autre bout de l'allumette, qu'il faut alors briser pour frotter l'une contre l'autre ses deux extrémités.

Ces allumettes ont sans doute l'avantage de ne répandre ni odeur désagréable ni vapeurs toxiques, et elles sont peut-être moins susceptibles de donner lieu aux accidents qu'ont occasionnés quelquefois les allumettes au phosphore blanc entre des mains trop jeunes ou trop maladroites ; mais, outre que le monopole dont elles sont l'objet les maintient à un prix élevé, elles ne sont pas, selon moi, aussi commodes que leurs aînées. L'enduit de phosphore amorphe sur lequel il faut les frotter s'enlève en peu de temps, et il a souvent disparu en totalité, avant qu'on ait usé seulement les deux tiers de la provision d'allumettes. Ce qui reste de celles-ci n'est plus alors bon à rien : il faut faire du feu pour allumer ses allumettes, au lieu d'allumer les allumettes pour faire du feu, — ce qui est absurde... En somme, mon jeune ami, je ne veux point influencer votre opinion et votre choix ; mais, quant à moi, malgré ma sympathie pour toute espèce de progrès, je suis resté fidèle à mes vieilles amies, les allumettes allemandes. Après tout, elles ne m'ont jamais ni incendié ni empoisonné, et je n'y renoncerai que lorsqu'on aura inventé quelque chose de mieux : des allumettes intelligentes et raisonnables, qui sachent ne s'allumer qu'à bon escient, et refuser courageusement leur concours aux enfants mal surveillés et aux gens malintentionnés. — Jusque-là, j'estime qu'une allumette est une allumette, c'est-à-dire un petit instrument destiné à allumer quelque chose, et que leur reprocher de *pouvoir mettre le feu*, cela n'a pas le sens commun.

CHAPITRE XVI.

Ventre affamé a des oreilles, mais point de langue. — Le dîner. — Le café et la cafetière. — La vapeur. — Salomon de Caus et sa prétendue découverte. — Le marquis de Worcester. — Origine véritable de la machine à vapeur. — Christian Huygens et l'abbé de Hautefeuille. — Denis Papin. — Quelques mots sur sa vie et ses travaux. — Newcomen et Cawley. — James Watt.

Tout en poursuivant nos graves entretiens, nous ne suivions pas sans intérêt, depuis une demi-heure, les allées et venues de la bonne, qui, à petit bruit, avait tout préparé pour le dîner : poussé mon bureau contre le mur, — apporté une table pliante qu'elle avait couverte d'une nappe, — mis le couvert, — allumé le feu et la lampe. Et lorsque cette honnête servante — au moins je la veux croire telle — eut couronné son œuvre en plaçant au milieu de la table la soupière, d'où s'échappait une vapeur odorante, nous ne nous fîmes pas répéter deux fois les paroles sacramentelles : « Ces messieurs sont servis. » — Ce qui prouve que ventre affamé a des oreilles, quoi qu'en dise le proverbe. Le dîner fut assez silencieux : nous avions tacitement et d'un commun accord, mon hôte et moi, adopté la devise : *Res, non verba.* Édouard faisait honneur au dîner avec tout l'entrain d'un appétit de dix-huit ans, aiguisé par un jeûne de plusieurs heures et par une longue route à travers les sentiers ardus de la science. Quant à moi qui n'avais fait de ma vie une pareille orgie de bavardage, j'étais exténué de fatigue et heureux de réparer mes forces par le repos et par le silence, en même temps que par la nourriture.

Au dessert seulement, la parole nous revint, et la conversation peu à peu se ranima. Enfin, lorsque, le dîner fini, nous eûmes rapproché nos siéges de la cheminée et allumé nos pipes, et qu'on eut placé à notre portée sur la table un plateau chargé de deux tasses, d'un sucrier, d'une cafetière et d'un flacon de vieux rhum, — alors nous nous sentîmes en état de continuer notre voyage, — à la condition de ne point nous déranger.

Comme j'inclinais la cafetière pour remplir sa tasse, Édouard remarqua un mince filet de vapeur qui s'échappait d'un petit trou pratiqué dans le couvercle.

— Pourquoi ce trou ? me demanda-t-il.

— Parce que le couvercle ferme la cafetière très-hermétiquement, et que la vapeur le soulèverait pour s'échapper, si on ne lui avait ménagé cette issue.

Edouard. J'aurais dû le deviner. N'est-ce pas en voyant se soulever ainsi le couvercle d'une marmite, que l'infortuné Salomon de Caus conçut la première idée d'une machine à vapeur ?

Moi. L'infortuné Salomon de Caus !... Je vois, mon ami, que vous n'avez point puisé aux bonnes sources les notions que vous possédez sur l'origine des grandes inventions modernes. Votre instruction, sous ce rapport, est à refaire, et je vous engage à lire l'intéressant et consciencieux ouvrage que M. Louis Figuier a écrit sur ce vaste sujet : *Exposition et histoire des principales découvertes scientifiques modernes*. Vous y trouverez la rectification, appuyée sur bonnes preuves, de bien des erreurs répandues dans le public par des auteurs trop fantaisistes ou trop paresseux. Parmi ces auteurs, les uns, plutôt que de rechercher la vérité historique, ont préféré inventer à plaisir des contes plus ou moins émouvants : ceux-là, du moins, ont montré — mal à propos — de l'imagination ; — les autres, trouvant les contes tout faits, se sont bornés purement et simplement à les reproduire : procédé commode pour remplir un volume sans se fatiguer l'esprit.

C'est sur la foi de tels écrivains que vous avez compati naïvement aux malheurs de Salomon de Caus, homme de génie méconnu et persécuté, qui, ayant vu sauter le couvercle d'une bouilloire ou d'une marmite, inventa incontinent la machine à vapeur, et fut, pour ce fait, enfermé comme fou à Bicêtre, par ordre de Richelieu.

EDOUARD. Je l'avoue.

MOI. Eh bien, ces malheurs sont imaginaires, et toute cette histoire est un roman.

EDOUARD. Pourtant, il y a une lettre authentique où Marion Delorme raconte à Cinq-Mars, je crois, une visite qu'elle a faite à Bicêtre, en compagnie de je ne sais plus quel lord anglais.

MOI. Cette lettre est fabriquée très-habilement, j'en conviens; — mais elle est fausse, comme tout le reste.

EDOUARD. Et Salomon de Caus est-il un personnage imaginaire?

MOI. Non. Je vous ai déjà cité ce mot de Voltaire : « Il y a toujours quelque chose de vrai dans un mensonge. » Eh bien, voici ce qu'il y a de vrai dans celui-ci : Salomon de Caus était un architecte et ingénieur normand, qui exerça paisiblement et non sans distinction son art en Angleterre, en Allemagne, en Italie — et en France, où il fut honoré de la protection de ce même cardinal de Richelieu, dont on a fait son persécuteur. Le lieu de la naissance de Salomon de Caus est incertain, mais on sait qu'il naquit en 1576 et qu'il mourut vers 1630, dans son pays natal[1]. Quoique fort

[1] M. le docteur Zimmerman, — un Allemand, — a consacré, dans son ouvrage, *le Monde avant la création de l'Homme* (p. 388), une note à Salomon de Caus. Il prétend que ce personnage était allemand, et il en trouve la preuve dans ce fait, que le livre des *Raisons des forces mouvantes* fut imprimé en langue allemande à Heidelberg, avec cette note : « Le présent ouvrage a été d'abord publié en français, il y a deux ans. *Nous le donnons aujourd'hui dans notre langue maternelle.* » Il va sans dire que M. Zim-

ignorant en physique et en mécanique, Salomon de Caus a voulu se mêler d'écrire sur ces matières. Il a laissé un ouvrage au-dessous du médiocre, sous ce titre ambitieux : *Les raisons des forces mouvantes.* Il n'y dit nulle part qu'il ait inventé aucune machine pour faire marcher les voitures à l'aide de la vapeur. Il y décrit seulement un appareil « pour faire monter l'eau à l'aide du feu. » C'est — je cite le passage aussi textuellement que ma mémoire peut me le rappeler, — « une balle en cuivre bien soudée, à laquelle il y a un soupirail par où l'on mettra l'eau, et aussi un tuyau soudé au haut de la balle, et dont le bout approche du fond sans y toucher. Il faut emplir ladite balle d'eau par le soupirail, puis la bien reboucher et la mettre

mermann attribue à l'auteur cette note, qui est évidemment de l'éditeur. Il s'appuie en outre sur ce que le titre porte, après le nom de l'auteur, la qualification d'*Architecte de Son Eminence Palatine.* A ce compte on pourrait soutenir tout aussi raisonnablement que Denis Papin était Anglais, parce qu'il se mit, à deux ou trois reprises, au service de la Société Royale de Londres, — ou Italien, parce qu'il fut attaché pendant deux ans à l'Académie scientifique de Venise, — ou Allemand, parce qu'il fut professeur de mathématiques à l'université de Marbourg. Le livre des *Raisons des forces mouvantes* fut écrit et publié pour la première fois en français (Francfort, 1615) et dédié au Roi Très-Chrétien (Louis XIII). Un autre ouvrage de Salomon de Caus, également écrit en français, *la Practique et démonstration des horloges solaires* (1624), est dédié au cardinal de Richelieu. Un troisième enfin, l'*Institution harmonique*, est dédié à la Reine d'Angleterre, qui fut la première protectrice de Salomon de Caus. Celui-ci, en effet, ne s'établit en Allemagne qu'après avoir voyagé en Italie et résidé plusieurs années à la cour d'Angleterre, où il fut attaché comme professeur de dessin à la princesse Elisabeth, et ce fut cette princesse qui, ayant épousé en 1613 le duc palatin de Bavière, emmena Salomon avec elle en qualité d'ingénieur et d'architecte. Il revint en France en 1623 et y mourut, à ce qu'on croit, sept ou huit ans plus tard.

sur le feu ; — alors, ajoute notre auteur, la chaleur, donnant contre ladite balle, fera monter l'eau par le tuyau. »

Ainsi, ce prétendu inventeur de la machine à vapeur n'a même pas compris que l'ascension de l'eau par le tuyau était l'effet de la pression exercée sur ce liquide par la vapeur emprisonnée entre sa surface et la paroi supérieure de la *balle !* Vous conviendrez qu'il n'y avait pas, dans la description de cet appareil, dès longtemps connu, de quoi étonner les contemporains de Salomon de Caus et leur faire croire que ce bonhomme eût perdu la raison. En tout cas, l'inventeur de la fable qui le fait enfermer à Bicêtre, a négligé une circonstance qui suffirait à elle seule pour déceler la mystification : c'est que Bicêtre, à cette époque, n'était ni hôpital de fous ni une prison ; c'était une commanderie de l'ordre de Saint-Louis, où l'on recueillait les militaires invalides.

Les Anglais, par un sot amour-propre national, ont opposé au fantastique Salomon de Caus de la légende française un certain marquis de Worcester, le même qu'on a donné pour cavalier à Marion Delorme dans sa visite à Bicêtre, et qui, toujours d'après la version de l'ingénieux romancier français, aurait profité de la triste situation du pauvre insensé pour lui voler sa découverte. La vérité est que ce lord Worcester, tout aussi ignorant, mais beaucoup plus outrecuidant que l'architecte normand, a laissé, lui aussi, un ouvrage de physique intitulé *A century of inventions*, dans lequel il dit avoir inventé, entre autres choses, *un moyen aussi admirable que puissant pour élever l'eau au moyen du feu.*

« J'ai pris, par exemple, ajoute le noble lord, — je cite encore aussi exactement que je le puis,—une pièce de canon dont le bout était brisé ; j'en ai rempli d'eau les trois quarts ; j'ai fermé ensuite avec une vis le bout cassé, ainsi que la lumière, et j'ai fait continuellement du feu sous le canon ; au bout de vingt-quatre heures, il éclata avec beaucoup de bruit ; de sorte qu'ayant trouvé une manière (il ne dit pas laquelle) de construire solidement mes vases et de les remplir l'un après l'autre, j'ai vu jaillir l'eau comme un jet continuel, à quarante pieds de hauteur... »

J'ai oublié la fin de ce morceau, qui ne nous apprendrait rien de plus sur l'*admirable et puissante machine* dont il s'agit. Tout ce qu'on peut démêler dans ce galimatias, c'est que le marquis fit éclater une pièce de canon bouchée, en y chauffant de l'eau à outrance. On y devine bien aussi quelque chose de semblable à l'appareil décrit par Salomon de Caus ; mais cet appareil, je le répète, n'a rien de commun avec une machine à vapeur. Si l'on peut le comparer à quelqu'un des engins où l'on a utilisé, de nos jours, la force élastique de la vapeur, c'est à la *cafetière lyonnaise*, où l'eau, qu'on fait bouillir dans un récipient inférieur, monte par un tube, sous la pression de sa propre vapeur, dans un récipient placé au-dessus et contenant le café en poudre, puis redescend lorsque le vide s'est fait dans le bouilleur par le refroidissement et la condensation de la vapeur. Ce petit appareil, très-élégant et très-commode, où l'on peut faire son café soi-même, proprement et sans embarras, était fort à la mode il y a quelques années. J'en ai moi-même possédé un, — je devrais dire plusieurs, car Dieu sait combien de fois j'ai dû remplacer, tantôt le vase inférieur, tantôt le vase supérieur : — si bien que j'ai fini par y renoncer. C'est probablement son extrême fragilité qui l'a empêché d'obtenir le succès durable qu'il méritait du reste.

Ce qui constitue essentiellement la machine à vapeur, ce sont les actions combinées d'un fluide élastique et de la pression atmosphérique, agissant tour à tour sur un piston , pour lui imprimer un mouvement alternatif de va-et-vient. Or, la découverte d'une aussi savante combinaison exigeait, de la part de son auteur, non-seulement du génie, mais des connaissances solides sur la dilatation des gaz, sur le calorique, sur la pesanteur de l'air, sur le vide, etc.; connaissances qui manquaient également à Salomon de Caus et à son prétendu plagiaire d'outre-Manche.

Les premiers physiciens qui essayèrent de construire un moteur de ce genre furent l'abbé de Hautefeuille et l'illustre Christian Huygens. Seulement, pour soulever le piston dans son cylindre, ils employaient la poudre à canon ; le piston retombait sous la pression de l'air ; on le relevait en brûlant dessous une nouvelle quantité de poudre, et ainsi de suite. Cela n'était ni sûr ni commode ; mais le problème était résolu en principe ; il ne s'agissait plus que de remplacer la poudre par un autre corps, capable d'entretenir d'une façon régulière et continue le jeu de la machine. L'eau était merveilleusement propre à cet usage, puisque la chaleur la convertit en un gaz doué d'une puissance d'expansion illimitée, et que le froid, ramenant instantanément ce gaz à l'état liquide, produit du même coup un vide qui laisse le champ libre à la pression de l'air.

De tes enfants sois fière, ô ma patrie !

Ce fut un Français qui réalisa le premier cette immortelle découverte, — qui substitua l'eau à la poudre dans le corps de pompe construit par Huygens, et mérita ainsi le glorieux titre d'inventeur de la machine à vapeur.

Denis Papin — c'était son nom — naquit à Blois, le 22 août 1647, d'une famille protestante. Il prit à Orléans le titre de docteur en médecine et vint à Paris, où il se mit en relation avec plusieurs savants, notamment avec Huygens, son coreligionnaire. Huygens était Hollandais ; mais Colbert, juste appréciateur du mérite, et ne voulant rien négliger pour fixer en France un savant aussi distingué, lui avait accordé une forte pension et un logement à la Bibliothèque royale. Huygens prit en affection le jeune médecin de Blois, et l'associa à ses travaux. Sous son inspiration, Papin publia, en 1674, son premier ouvrage : *Nouvelles expériences du vuide avec description des machines qui servent à le faire*. L'année suivante, il alla s'établir à Londres, et là encore il fut assez heureux pour trouver un puissant protecteur dans le célèbre Robert Boyle, fondateur de la Société royale de Londres.

Ce fut à Londres qu'il exécuta ses premières expériences sur les propriétés de la vapeur d'eau bouillante, et qu'il imagina son *nouveau digesteur* (*new digester*), si connu aujourd'hui sous le nom de *marmite de Papin*. Ce n'était, en effet, autre chose qu'une marmite hermétiquement fermée, et dans laquelle, la vapeur étant comprimée, on pouvait obtenir une très-haute température et cuire en quelques instants la viande et d'autres aliments. Ce que cette marmite avait de plus remarquable, c'était la *soupape de sûreté* dont Papin l'avait munie, et qui devint plus tard un organe si important des chaudières à vapeur. Le *digesteur* n'était d'ailleurs qu'un ustensile de cuisine, une sorte de *pot-au-feu* perfectionné.

Cette invention valut cependant à Papin une certaine renommée, et le sénat de Venise lui fit offrir une position, en apparence assez avantageuse, auprès d'une académie nouvellement fondée dans cette ville. Papin accepta et partit ; mais au bout de deux ans il était de retour à Londres, qu'il quitta bientôt une seconde fois pour aller occuper, à l'université de Marbourg, une chaire de professeur de mathématiques. Là il reprit le cours de ses études sur le *moteur atmosphérique* de son ancien ami Huygens, et il conçut l'idée d'y remplacer par la vapeur d'eau les gaz résultant de la combustion de la poudre. Le Mémoire relatif à cette découverte fut inséré dans les *Actes des érudits* de Leipzig, sous ce titre : *Nova methodus ad vires motrices validissimas levi pretio comparandas*. On y lit ces remarquables paroles, qui contiennent en germe toute la théorie de la machine à vapeur : « *Comme, par une propriété qui est naturelle à l'eau,* UNE PETITE QUANTITÉ DE CE LIQUIDE, RÉDUITE EN VAPEUR PAR L'ACTION DE LA CHALEUR, ACQUIERT UNE FORCE ÉLASTIQUE SEMBLABLE A CELLE DE L'AIR, ET REVIENT ENSUITE A L'ÉTAT LIQUIDE PAR LE REFROIDISSEMENT, *sans conserver la moindre apparence de sa force élastique, j'ai cru qu'il serait facile de construire des machines où l'eau, par le moyen d'une chaleur modérée, et sans frais considérables, produirait le vide parfait que l'on ne pouvait pas obtenir à l'aide de la poudre à canon.* »

Il est impossible d'exposer plus nettement les vrais principes sur lesquels repose toute l'économie de la machine à vapeur. Malheureusement leur application n'était pas aussi facile que Papin se l'était imaginé. Il ne sut construire qu'un appareil très-incomplet, fonctionnant mal, et ne pouvant servir qu'à démontrer expérimentalement les effets de la force élastique de la vapeur et de la pression de l'air. C'était un cylindre en cuivre, ouvert à sa partie supérieure, et parcouru par un piston muni d'une tige ; une corde, glissant sur deux poulies, s'attachait par un bout à cette tige, et portait à l'autre bout un contre-poids. Le piston était percé d'un trou qu'on fermait avec un bouchon en cuivre. Une tringle de même métal s'adaptait transversalement à l'orifice du cylindre et empêchait le piston d'être projeté au dehors. Pour faire fonctionner cet appareil, Papin enlevait le piston, versait un peu d'eau dans le cylindre, remettait le piston et le poussait jusqu'au contact du liquide, en laissant le trou ouvert, afin que l'air pût s'échapper; puis, ce trou étant rebouché, il plaçait l'appareil sur un fourneau. La vapeur faisait monter le piston; lorsqu'il avait atteint le haut du cylindre, on ôtait le fourneau, la vapeur se condensait et la pression de l'air faisait redescendre le piston. On chauffait de nouveau pour le faire remonter, et ainsi de suite.

Papin n'avait ni les connaissances en mécanique ni la persévérance nécessaires pour modifier et compléter son appareil de façon à utiliser la force qu'il avait trouvé moyen de produire. C'était un esprit inquiet et versatile. Il ne pouvait se trouver longtemps à l'aise dans un même lieu et formait chaque jour de nouvelles entreprises qu'il ne menait jamais à fin. Il eut bientôt assez du séjour de Marbourg et des fonctions de professeur de mathématiques. Ne pouvant rentrer dans sa patrie, dont la révocation de l'édit de Nantes lui fermait les portes, il retourna pour la troisième fois en Angleterre, se remit au service de la Société royale de Londres, et mourut vers 1715, dans un état voisin de la misère.

Soyons justes : l'invention de la machine à vapeur ne pouvait être l'œuvre d'un seul homme, et c'est assez pour la gloire de notre compatriote Papin d'en avoir indiqué le principe, le mécanisme fondamental. Les autres éléments ne devaient s'y ajouter que successivement, au fur et à mesure des progrès de la physique et de la mécanique. C'est ainsi qu'au cylindre à piston de Papin succéda la machine atmosphérique de Newcomen et Cawley, — laquelle devint, entre les mains de l'immortel James Watt, d'abord la machine *à simple effet*, puis la machine *à double effet*, avec tous ses accessoires : le *condenseur isolé*, où la vapeur va reprendre l'état liquide en sortant du cylindre ; — les *tiroirs*, qui font arriver successivement la vapeur au-dessus et au-dessous du piston ; — la *chemise du corps de pompe*, enveloppe en bois, qui empêche la déperdition du calorique ; — le *parallélogramme articulé*, qui transmet le mouvement du piston au balancier ; — le *régulateur à force centrifuge*, qui ouvre ou ferme automatiquement la soupape par laquelle la vapeur passe de la chaudière dans les cylindres ; — la *pompe alimentaire*, mue par la machine même, à laquelle elle fournit la quantité d'eau nécessaire à la formation de la vapeur...

EDOUARD. C'est Watt qui a inventé tout cela?

MOI. Oui, mon ami : telle est l'étonnante série des découvertes par lesquelles ce grand homme a réalisé, dans l'espace de quelques années, ce que les siècles antérieurs n'avaient pas même rêvé : une machine mise en mouvement par un peu d'eau chaude, et dont la puissance et la rapidité d'action n'ont, pour ainsi dire, point de limites! Jamais sans doute le génie d'un seul homme n'accomplit de tels prodiges, ne dota sa patrie et l'humanité d'un tel bienfait! Aussi le nom de James Watt est-il, en Angleterre, l'objet d'une admiration bien légitime, — d'une sorte de culte national. Plusieurs statues lui ont été élevées par ses concitoyens. L'une de ces statues figure dans l'abbaye de Westminster parmi les monuments consacrés à la mémoire des rois.

CHAPITRE XVII.

La navigation par la vapeur. — Robert Fulton, Napoléon Ier et l'Institut de France. — Deux versions. — Critique de l'une et de l'autre. — Fulton en France. — Son *Torpedo*. — Son projet de navigation par la vapeur sur les fleuves. — Expérience du 9 août 1803. — Démarches auprès de Napoléon. — Le premier *steam-boat* en Amérique. — La première frégate à vapeur. — Les premiers *steamers* transatlantiques. — Une prétendue lettre de Napoléon. — Analyse de ladite. — L'Académie des sciences justifiée. — Alexandre Volta à l'Institut. — Une proposition de Bonaparte. — Une vraie lettre du même. — Comparaison et jugement. — Questions sur l'électricité.

Je m'interrompis un instant pour achever de boire mon café que j'avais laissé refroidir, et je repris :

— On peut diviser l'histoire de la machine à vapeur en deux périodes. La première est celle de création. Elle commence aux travaux de Huygens et de Papin et finit à la mort de James Watt. C'est celle que je viens de vous esquisser à grands traits. La seconde est la période des perfectionnements et des applications ; elle embrasse tout le temps écoulé depuis le commencement de ce siècle jusqu'au jour où nous sommes. Dans cet intervalle se sont produites les grandes découvertes que vous savez : la navigation par la vapeur, les chemins de fer, et les innombrables machines qui accomplissent, avec une force, une célérité et une précision si surprenantes, les travaux que l'homme avait dû jusqu'alors exécuter lentement et péniblement avec ses bras, ses mains, ses pieds, — et ceux qu'il n'avait jamais pu exécuter ni par ses propres moyens ni même à l'aide du vent ou des cours d'eau, — les seuls moteurs naturels dont il pouvait autrefois emprunter le secours... Vous risqueriez fort de passer la nuit céans, si j'entreprenais de vous raconter seulement les principaux épisodes de cette époque, si féconde en conceptions hardies, en entreprises gigantesques, en essais heureux ou malheureux !

EDOUARD. Quelle que soit ma curiosité, je ne voudrais pas vous imposer la fatigue d'un si long récit ; mais puisque vous avez commencé de rectifier le peu de notions que j'ai puisées à des sources douteuses, touchant les faits et gestes des inventeurs célèbres, dites-moi donc ce que je dois penser du mauvais vouloir et de l'aveuglement contre lesquels aurait échoué Fulton, lorsqu'il essaya de faire adopter en France la navigation par la vapeur. J'ai lu à ce sujet deux versions contradictoires. La première est la plus romanesque. Fulton va trouver Napoléon Ier au camp de Boulogne, et lui offre de construire, pour la marine française, des bâtiments à vapeur pouvant, en moins de deux heures, traverser le détroit et jeter à l'improviste, sur le sol britannique, une armée d'invasion. Napoléon repousse cette proposition comme une extravagance, et peu s'en faut qu'il ne fasse jeter Fulton à Bicêtre.

Moi. Il y a toujours un peu de Bicêtre dans les histoires de ce genre. Le seul nom de cet établissement a quelque chose de sinistre qui impressionne le lecteur : c'est d'un bon effet ! — Continuez.

Edouard. Les années s'écoulent. La fortune abandonne le conquérant, qui, après ses derniers revers, est réduit à se livrer aux Anglais. Pendant ce temps l'idée de Fulton a fait son chemin — aux États-Unis. Elle a passé de l'état de conception théorique à celui de réalité pratique. Déjà quelques *steamers* sillonnent les fleuves du nouveau monde, et même se hasardent en pleine mer.

Conduit à Sainte-Hélène sur un navire anglais, Napoléon aperçoit un jour à l'horizon une longue traînée de fumée, sous laquelle il distingue la forme d'un vaisseau.

— Qu'est-ce là ? s'écrie-t-il : un incendie en mer ?

— Non, sire, lui répond un officier : c'est une frégate à vapeur américaine.

— Quoi ! ce n'était donc pas une chimère ! Et l'auteur de ce prodige ?...

— Un citoyen des États-Unis, nommé Fulton.

A ce nom, le héros vaincu tombe dans une profonde rêverie ; il songe avec d'amers regrets à la faute irréparable qu'il a commise, et qu'il expie si cruellement...

La seconde version contredit de tout point celle-là. Elle présente un caractère tout positif, et s'appuie sur une lettre attribuée à Napoléon et lue, comme pièce authentique, à l'Académie des sciences, il y a quelques années, par un des membres les plus autorisés de l'illustre Compagnie, M. le baron Dupin, si je ne me trompe. Dans cette lettre, Napoléon, loin de taxer d'extravagance l'invention de Fulton, l'honorait de sa haute approbation et demandait qu'elle fût examinée promptement et avec la plus sérieuse attention par une Commission de l'Institut. Mais l'Institut, dominé par son antipathie traditionnelle contre toute espèce d'innovation, ne daigna pas même examiner le projet qui lui était soumis, le déclarant *à priori* absurde, impraticable, indigne du contrôle d'une société savante. Ce fut donc, — d'après cette seconde version, — la faute de l'Institut, et non celle de l'empereur, si Fulton alla porter en Amérique une découverte dont notre pays aurait dû le premier recueillir les bienfaits.

Moi. J'ai étudié tout particulièrement — et j'ai traité déjà à deux reprises[1] le point, très-intéressant, d'histoire scientifique sur lequel vous voulez bien me con-

[1] *Nouveau journal des Connaissances utiles*, t. V, p. 53 : Lettre à M. Joseph Garnier, rédacteur en chef; sur les *Rapports de Robert Fulton avec Napoléon Ier*. — *Merveilles de l'industrie* (Machines à vapeur, — Bateaux à vapeur, — Chemins de fer). 1 vol. in-8°. Tours, 1858, p. 106 et 107; et 180 à 182.

sulter. J'ai sous la main les pièces à l'appui ; il m'est donc facile de vous satisfaire. Les deux versions contradictoires relatives aux échecs subis en France par Robert Fulton ne sont pas beaucoup plus exactes l'une que l'autre. C'est, du moins, mon opinion, que je vais essayer de justifier par des faits incontestables, et je puis ajouter incontestés maintenant par tous les hommes impartiaux.

Commençons par la première.

Fulton vint en France en 1796. Il proposa d'abord au Directoire un système de canalisation qui ne fut point accepté, puis une sorte de machine de guerre sous-marine, qu'il appelait *torpedo*. Le Directoire fit faire quelques essais de cette machine ; ces essais furent renouvelés sous le Consulat par ordre de Bonaparte ; mais ils ne donnèrent point les résultats que Fulton en attendait, et cette entreprise n'eut pas, en France, d'autre suite. Dès lors, Fulton, de concert avec son compatriote Robert Livingston, ministre des États-Unis près le gouvernement français, s'occupa avec ardeur d'appliquer la machine à vapeur à la propulsion des bateaux qui naviguent sur les rivières. Il fit construire et lança sur la Seine un bateau de trente-trois mètres de long sur deux mètres et demi de large, muni de roues à aubes, mises en mouvement par une *pompe à feu*. Ce bateau fut essayé avec un plein succès, le 9 août 1803 (22 thermidor an XI), en présence d'une population nombreuse et de plusieurs membres de la classe des sciences de l'Institut : entre autres Carnot, Bossut, Volney, Prony.

Le 4 pluviôse de la même année, Fulton avait adressé aux directeurs du Conservatoire des arts et métiers les dessins et plans de sa machine et de son bateau, avec une lettre dont l'original se trouve encore à la bibliothèque de cet établissement. Cette lettre suffirait à elle seule pour mettre à néant la première partie du roman qui représente Fulton proposant à Napoléon la navigation par la vapeur comme un moyen d'effectuer sa fameuse descente en Angleterre. En effet, Fulton y déclare explicitement « que son premier but, en s'occupant de ce projet, était de le mettre en pratique sur les fleuves d'Amérique, où il n'y a point de chemins de halage, et où, par conséquent, les frais de la navigation par la vapeur seraient mis en comparaison avec ceux du travail des hommes, et non pas des chevaux, comme en France, etc. »

Donc, dans la pensée de l'ingénieur américain, il ne s'agissait nullement d'appliquer la vapeur à la navigation maritime, — chose impraticable en ce temps : Fulton le savait bien.

Après l'expérience du 22 thermidor, il soumit son projet à Decrès, ministre de la marine, et fit faire aussi par Louis Costaz, président du Tribunat, une démarche auprès du Premier Consul, pour obtenir la concession d'une entreprise de bateaux à vapeur sur les fleuves de France, et une subvention de l'État. Mais Bonaparte, prévenu contre lui, répondit à Costaz : « Cet Américain est un charlatan et un imposteur comme il y en a tant, qui offrent à tous les gouvernements de prétendues découvertes, sans autre but que de leur soutirer de l'argent. Ne m'en parlez plus. »

Édouard. Ces détails sont précis; mais ils sont en contradiction avec la lettre...

Moi. Nous parlerons tout à l'heure de la lettre. Achevons d'abord de faire justice du roman. Il est bien établi, n'est-ce pas? que Fulton ne songeait point en 1803 à fournir à Napoléon un moyen d'envahir l'Angleterre. — Y songeait-il davantage en 1804 ou même en 1805? Non, car en 1804 il quitta la France et se rendit en Angleterre pour y renouveler, sous les auspices et aux frais du gouvernement anglais, les essais de son *torpedo*, et entamer avec le gouvernement des négociations qui durèrent plus d'une année sans aboutir à une conclusion. Pendant ce temps, Livingston, l'associé de Fulton, était retourné à New-York et avait obtenu le privilége exclusif de la navigation par la vapeur sur toutes les eaux de cet État. Fulton le rejoignit en 1807, et lança sur l'Hudson, le 10 août, le premier *steam-boat* qui ait transporté sur un fleuve des marchandises et des passagers. Ce steam-boat s'appelait le *Claremont*. Dans le premier voyage qu'il exécuta, d'Albany à New-York, Fulton reçut à son bord un Français, M. André Michaux, auquel il déclara « qu'il attribuait au ministre de la marine, Decrès, les fins de non-recevoir par lesquelles on avait répondu en France à ses offres. » En revanche il se louait beaucoup de ses rapports avec Carnot, *de l'Institut.*

Venons maintenant à la fable de Napoléon rencontrant, sur sa route vers Sainte-Hélène, la première frégate à vapeur sortie des chantiers de New-York et baptisée du nom du *Fulton Ier*. Ce navire fut, en effet, construit à New-York vers l'époque où tomba le premier empire français. Cependant il ne fut terminé que vers la fin de 1815, les travaux ayant été interrompus par la mort de Fulton, arrivée le 24 février de cette année. Quoi qu'il en soit, tenez pour certain qu'il ne put être rencontré ou seulement aperçu de loin, ni par *le Bellérophon*, qui transporta Napoléon sur le rocher où il devait mourir,—ni par aucun autre vaisseau naviguant en pleine mer ou sur les côtes d'Afrique, ou d'Europe, ou partout ailleurs, si ce n'est en vue de New-York. Car le *Fulton Ier* n'avait de frégate que le nom. C'était, en réalité, une sorte de forteresse flottante, de tournure bizarre, formée de deux compartiments entre lesquels étaient logées sa machine et son unique mais immense roue. Elle était armée de trente-quatre canons, de faux, d'engins destinés à lancer de l'eau bouillante, — que sais-je encore?... On l'avait construite en vue de l'éventualité d'une guerre entre les États-Unis et l'Angleterre, pour la défense du port de New-York. Je ne sais si elle eût rendu, en cas d'attaque, les services qu'on en espérait; mais ce qu'il y a de certain, c'est qu'elle ne se déplaçait et ne se laissait gouverner qu'avec beaucoup de difficulté; qu'elle pouvait tout au plus se promener lourdement le long des côtes, et qu'elle était tout à fait incapable de s'aventurer à deux lieues au large, à plus forte raison de traverser en diagonale l'Océan Atlantique. Plusieurs années devaient s'écouler encore avant qu'il se trouvât des hommes assez hardis pour tenter sur mer, avec un bateau à vapeur, la traversée d'un continent à l'autre. Ce furent le *Great-Western*, de quatre cent cinquante chevaux, et le *Sirius*, de trois cent vingt, qui, les premiers, exécutèrent en 1838 la traversée de Bristol à New-York, au grand ébahissement du public et même des savants, dont plusieurs avaient d'avance déclaré l'entreprise insensée et irréalisable.

A présent que nous avons fait justice du roman, passons au tamis d'une critique impartiale et sévère sa contre-partie; car de ce que celui-là est faux, il ne s'ensuit point que celle-ci soit vraie, et ce ne sera pas la première fois qu'en histoire une fable aura été opposée à une autre. Notons, au surplus, que la version ancienne et populaire, dégagée de ses accessoires dramatiques et de quelques inexactitudes de détail, s'accorde assez bien avec les faits établis; elle laisse justement peser sur Napoléon la faute d'avoir repoussé, comme un imposteur, l'homme qui apportait en France un nouveau système de navigation plus rapide, plus commode et plus économique que le système ancien, et elle met l'Institut hors de cause. La seconde version, au contraire, absout entièrement l'Empereur et met l'aveuglement ou le mauvais vouloir sur le compte de l'Académie des sciences. Et pour arriver à cette double conclusion, assez peu vraisemblable, sur quoi s'appuie-t-elle? Sur une lettre prétendue authentique adressée par Napoléon à M. de Champagny, son ministre, et qui, chose étrange, serait restée sans effet! D'où vient cette lettre? Qui l'a trouvée? Dans quel dossier? A quel moment? — On l'ignore. — Comment n'en avait-on jamais entendu parler depuis 1804 jusqu'à 1855, c'est-à-dire pendant un demi-siècle? — On ne sait pas. Nous n'avons donc, pour en contrôler l'authenticité, qu'un seul moyen : l'analyse. Analysons. Voici la lettre :

« Monsieur de Champagny, je viens de lire le projet « du citoyen Fulton, que vous m'avez adressé beau- « coup trop tard, en ce qu'il peut changer la face du « monde. Quoi qu'il en soit, je désire que vous en con- « fiiez immédiatement l'examen à une Commission « choisie par vous dans les différentes classes de l'In- « stitut. C'est là que l'Europe savante irait chercher « des juges pour résoudre la question dont il s'agit. « Une grande vérité, une vérité physique, palpable « est devant mes yeux. Ce sera à ces messieurs de la « voir et de tâcher de la saisir. Aussitôt le rapport

« fait, il vous sera transmis et vous me l'enverrez.
« Tâchez que tout cela ne soit pas l'affaire de plus de
« huit jours, car je suis impatient. Sur ce, monsieur
« de Champagny, je prie Dieu, etc. »

« NAPOLÉON. »

Quelque opinion que l'on ait sur l'universalité du génie de Napoléon Ier, et plus particulièrement sur son talent d'écrivain, on ne peut lui contester ce mérite, qu'il était sobre dans son langage, qu'il n'employait pas de mots inutiles, qu'enfin il savait et disait ce qu'il voulait dire. On sait, en outre, qu'il était avare de son style épistolaire et qu'il écrivait rarement, dans les grandes circonstances, et toujours laconiquement. Or, non-seulement la lettre que nous venons de lire n'a aucune des qualités qui distinguent Napoléon écrivain; non-seulement elle n'est pas justifiée par une de ces nécessités de guerre ou d'État qui seules, sauf de rares exceptions, lui mettaient la plume à la main; mais encore — tranchons le mot — cette lettre n'a pas le sens commun, et le moindre écrivain public rougirait d'écrire en un pareil style pour les cuisinières ses clientes.

Je soutiens donc qu'elle est apocryphe, et mon premier argument est tiré des fautes de français grossières et des contre-sens administratifs non moins grossiers dont elle est remplie.—Qu'est-ce, par exemple, que cette phrase « ..... le projet du citoyen Fulton, que vous m'avez adressé trop tard EN CE QU'IL PEUT changer la face du monde? » — Et que dire de cette Commission, qui doit être choisie par le ministre *dans toutes les classes* de l'Institut?... Quoi! des poëtes, des historiens, des hellénistes auraient été chargés, conjointement avec des physiciens et des mathématiciens, d'examiner et d'essayer un bateau à vapeur!... Eh! que diable seraient-ils allés faire sur cette galère?...

Plus loin Napoléon — non, l'auteur de la lettre ajoute: « une grande vérité, etc., est devant mes yeux. » — Alors quel besoin d'une Commission? Napoléon eût ordonné des expériences sur-le-champ, ou plutôt, comme l'expérience avait été faite à Paris le 9 août 1803, et que des membres de l'Institut, — non de *toutes* les classes, mais de celle des sciences, — y avaient assisté, Napoléon eût adressé Fulton tout droit à son ministre de la marine, et eût enjoint à celui-ci de mettre ses chantiers, ses ouvriers et ses matériaux à la disposition de l'ingénieur américain. Poursuivons: cette vérité physique *palpable*, « ce sera à ces messieurs *de la voir et de tâcher de la saisir*. » — Bon Dieu, quel style! — *Voir et tâcher de saisir!* — la gradation est heureuse et le pléonasme élégant! Ainsi, c'était à MM. les commissaires qu'il appartenait de voir ce que Napoléon voyait très-clairement, et de saisir ce qui était palpable pour lui! Noble modestie de la part d'un tel homme, mais exprimée en bien mauvais français! — Voici la fin : « Aussitôt le rapport fait, etc. *Tâchez que tout cela ne soit pas l'affaire de plus de huit jours, car je suis impatient.* » — Impatient, soit; en ce cas il n'était besoin, je le répète, d'attendre la décision des académiciens. Mais cette décision étant jugée nécessaire, au moins fallait-il le temps de la rendre en connaissance de cause. Or, huit jours, pour qu'une Commission soit nommée, qu'elle entre en fonctions, examine un projet de cette nature, fasse exécuter les expériences, les compare, en tire la conclusion ; pour qu'elle nomme un rapporteur; que le rapporteur rédige son rapport, que la Commission l'entende, l'approuve, le renvoie au ministre, et celui-ci à l'Empereur, — huit jours, ce n'est guère, et Napoléon, — membre de l'Institut — savait bien que les choses ne pouvaient se faire avec cette rapidité. Voilà déjà, ce me semble, de fortes raisons de conclure que la lettre est apocryphe. Mais à ces preuves intrinsèques, c'est-à-dire tirées du sujet même du litige — vous voyez que je n'ai pas tout à fait oublié ma rhétorique, — je puis ajouter une preuve extrinsèque qui est, je crois, sans réplique. Le style de la lettre est pitoyable, mais les termes en sont formels ; la volonté de Napoléon y est exprimée de telle façon, que M. de Champagny et les membres de l'Institut, habitués à l'obéissance et empressés de faire leur cour au nouvel empereur, leur auguste collègue, n'eussent pas manqué d'obéir à une injonction aussi catégorique, écrite et signée de sa main. Il est de toute évidence que l'Institut eût été saisi de la question dans les vingt-quatre heures ; que la Commission eût été nommée, qu'elle fût entrée immédiatement en fonctions, et n'eût pas perdu une minute pour examiner le projet et expédier son rapport dans le bref délai qui lui était imposé. — Pourtant, rien de tout cela n'a eu lieu. Ainsi, par une anomalie étrange, la voix du maître, cette fois, n'aurait pas été écoutée ; il aurait ordonné en vain, et l'Institut, mis en demeure de se prononcer, n'aurait pas même répondu ! A qui fera-t-on croire cela ?...

Édouard. En effet, la chose n'est pas admissible.

Moi. Donc, manifestement, si la navigation par la vapeur ne fut pas appliquée en France au commencement de ce siècle, c'est bien parce que Napoléon, qui du reste, n'aimait guère les nouveautés, et n'avait pas à se louer des expériences faites peu auparavant — sans le concours de l'Institut — sur la première invention de Fulton, ne se soucia point de *jeter à l'eau* une seconde fois l'argent de l'État, à propos d'une découverte dont il ne saisissait point la portée. Quant à l'Académie des sciences, il est également manifeste qu'elle n'eut pas à s'occuper de cette découverte. Cette assemblée, ne l'oublions pas, comptait dans son sein l'élite des savants français : les Laplace, les Lagrange, les Monge, les Berthollet, les Fourcroy, les Carnot, et tant d'autres, dont les noms et les travaux sont immortels. Elle avait donné en maintes circonstances des témoignages éclatants de son zèle éclairé pour le progrès des sciences et de leurs applications. C'est ainsi qu'en 1796 elle n'avait pas dédaigné de faire étudier et expérimenter par une Commission composée de Coulomb, Perrier, Prony *et Bonaparte*, la voiture à vapeur de l'ingénieur Cugnot, lourde et grossière machine, déjà essayée, jugée et condamnée à plusieurs reprises, et qui ne méritait certes pas les honneurs de cette dernière et décisive épreuve.... Ainsi tombent devant la logique des faits les niaises calomnies lancées trop souvent contre les académies en général, et contre l'Académie des sciences de Paris en particulier, par des gens qui, étant bien certains — et pour cause — de n'entrer jamais dans aucune compagnie savante, voudraient faire croire que ces compagnies sont des cénacles d'ignorants, jaloux de tout mérite, ennemis de toute lumière et de tout progrès...

Mais, tenez, voulez-vous savoir comment les choses se passaient à l'Institut, sous le Consulat, et le compte qu'on y tenait des propositions de Bonaparte, lorsqu'il lui plaisait d'en formuler quelqu'une ? Voici justement la contre-partie de l'affaire de Fulton. Voici l'exemple d'une lettre vraiment authentique adressée par le premier Consul — ce n'était pas encore l'empereur — à l'un de ses ministres, et de ce qui en advint.

En 1800, Alexandre Volta vient à Paris. La renommée de ses importants travaux, l'émotion soulevée dans le monde savant par sa polémique contre Galvani, au sujet de l'*électricité animale* et de l'*électricité métallique*, lui assuraient d'avance, de la part de tous ceux qui, dans cette capitale, s'intéressaient au mouvement scientifique, un chaleureux accueil. Il fut admis à lire devant la première classe de l'Institut national (ainsi s'appelait alors l'Académie des sciences) un volumineux mémoire contenant l'exposé général de ses découvertes. Cette lecture ne remplit pas moins de trois séances consécutives. A la fin de chaque séance, Volta exécutait, avec ses appareils, les expériences à l'appui des théories qu'il venait d'exposer. Ces expériences impressionnèrent vivement les assistants ; mais le plus émerveillé de tous fut le premier Consul, qui devint dès lors l'admirateur enthousiaste et le protecteur déclaré du physicien italien. Il demanda qu'une Commission fût nommée pour répéter en grand les expériences relatives au galvanisme, et qu'une récompense fût décernée à leur auteur. Cette proposition fut approuvée à l'unanimité, et la Commission nommée séance tenante ; elle se composait de Laplace, Monge, Guyton-Morveau, Vauquelin, Coulomb, Fourcroy, Hallé, Charles, Pelletan, Sabatier et Biot. Ce dernier présenta, *onze jours après*, le rapport, qui concluait à ce que la médaille d'or de l'Institut fût offerte à Volta comme un témoignage de la satisfaction et de la reconnaissance de la classe : — ce qui fut voté aussitôt.

Vous voyez déjà que lorsque l'académicien Bonaparte se mêlait de recommander un savant à la bienveillance de ses collègues, ceux-ci ne se faisaient pas, comme on dit, tirer l'oreille, et qu'ils allaient rondement en besogne.

Ce n'est pas tout. L'année suivante, de plus en plus épris de galvanisme, convaincu que cette branche de la physique doit, en se développant, amener d'immenses résultats, Bonaparte veut encourager puissamment les recherches qui s'y rattachent, et cela non pas en France seulement, mais partout où les sciences sont en honneur. Ni la guerre ni la politique ne lui font perdre de vue cette pensée, et au mois de juin 1801 (prairial an X), il écrit, d'Italie, à son ministre Chaptal, une lettre que je tiens à vous citer textuellement; vous pourrez décider si le même homme qui l'écrivit peut être l'auteur de l'épître absurde que nous avons analysée il y a un instant.

« J'ai l'intention, citoyen ministre, de fonder un prix « consistant en une médaille de 3,000 francs, pour la « meilleure expérience qui sera faite dans le cours de « chaque année sur le fluide galvanique; à cet effet, « les mémoires qui détailleront lesdites expériences « seront envoyés, avant le 1er fructidor, à la première « classe de l'Institut national, qui devra, dans les jours « complémentaires, adjuger le prix à l'auteur de l'ex- « périence qui aura été la plus utile à la marche de « la science.

« Je désire donner en encouragement une somme

« de 60,000 francs à celui qui, par ses expériences et « ses découvertes, fera faire à l'électricité et au gal- « vanisme un pas comparable à celui qu'ont fait faire à « ces sciences Franklin et Volta, et ce, au jugement « de la classe.

« Les étrangers de toutes les nations seront égale- « ment admis au concours.

« Faites, je vous prie, connaître ces dispositions au « président de la première classe de l'Institut natio- « nal, pour qu'elle donne à ces idées les dévelop- « pements qui lui paraîtront convenables; mon but « spécial étant d'encourager et de fixer l'attention des « physiciens sur cette partie de la physique, qui est, à « mon sens, le chemin des grandes découvertes. »

Qu'en dites-vous?

Édouard. La différence est grande entre les deux lettres. Le style de celle-ci n'est pas littéraire ; mais il n'y a pas de mots inutiles ni de ces solécismes et de ces contre-bon-sens dont l'autre est remplie. Quelle netteté, au contraire, dans les idées, quelle précision dans les termes, et comme on reconnaît bien là l'homme habitué à dicter brièvement et clairement ses instructions à ses ministres comme à ses officiers ! — Allons ! la cause est entendue, et nous pouvons rendre un jugement qui déclare l'empereur Napoléon Ier coupable d'avoir méconnu le projet de l'ingénieur Robert Fulton, et renvoie la première classe de l'Institut « des fins de la plainte. » Mais monsieur l'avocat, en plaidant la cause de cette Compagnie savante contre le grand empereur, vous avez commis une imprudence qui va vous mener loin. Vous avez prononcé le nom de Volta, les mots électricité, galvanisme... Je ne vous quitte pas que vous ne m'ayez expliqué tout cela. Quelles sont ces grandes découvertes qui valurent à Volta tant d'honneurs et d'encouragements de la part de l'Académie des sciences, et qui le mirent en si haute faveur auprès de Napoléon? — Qu'est-ce que cette polémique entre lui et Galvani, qui émut si fort, m'avez-vous dit, le monde savant? Qu'est-ce que l'électricité animale et l'électricité métallique? Qu'est-ce...

Moi. Ah! diable, mais c'est toute l'histoire de l'électricité que vous me demandez-là, et ce serait encore plus long que l'histoire de la vapeur! — Je vais tâcher cependant de répondre en quelques mots à vos questions, et de vous donner provisoirement un aperçu des faits historiques et scientifiques auxquels j'ai fait allusion dans ce que vous appelez ma plaidoirie. Je vous renvoie, pour de plus amples détails, à l'ouvrage de M. Figuier [1], — ou bien à un ouvrage [2] que j'aurai l'honneur de vous offrir, pour peu que cela vous

[1] *Exposition et histoire des principales découvertes scientifiques modernes.* — Lisez aussi : *Applications nouvelles de la science à l'industrie et aux arts,* du même auteur. 1 vol. gr. in-18. Paris, 1855.

[2] *Le feu du ciel, histoire de l'électricité et de ses principales applications.* 1 vol. in-8°. Tours, 1861.

soit agréable, ou bien enfin au *Musée des familles* qui, sous le titre général de *la Science en famille*, a publié, dans ses vingt-sixième, vingt-septième et vingt-huitième volumes, une histoire abrégée de l'électricité et de ses applications.

CHAPITRE XVIII.

Petites expériences électriques. — Les deux électricités. — Histoire de l'électricité dynamique. — Les grenouilles de Galvani. — *L'électricité animale.* — Alexandre Volta et l'*électricité métallique*. — La pile. — Théorie chimique de cet appareil. — La pile de Hare ou *pile en hélice.* — La galvanoplastie. — La transmutation des métaux. — M. de Ruolz. — La télégraphie électrique. — La double origine. — M. S. Morse à bord du *Sully*. — M. Wheatstone.

— Prenez-vous du rhum? dis-je à mon hôte?

— Bien rarement; mais aujourd'hui je sors de mes habitudes.

— Bon; ce sera une occasion de nous accorder cinq minutes de repos. Je remplis les verres; nous ne fîmes d'abord qu'y tremper nos lèvres, puis les vidâmes lentement, en humant goutte à goutte la liqueur de feu dont, par mesure d'hygiène oratoire, je jugeai prudent d'éteindre les ardeurs avec un grand verre d'eau fraîche (protoxyde d'hydrogène).

— Je n'ai à vous montrer, continuai-je ensuite, d'appareil électrique d'aucune sorte... à moins que vous ne veuilliez accepter pour tel mon commensal que voici.

Et je pris Mitis, qui, après dîner, s'était remis sur son fauteuil, où il dormait béatement avec un *ron-ron* sonore.

— Quoi ! s'écria Édouard, cet animal est un appareil électrique?

Moi. Tous les animaux, toutes les plantes même sont, je le crois bien, des machines à dégagement d'électricité; mais chez le chat, ce dégagement est plus sensible que chez aucun autre animal terrestre, parce qu'il s'opère par la peau; si bien qu'en le caressant à rebrousse-poil dans l'obscurité, on donne lieu à une légère phosphorescence bleuâtre, et quelquefois même à des étincelles. La peau de chat conserve, même après la mort de l'animal, même après avoir été desséchée et préparée, ses propriétés électriques; aussi s'en sert-on, de préférence à toute autre substance analogue, pour frotter le gâteau de résine de l'électrophore, sorte de petite machine électrique inventée par Volta, et dont on se sert fréquemment dans les cabinets de physique. Je ne me permettrai pas de soumettre de son vivant mon pauvre Mitis à des expériences qui ne sont nullement de son goût; je pourrais vous répéter celle que tout le monde a faite avec un bâton de cire à cacheter ou un tube de verre qui, frotté sur du drap, attire les corps légers...

Édouard. Oh ! je la connais, et je m'en suis amusé

bien des fois au collége avec mes camarades : — je l'avoue, sans la moindre intention scientifique.

Moi. En voici deux autres que vous ne connaissez peut-être pas, et qui, pourtant, sont encore plus faciles à exécuter.

J'éteignis la lampe et je mis un écran devant le foyer de la cheminée, de façon que ma chambre se trouva tout à coup dans une obscurité presque complète ; et, plongeant ma main dans le sucrier, j'agitai vivement les morceaux de sucre, qui, au grand étonnement de mon hôte, émirent aussitôt des lueurs bleuâtres. J'obtins ensuite comme des étincelles d'une lumière semblable, — des éclairs réduits à un cent millionnième, — en heurtant une assiette contre le sucrier. Deux autres objets quelconques, en porcelaine, eussent produit le même phénomène. — Je rallumai la lampe, j'enlevai l'écran qui nous cachait le feu, et je repris :

— Voilà, mon ami, de l'électricité *statique*, c'est-à-dire de l'électricité à l'état de repos, qui ne fait que se répandre à la surface des corps, par l'effet d'une action purement physique, comme le choc ou le frottement. On pourrait aussi l'appeler, en raison de cette circonstance, électricité physique. C'était la seule qu'on eût étudiée avant Galvani et Volta, qui découvrirent l'électricité *dynamique*. Ce mot, vous le savez, signifie : qui a de la force, de la puissance. On nomme ainsi l'électricité qui se meut sous forme d'un courant continu, et devient une force capable de déterminer des effets dynamiques. On pourrait l'appeler électricité chimique, car il faut, pour qu'elle se dégage, une action chimique, telle, par exemple, que la décomposition de l'eau par un métal en présence d'un acide.

La découverte de l'électricité dynamique est due à Galvani, professeur d'anatomie à l'université de Bologne; c'est pourquoi on désigne très-souvent cette électricité sous le nom de *galvanisme*. Galvani a raconté lui-même dans son mémoire : *De l'action de l'électricité sur les mouvements musculaires,* les circonstances qui le conduisirent à l'étude de phénomènes qu'aucun physicien n'avait encore observés, et dont lui-même ne soupçonnait nullement la possibilité.

En 1780, il étudiait les mouvements musculaires des grenouilles, et, ayant disséqué un de ces animaux, il l'avait déposé sur une table où se trouvait une machine électrique. Deux de ses aides travaillaient en ce moment dans le laboratoire, et tandis que l'un d'eux tournait le plateau de la machine électrique pour tirer des étincelles du conducteur, l'autre vint à toucher avec la pointe de son scalpel les nerfs cruraux internes de la grenouille. Aussitôt les pattes furent agitées comme par des convulsions. L'aide crut remarquer que ces contractions musculaires se produisaient au moment même où l'étincelle jaillissait du conducteur. Il avertit aussitôt Galvani qui, voulant varier l'expérience et savoir si l'électricité atmosphérique aurait la même action excitante que celle de la machine, s'avisa de suspendre à son balcon des arrière-trains de grenouilles, au moyen de crochets de cuivre passés dans le tronçon de colonne vertébrale qui restait adhérent aux membres. Plusieurs jours s'écoulèrent sans que cet essai donnât aucun résultat; impatienté, Galvani se mit à frotter et à presser contre les barreaux de fer les crochets de cuivre auxquels étaient suspendues les pattes de grenouilles, afin de provoquer les contractions musculaires. Il y réussit, mais il remarqua que ces contractions n'avaient lieu que lorsque les muscles de l'animal venaient à toucher le balcon, et cela, sans que l'état électrique de l'atmosphère y fût pour rien. En variant de nouveau l'expérience et examinant plus attentivement ce qui se passait, il reconnut : 1° que les secousses spasmodiques se manifestaient dès que les nerfs lombaires étaient mis extérieurement en communication avec les muscles cruraux par l'intermédiaire d'un arc métallique, simple ou composé, ou par une autre matière conduisant bien le fluide électrique ; 2° que les métaux étaient les corps les plus propres à former l'arc excitateur. D'où il conclut que la source d'électricité résidait dans la substance même des muscles et des nerfs, qu'elle se dégageait et agissait sous l'influence de la force vitale, et devait être appelée, en conséquence, *électricité animale*.

Le mémoire dans lequel Galvani exposait les résultats de ses recherches parut en 1791, et causa dans le monde savant une profonde sensation. Les physiciens et les physiologistes s'empressèrent de vérifier les faits annoncés par le professeur de Bologne, et quelques-uns à peine avaient essayé de combattre ses conclusions, lorsque tout à coup un nouveau champion parut dans l'arène. C'était Alexandre Volta. Moins âgé que Galvani de quelques années, Volta avait en outre sur lui l'avantage que donnent une plus grande confiance en soi, une audace et une rapidité de conception qu'on peut prendre pour du génie; enfin cette faculté d'inventer, de créer, qui, guidée par un sens vraiment pratique et par de vastes connaissances, ne manque guère d'accomplir de grandes choses. Il s'était fait remarquer, dès son enfance, par une intelligence peu commune, et surtout par une aptitude singulière aux études scientifiques. Très-jeune encore, il avait été nommé professeur de physique à l'université de Come, sa ville natale; bientôt après il obtint la même chaire à l'université de Pavie, et il en demeura titulaire jusqu'à sa mort, arrivée en 1827. On lui doit l'invention de plusieurs appareils pour la démonstration des phénomènes électriques: l'*électrophore*, dont je vous parlais il y a un instant; l'*eudiomètre*, qui a rendu de si grands services pour l'analyse et la synthèse des corps gazeux au moyen de l'électricité; l'*électroscope à pailles*, et une sorte de pistolet électrique, bien connu sous le nom de *pistolet de Volta*. Lorsqu'il eut connaissance des expériences exécutées par Galvani, et des conséquences que ce physicien en avait tirées, il se rangea d'abord sans restriction à son avis ; mais tout à coup on le vit chan-

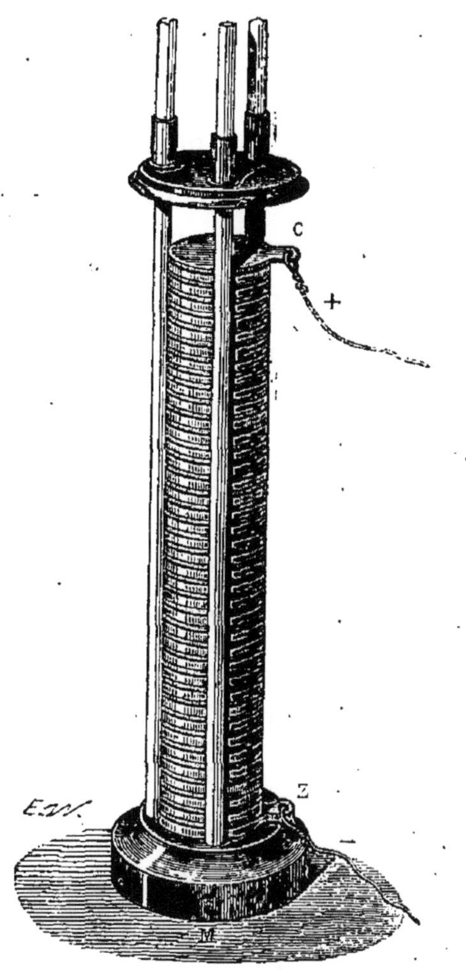

Pile de Volta.

ger de rôle, et se déclarer son adversaire. A la théorie de l'électricité animale émise par le professeur de Bologne il opposa celle de l'électricité métallique, prétendant que l'électricité dégagée dans la fameuse expérience du balcon ne provenait point des muscles et des nerfs de la grenouille, mais bien du contact des fils de cuivre avec le fer du balcon, et qu'en général ce simple contact de deux métaux différents suffisait pour donner lieu à un semblable dégagement du fluide électrique.

Volta soutint cette proposition erronée avec une vigueur et une habileté qui lui attirèrent en peu de temps un grand nombre d'adhérents. Le monde savant se partagea dès lors en deux camps : celui des *Galvanistes*, qui tenaient pour l'électricité animale, et celui des *Voltaïstes*, qui argumentaient en faveur de l'électricité métallique. La vérité n'était ni d'un côté ni de l'autre, et à tout prendre, l'erreur des premiers était moins complète que celle des seconds; car si Galvani avait pris l'effet pour la cause, il s'était montré du moins observateur plus exact et plus consciencieux que son adversaire. Mais celui-ci avait pour lui des antécédents qui le *posaient,* comme on dit aujourd'hui, en électricien consommé ; il savait, en outre, parler de ce ton de supériorité qui impose toujours au public même le plus éclairé ; enfin, il s'assura un triomphe longtemps incontesté en construisant un appareil qui semblait la démonstration matérielle et invincible de son système. Cet appareil, c'est la *pile* qui porte son nom. Partant de ce principe — faux, je le répète, — que deux métaux différents en contact donnaient lieu, par le fait seul de ce contact, à un dégagement d'électricité, il s'avisa d'accoupler des disques de métaux différents, partant inégalement oxydables. Dans le cours de ces essais il s'aperçut d'abord que l'électricité se dégageait mieux, lorsqu'au lieu de se toucher, les métaux étaient séparés l'un de l'autre par une couche de liquide, surtout si ce liquide était légèrement acide ou alcalin ; et, sans se douter que l'action chimique exercée sur l'un des deux métaux était la vraie cause du phénomène, il fut amené à interposer entre les deux disques métalliques un corps spongieux imbibé d'eau acidulée. Il composa donc son *élément* ou *couple électromoteur* d'un disque de zinc et d'un disque d'argent, séparés par une rondelle de drap mouillé. Puis, ayant remarqué que la tension électrique augmentait à mesure qu'il superposait les uns aux autres un plus grand nombre de ces couples, il en forma une *pile* (car telle est l'origine du nom que l'appareil a conservé depuis, tout en changeant complétement de forme), comprenant jusqu'à vingt éléments, maintenus par des montants en bois. Avec cette pile, dont les deux bases — les deux *pôles*, comme on a dit plus tard, — étaient mis à volonté en communication au moyen de deux fils conducteurs attachés, l'un au disque d'argent sur lequel reposait toute la pile, l'autre au disque de zinc qui la couronnait, il obtint un courant électrique continu, c'est-à-dire une force susceptible des applications les plus inattendues et les plus variées.

Telle fut l'origine, telle la structure primitive de cet

admirable instrument à l'aide duquel la physique et la chimie ont opéré depuis cinquante ans tant de prodiges. L'homme qui en a doté la science et l'industrie mérite assurément la reconnaissance de la postérité ; il méritait aussi les honorables récompenses qui lui furent accordées par l'Institut de France et par le chef de l'État, et les événements ont prouvé que Napoléon ne se méprenait point, en considérant le galvanisme comme le chemin des grandes découvertes. On ne peut nier, toutefois, que la gloire de l'heureux Volta n'ait été un peu trop surfaite aux dépens de celle de son adversaire Galvani, savant laborieux et modeste, investigateur patient et philosophe profond, à qui l'on doit, après tout, la découverte fondamentale sans laquelle il est probable que Volta n'eût point accompli celle qui lui a valu tant de célébrité. Ajoutons que Volta, pas plus que Galvani, ne sut trouver l'explication vraie du phénomène observé par celui-ci ; que la construction de sa pile eut pour point de départ une idée fausse ; qu'il ne la compléta que par une suite de tâtonnements empiriques ; qu'enfin il n'en eût jamais compris les effets, si d'autres ne se fussent chargés de les expliquer.

Alors que la querelle entre les *Galvanistes* et les *Voltaïstes* divisait le monde, un seul physicien, refusant de s'enrôler sous l'une ou l'autre bannière, essaya de démontrer que, dans l'expérience de Galvani, le dégagement d'électricité avait pour cause l'oxydation d'un des deux métaux formant l'arc excitateur. Ce physicien était un Florentin nommé Fabroni. Ses contemporains ne daignèrent pas l'entendre, et les nôtres ignorent qu'il a existé.

La théorie chimique de la pile est due à plusieurs savants de premier ordre : Ritter, Wollaston, Humphry Davy, de La Rive, Faraday. Il n'a pas fallu moins que les travaux combinés de ces hommes illustres pour mener à fin cette grande œuvre scientifique, une des plus importantes et des plus fécondes que notre siècle ait vues s'accomplir. Voici, en peu de mots, et dans ce qu'elle a de plus élémentaire, la théorie de la pile.

Vous savez qu'on admet, par hypothèse, l'existence de deux fluides électriques contraires : l'un, qu'on nomme *positif,* l'autre *négatif*, s'attirant réciproquement pour en former un troisième, appelé *neutre* ou *indifférent*. C'est en se combinant instantanément d'un corps à l'autre que ces deux fluides produisent l'étincelle ou décharge électrique. C'est aussi en se combinant, mais d'une manière continue, qu'ils engendrent, entre les deux pôles de la pile, le courant galvanique ou voltaïque. Je vous ai dit que ces courants, qui constituent ce qu'on nomme l'électricité dynamique, ne prennent naissance que par une action chimique, comme la décomposition de l'eau par un métal, le zinc, par exemple, sous l'influence d'un acide. L'eau, dans ce cas, se décompose en ses deux éléments, le gaz oxygène et le gaz hydrogène ; l'électricité qui se dégage se décompose également : le zinc se charge de fluide négatif, et le fluide positif se répand dans le liquide. Si dans ce même liquide on vient à plonger alors une lame de cuivre, le fluide positif s'accumulera à la surface de ce métal, et si les deux métaux — cuivre et zinc — sont mis en communication extérieurement par un fil conducteur, les deux électricités contraires viendront, au moyen de ce fil, à la rencontre l'une de l'autre, et se neutraliseront en se combinant de nouveau pour régénérer le fluide neutre. Mais chaque neutralisation dans le fil sera immédiatement suivie d'un nouveau dégagement de fluides contraires au sein du liquide ; de telle sorte que le fil donnera passage incessamment à deux courants : l'un, d'électricité positive, allant du cuivre au zinc ; l'autre, d'électricité négative, allant du zinc au cuivre. Ce courant sera interrompu si l'on coupe le fil conducteur et qu'on éloigne l'un de l'autre les deux tronçons ; il sera rétabli si on les remet en contact, ou qu'on les rapproche à une petite distance. Une lame de zinc et une lame de cuivre, plongées dans de l'eau acidulée et munies chacune d'un fil conducteur ou *rhéophore,* constituent un élément de pile. La pile est un assemblage de plusieurs éléments ; elle est d'autant plus puissante que les éléments sont plus nombreux ou que les surfaces des lames métalliques sont plus grandes, parce qu'alors l'action chimique d'où résulte le dégagement d'électricité s'exerce sur une étendue plus considérable.

Le cuivre, vous le voyez, ne joue dans l'appareil dont il s'agit que le rôle de conducteur. On peut donc le remplacer par tout autre corps également conducteur, et il y a avantage à le faire lorsqu'on peut trouver un corps qui ne soit point attaqué par les acides. Tel est le résidu charbonneux qu'on retire des cornues où l'on distille la houille pour la fabrication du gaz d'éclairage, et qu'on nomme *charbon de cornue*. Ce charbon est aujourd'hui généralement employé pour la construction des piles dont on fait usage dans les laboratoires et dans l'industrie. La puissance d'une pile dépendant de l'étendue de la surface oxydable et de la surface conductrice, vous comprenez aussi qu'on peut obtenir une pile très-énergique sans assembler un grand nombre de couples, et même avec un couple unique, pourvu que celui-ci soit de grandes dimensions. Un physicien anglais, M. Hare, a imaginé, d'après ce principe, une pile qu'il a nommée pile *en hélice*, et que je vous recommande, parce qu'elle présente, sous un faible volume, des surfaces métalliques assez étendues, et par conséquent une puissance qui exigerait dans toute autre pile la réunion d'un grand nombre de couples. On peut au besoin la construire soi-même, sans beaucoup de peine ni de frais.

C'est ce qui m'est arrivé l'été dernier, à la campagne, chez des personnes qui me prièrent de les faire assister à quelques expériences d'électricité. J'allai dans la buanderie, et là je m'emparai d'un seau à ma convenance ; j'y clouai deux montants, destinés à soutenir les éléments métalliques hors du bain acide lorsque la pile ne fonctionnerait pas. A l'extrémité d'un de ces cylindres en bois qui servent à enrouler des dessins et des cartes je vissai un fort piton, et, ayant pris exactement mes mesures, je me rendis,

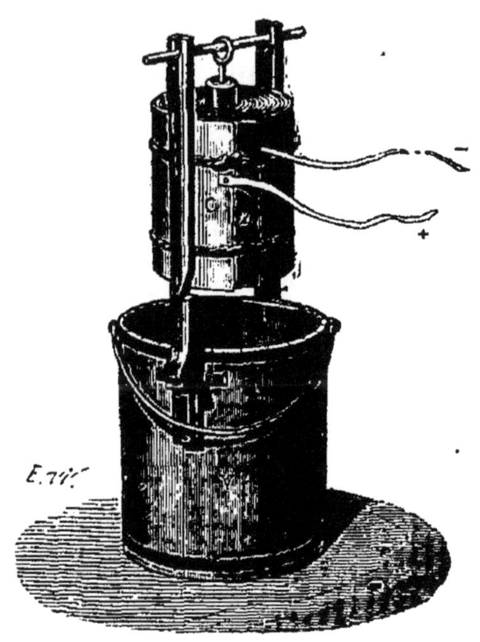

Pile en hélice.

muni de ce cylindre, chez un Auvergnat qui exerçait dans la commune les professions de quincaillier, de chaudronnier, de ferblantier et quelques autres encore. Ce brave homme me vendit au plus juste prix une feuille de cuivre et une feuille de zinc, ayant chacune 35 centimètres de large sur une longueur de 5 mètres, et il m'aida à les clouer et à les enrouler sur mon cylindre, en interposant entre elles des lisières de drap achetées chez la mercière voisine. Il me fournit en outre les fils métalliques destinés à jouer le rôle de rhéophores, et une tringle qui, passée dans l'anneau du piton, et reposant sur des crans pratiqués de distance en distance dans les montants, me permît de n'immerger les éléments que lorsque je voudrais faire agir l'appareil. Quant au bain, je le composai aisément avec de l'eau dans laquelle je versai un peu d'acide azotique (eau-forte du commerce) acheté chez l'épicier.

Avec cette pile improvisée j'exécutai diverses expériences de galvanoplastie, d'éclairage électrique et de physiologie, dont la compagnie voulut bien se déclarer satisfaite.

Je ne puis, à mon grand regret, vous retracer l'histoire, encore moins vous initier à la théorie et à la pratique des nombreuses opérations physiques, chimiques et physiologiques, industrielles et artistiques qui s'accomplissent au moyen de la pile, ou des appareils encore plus puissants et plus parfaits que la découverte de l'électro-magnétisme a mis à notre disposition. Je me bornerai à vous dire quelques mots des deux principales applications de l'électricité dynamique : la galvanoplastie et la télégraphie électrique.

Le principe fondamental de la galvanoplastie fut appliqué pour la première fois en 1837, à Liverpool, en Angleterre, par M. Thomas Spencer, et à Derpt, en Russie, par M. Jacobi. Ces physiciens reconnurent que, si l'on fait passer un courant galvanique, produit par un couple de cuivre et de zinc, à travers une solution de sulfate de cuivre, ce dernier métal, réduit par l'action du courant, vient se déposer et se mouler avec une rigoureuse exactitude sur tout objet placé au pôle négatif. Jacobi reconnut, en outre, qu'on peut alimenter le bain de sel de cuivre, c'est-à-dire le maintenir toujours à l'état de saturation nécessaire pour que le dépôt s'effectue en plongeant dans ce bain même, au pôle positif, une lame de cuivre qui se dissout au fur et à mesure que l'oxygène et l'acide sulfurique deviennent libres par la réduction du métal qui se dépose au pôle négatif. Cette lame de cuivre ou de tout autre métal, destinée à fournir constamment à l'agent électrique la matière sur laquelle s'exerce son action, a reçu des physiciens le nom d'*anode* ou d'*électrode soluble*. Toute la galvanoplastie était là : il ne restait plus qu'à la perfectionner et à l'utiliser. On n'y a pas manqué.

On applique aujourd'hui la galvanoplastie, non-seulement à la reproduction des objets moulés ou sculptés d'un seul côté, comme les médaillons et les bas-reliefs : — cela, c'est l'enfance de l'art, — mais au moulage des rondes bosses, des planches gravées et des clichés d'imprimerie. On y a recours pour revêtir d'une couche métallique une multitude d'objets de toute espèce, auxquels on conserve ainsi exactement leurs

Intérieur d'un atelier d'argenture galvanique (p. 363).

formes propres, et qu'on garantit contre toute altération par les agents extérieurs. Mais une de ses plus intéressantes applications est, sans contredit, celle qu'on en a faite à la dorure et à l'argenture des métaux communs ou de leurs alliages, qui, de la sorte, en quelques minutes, sont transformés, comme par magie, en métaux précieux! — N'est-ce pas là, dites-moi, la vraie pierre philosophale, la réalisation du grand œuvre poursuivi pendant tant de siècles par ces pauvres alchimistes? — De l'argenterie, des vases d'or, des statues de bronze ou d'argent, en voulez-vous? En voilà! C'est pour rien : tout le monde en peut avoir. Il n'y a, me direz-vous, que la surface — une épaisseur d'une fraction de millimètre — qui soit de bronze, d'argent ou d'or, dans tous ces objets de luxe qu'on voit étinceler dans les magasins, et qui vont orner la table et les étagères bourgeoises. — Qu'importe? La surface, c'est l'essentiel, c'est tout. Que voit-on, que touche-t-on dans les objets en or ou en argent massif? la surface. Et dans l'orfévrerie galvanoplastique? la surface aussi, qui est bien d'or pur ou d'argent irréprochable. Pourquoi se soucier du dessous? Vanité! vanité! petite satisfaction de dire, non : ce que j'ai est beau, bien travaillé, de bon goût; mais : ce que j'ai est *tout* en argent, *tout* en or, et coûte très-cher!

L'alchimiste qui a trouvé cette nouvelle pierre philosophale est un Français. Il se nomme le comte Henri de Ruolz. Le rapport relatif à cette grande découverte fut lu, le 9 novembre 1841, par M. Dumas à l'Académie des sciences, qui décerna, deux ans après, à M. de Ruolz, le prix fondé par M. de Montyon pour l'assainissement des arts insalubres.

Le télégraphe électrique n'a pas, tant s'en faut, un état civil aussi exact, aussi authentique. Son germe originel est évidemment dans les premières expériences sur la propagation et la vitesse du fluide électrique. Ces faits seuls rendaient déjà possible une télégraphie très-élémentaire, très-imparfaite, sans doute, mais qui eût suffi pour mettre en évidence le principe de la transmissibilité rapide des signaux. Plus tard, les découvertes de Galvani et de Volta, puis celles d'Œrstedt, d'Ampère, de Faraday et d'Arago, ont fait connaître la puissance dynamique des courants électriques et magnétiques, leur influence réciproque, leurs propriétés, les lois qui président à leur action, et n'ont plus laissé à trouver que les combinaisons mécaniques les plus propres à utiliser cette action pour l'échange instantané des pensées à travers l'espace.

Mais ces combinaisons, où, quand, comment et par qui ont-elles été créées? Ce point d'histoire scientifique n'a pu encore être parfaitement élucidé. A tout prendre, le plus probable est que le télégraphe électrique est né deux fois, à peu près simultanément : en Angleterre, d'une part, de l'autre aux États-Unis, — ou plutôt en pleine mer sur un paquebot américain; et qu'il a eu deux pères : M. Morse, dans le nouveau monde, et M. Wheatstone dans l'ancien.

M. Samuel Morse n'a pas craint de préciser le jour, le lieu et presque l'heure où l'idée de la télégraphie électrique commença de germer dans son esprit. Ce fut, dit-il, le 10 octobre 1832, à bord du steamer le *Sully*, à la suite d'une conversation qu'il avait eue avec quelques-uns de ses compagnons de voyage sur l'électro-magnétisme et sur les applications qu'on en pourrait faire. Il n'exécuta cependant qu'en 1837 ses premières expériences, en présence d'une commission mixte du Congrès de l'Union et de l'Académie des sciences de Philadelphie ; et six années encore s'écoulèrent avant l'adoption de son système, qui fonctionne actuellement aux États-Unis et dans une grande partie de l'Europe.

M. Charles Wheatstone, qui a créé, de son côté, la télégraphie électrique en Angleterre, sans avoir eu connaissance des travaux de M. Morse, est moins précis que ce dernier dans ses affirmations. Il croit cependant se rappeler qu'il fut conduit à l'invention de son système par les expériences qu'il fit en 1834 sur la vitesse de transmission du fluide électrique. Quoi qu'il en soit, la première application de ses appareils fut faite, en 1838, sur le chemin de fer de Londres à Liverpool...

CHAPITRE XIX.

Une quinte de toux. — Fatigue de l'orateur. — Retour sur le balcon. — Le ciel et les astres. — L'astronomie et les astronomes. — Livres à lire. — Un observatoire à bon marché. — M. Rigal. — Les badauds et les astronomes pauvres. — Deux hommes illustres incognito. — La lune. — Si elle est morte, et de quelle maladie. — Si elle est habitée. — Son aspect et sa température. — Le soleil. — S'il est habitable. — Sa constitution. — Opinion de William et de John Herschell. — Distances de la terre à la lune et au soleil. — Un voyage de trois siècles et demi. — La planète Jupiter. Durée de ses années et de ses jours. — Nous rentrons dans la chambre. — Petit discours sur une grande question philosophique. — Séparation.

Je fus interrompu en cet endroit de mon discours par un accès de toux dont je pensai perdre la respiration.

— Vous êtes fatigué, me dit Édouard, et il y a de quoi, car voici bien onze heures d'horloge que vous parlez presque sans arrêter. Il est temps que je vous laisse vous reposer, et pour cela je n'ai qu'un parti à prendre : c'est de me retirer, car tant que je serai ici, je ne pourrai m'empêcher de vous questionner. Vous me répondrez sans songer que votre larynx n'est pas aussi infatigable que votre bonne volonté, et cette nuit vous serez pris de fièvre, d'angine, de pleurésie, — que sais-je ? — Et j'aurai cela à me reprocher !

On prétend qu'il n'y a pas d'animal plus terrible qu'un mouton en colère. Je n'ai jamais été à même de vérifier ce fait ; mais j'estime qu'il n'y a point de plus intrépide bavard qu'un homme taciturne lorsqu'il se met une fois en train de parler. C'est ce qui m'arrivait. Bien que mes cordes vocales commençassent à me refuser tout de bon leur service, je ne pouvais me décider à les laisser en repos. La raison me commandait de m'arrêter, de laisser partir mon hôte ; — mais j'avais encore tant de choses à lui dire !...

— Voyez, ajouta-t-il en me montrant la pendule, il est bientôt dix heures.

— Bah ! répondis-je, je ne me couche jamais avant minuit.

— Mais moi, reprit-il, j'ai l'habitude de me coucher tôt...

> . . . Et jam nox humida cœlo
> Præcipitat, suadentque cadentia sidera somnos.

— Ah ! pardieu ! m'écriai-je, vous m'y faites penser. Je ne vous laisserai pas partir, du moins, sans vous avoir montré ce qu'on voit ici de plus beau. Ce serait, dans notre exploration scientifique, une omission impardonnable.

— Ah ! vous me tentez ! Que pouvons-nous avoir

oublié de si intéressant? fit-il en regardant autour de lui.

— Buvons un verre d'eau sucrée; mettez-y quelques gouttes de rhum, pour vous tenir chaud en dedans. — Bon. Maintenant, allumons un cigare, et venez avec moi.

Il se laissa entraîner docilement vers la fenêtre, que j'ouvris, et de là sur le balcon.

Une nuit splendide avait succédé à une belle journée. L'éclat des étoiles était à demi effacé par la douce clarté de la lune, dont les rayons se réfléchissaient sur les vitres des fenêtres et sur les toits, où la brume du soir avait laissé une couche humide que le froid nocturne commençait à pailleter de petits cristaux étincelants. Des nuages floconneux, aux contours argentés, glissaient çà et là comme de blanches voiles sur l'océan des airs, et l'azur transparent du ciel invitait le regard à se perdre avec la pensée dans ses mystérieuses profondeurs.

— Voilà, dis-je à mon compagnon, ce que je n'ai pu vous montrer plus tôt et qui vaut bien, j'imagine, le sacrifice d'une heure de sommeil. Ce spectacle n'est pas nouveau, mais il est de ceux qu'on ne se lasse point d'admirer; et puisque nous avons tant fait que de parcourir dans une journée la série complète des sciences physiques, c'est bien le moins qu'avant de nous séparer nous accordions quelques instants à la plus sublime de toutes, à l'astronomie.

A ce mot, Édouard ne put dissimuler son effroi.

— Sublime, assurément, dit-il, mais inaccessible pour qui ne s'est pas préalablement initié aux formidables arcanes des mathématiques transcendantes.

Moi. Vous voici retombé dans les faiblesses et dans les préjugés dont je me flattais de vous avoir guéri. En vérité, vous me chagrinez, et je ne comprends pas qu'en présence du spectacle grandiose qu'offre le ciel, en présence du soleil qui nous éclaire et nous vivifie, de la lune qui donne tant de charme à nos nuits, en présence de tous ces globes lumineux, suspendus et roulants dans l'immensité, — un esprit élevé et cultivé comme le vôtre ne se sente pas tourmenté du désir de savoir, ne fût-ce qu'à peu près, comment cet univers se meut, et de quelle nature sont ces sphères que leur éloignement nous fait paraître comme des points brillants.

Edouard. Mais je crois me montrer sage, au contraire, en ne me laissant pas dominer par cette curiosité, puisque je me reconnais impuissant à la satisfaire.

Moi. C'est-à-dire, en bon français, que vous céderiez volontiers à votre curiosité, si votre paresse ne s'y opposait. Mais rassurez-vous : la première peut se satisfaire sans que la seconde ait beaucoup à souffrir. Les mathématiques sont indispensables aux vrais astronomes, à ceux qui veulent se livrer à des travaux uranographiques, déterminer eux-mêmes les orbites des corps célestes, vérifier ou corriger les observations et les calculs des autres astronomes. Mais à vous et à moi il suffit de connaître et de comprendre ce que ces messieurs ont bien voulu se charger de découvrir, et pour cela nous n'avons besoin ni de leur algèbre, ni de leur trigonométrie, ni de leur mécanique analytique.

La seule difficulté qui s'oppose à ce que toutes les personnes curieuses des choses du ciel les puissent apprendre aisément, c'est qu'on a écrit sur ces choses très-peu de livres à l'usage des gens instruits et intelligents qui ne sont pas mathématiciens. Il en est cependant que je puis vous indiquer, et que vous lirez avec plaisir, sans fatigue — je ne dis pas sans application — et avec beaucoup de fruit. Ce sont d'abord les *Entretiens sur la pluralité des mondes*, de Fontenelle, ce savant aimable, cet écrivain plein de grâce et d'esprit, qui, pour parler le langage de son temps, a su le premier rendre à l'astronomie les attributs gracieux de la muse sous les traits de laquelle les anciens l'avaient personnifiée. C'est ensuite le *Panorama des mondes*, de mon regrettable confrère Lecouturier, un des hommes qui ont le plus et le mieux fait pour la vulgarisation des sciences. C'est, en troisième lieu, l'*Astronomie populaire*, de l'illustre Arago, cet incomparable professeur, dont les leçons, à l'Observatoire de Paris, ont attiré en foule, pendant plus de vingt ans, les personnes qu'on se fût le moins attendu à rencontrer dans ce temple de la haute science : des gens du monde, des ouvriers, et des dames, — beaucoup de dames ! Vous pourrez lire encore le *Cosmos* de M. de Humboldt, qui vous initiera, non-seulement au mouvement des astres, mais aussi aux révolutions géologiques de notre planète.

Mais les explications et les descriptions, si claires qu'elles soient, les planches et les dessins les mieux faits, ne peuvent donner qu'une idée très-imparfaite de ce qui se passe dans le ciel. Vous compléterez donc avantageusement votre cours d'astronomie en vous donnant le plaisir de quelques observations télescopiques. Paris vous offre, pour cela, toutes les facilités désirables, et je vous conduirai moi-même, un de ces soirs, au bon endroit, c'est-à-dire sur la place de la Concorde. Nous trouverons là un homme faisant faction à côté d'une magnifique et excellente lunette. Cet homme s'appelle M. Rigal. Il vous fera voir, pour quelques sous, la lune, Saturne avec ses anneaux et ses satellites, Jupiter, Vénus et bien d'autres, et il vous donnera, en outre, sur leur marche, leur grandeur, leurs distances, des renseignements très-détaillés et très-exacts. M. Rigal n'est pourtant pas, que je sache, un mathématicien, ni un savant, dans le sens qu'on est convenu d'attribuer à ce mot ; sans quoi il n'est pas probable qu'il se fût condamné à cet ingrat et dur métier de battre la semelle tous les soirs sur le bitume, en attendant la fantaisie des bourgeois qui veulent s'assurer si les habitants de la lune ont ou n'ont pas une queue et des ailes. Il est vrai qu'il n'a pas toujours affaire à des badauds : il est souvent visité par des astronomes très-sérieux, qui n'ont pas le moyen d'acheter pour quarante ou cinquante mille francs d'instruments. Lecouturier, entre autres, fréquentait assidûment l'observatoire de la place de la Concorde, et il y fut témoin, par une belle soirée d'octobre 1857, d'une aventure assez piquante, qu'il aimait à raconter.

On était au commencement de la pleine lune. L'astre des nuits rayonnait de lumière ; le ciel était très-beau, mais le bas de l'atmosphère était chargé de brouillards. Deux messieurs descendent de voiture au bord du trottoir et abordent l'astronome Rigal. L'un était un homme grand, encore jeune, aux cheveux blond pâle. Sa boutonnière était ornée d'une rosette rouge. L'autre paraissait plus âgé que son compagnon. Sa chevelure était grisonnante ; son accent dénotait un étranger, mais on ne pouvait le prendre ni pour un Anglais ni pour un Allemand, encore moins pour un Italien ou un Espagnol. « Je vous présente, dit à Rigal le monsieur aux cheveux blonds, un de vos confrères de Saint-Pétersbourg, qui montre la lune sur le pont de la Néwa.

— Qu'est-ce qu'on voit ici ? demande alors l'étranger en s'approchant de la lunette.

— On voit la lune ici, comme partout, répond M. Rigal. Vous pouvez voir aussi Saturne avec ses satellites, quoique le ciel soit bien éclairé; ensuite je vous montrerai des étoiles de plusieurs grandeurs, des étoiles doubles, etc.

Le confrère russe applique son œil contre l'instrument, braqué sur Jupiter : — une planète de notre système solaire plus grande que la terre, et beaucoup plus éloignée du soleil.

Au bout d'un instant, il fait signe au personnage blond qui l'avait *introduit* de venir voir à son tour. Celui-ci s'en défend, alléguant qu'il ne sait point lire dans les astres. Enfin pourtant il cède, regarde assez gauchement dans le télescope, et demande à Rigal : « ce que c'est que ces petites boules brillantes qu'on voit autour de la grosse planète. »

— Monsieur, répond magistralement l'astronome de la place de la Concorde, ce sont les satellites de Jupiter. Celui que vous apercevez le plus près de la planète était éclipsé il n'y a qu'un instant; vous êtes le premier qui l'ayez vu reparaître.

Le bourgeois ignorant manifeste tout haut son étonnement, mais il fait un pas vers son compagnon et lui dit à voix basse : « On voit très-bien les *bandes*. » (Les bandes, ce sont des traînées nuageuses qui enveloppent Jupiter parallèlement à son équateur.) L'étranger répond par un geste qui pouvait se traduire par ces mots : « La lunette est bonne. » Pendant ce colloque furtif, Lecouturier s'était approché doucement de Rigal et lui avait dit à l'oreille : « Ces deux messieurs, qui font semblant de ne rien entendre à l'astronomie, sont M. Leverrier, directeur de l'Observatoire de Paris, et M. Struve, directeur de l'Observatoire de Poulkova. »

Aussitôt Rigal ôte son bonnet, et s'adressant au monsieur blond, du ton le plus respectueux : « Si monsieur le directeur veut bien... »

M. Leverrier, se voyant reconnu, essaye de lui imposer silence ; mais Rigal insiste : « Messieurs, en me voyant honoré de la visite de savants tels que vous, je regrette vivement que le clair de lune contrarie mes observations : je vous ferais voir des choses que vous ne supposez pas que je puisse vous montrer. »

— Eh bien ! dit M. Struve, en levant les yeux vers une belle étoile bleue qui passe presque à notre zénith, comment nommez-vous cette étoile ?

— C'est Wéga, de la Lyre, répond sans hésiter M. Rigal.

Or il vous faut dire que c'est M. Struve lui-même qui a déterminé la parallaxe de cette étoile, — située à 771,000 fois 38,200,000 lieues de la terre, et dont la lumière met douze ans à nous parvenir. — Jugez s'il fut satisfait.

Il voulut cependant pousser l'épreuve plus loin, et pria M. Rigal de lui faire voir la *soixante-unième* de la constellation du Cygne.

L'astronome populaire, toujours imperturbable, dirige aussitôt son instrument vers la plus belle région de la Voie lactée, où le Cygne se montre sous la forme d'une croix, et, dans un des bras de cette croix, il va démêler le petit astre au milieu d'un amas d'étoiles.

L'astronome russe n'était pas médiocrement étonné de trouver tant de savoir chez un *montreur de lune*, et il se retira en exprimant vivement sa satisfaction et sa sympathie à son *confrère* de la place de la Concorde.

Tout en écoutant mon anecdote, Édouard s'était mis à regarder attentivement la lune.

— Il faudra que j'aille voir tout cela, dit-il : ce doit être en effet très-curieux. Qu'est-ce qu'il peut y avoir là dedans ?

Moi. Rien de vivant, selon toute probabilité. Un écrivain très-instruit et très-spirituel, mais aussi très-paradoxal, M. Toussenel, raconte — dans la préface de son livre de *l'Esprit des Bêtes* — *la mort de la lune*, et explique comme quoi, depuis ce triste événement, la terre, pour ses péchés, traîne à sa suite son satellite défunt. Le fait est que s'il est possible d'imaginer un cadavre sidéral, l'aspect de la lune en donne parfaitement l'idée. Oui, cet astre qui semble nous sourire, nous regarder doucement, et dont le visage épanoui rayonne à nos yeux d'un si doux éclat, n'offre à l'œil de l'observateur que le spectacle de la plus affreuse désolation. Tel que je l'ai vu à travers la lunette de M. Rigal, il semble parsemé de pustules énormes qui auraient crevé et se seraient desséchées à sa surface ; ce qui tendrait à confirmer l'assertion de M. Toussenel,

Le volcan Aristillus, dans la lune (p. 377).

et à faire croire que la lune est morte de la petite vérole. Avec des instruments plus puissants, on a reconnu que ces pustules sont des volcans éteints, dont plusieurs dépassent en élévation les plus hautes montagnes de la terre, et qui sont entourés de pics gigantesques, abrupts, semblables à des obélisques cyclopéens. A côté de ces pics s'étendent d'immenses plaines de sables ou de cailloux, qu'on a prises longtemps, à tort, pour des mers ; car il n'y a pas à la surface de la lune une seule goutte d'eau, point de vapeurs ni de gaz, point d'atmosphère, partant point de vie, ni végétale ni animale ; donc, point d'habitants : rien, rien que la solitude, la sécheresse, la mort.

ÉDOUARD. Est-on bien sûr de tout cela?

MOI. Parfaitement sûr. La certitude qu'on en a repose sur des signes physiques qui ne peuvent tromper : l'aspect invariable du disque lunaire, où l'on n'a jamais aperçu le moindre changement ; le mode de réflexion des rayons lumineux et la direction de ces rayons, qui ne sont jamais réfractés, comme ils le seraient s'ils pénétraient dans une atmosphère gazeuse, nécessairement plus dense que le vide — ou que l'éther, si l'on n'admet point le vide absolu de l'espace. La conséquence immédiate de cette absence d'une atmosphère gazeuse autour de la lune est que cet astre ne peut fixer à sa surface le calorique qu'il reçoit du soleil ; il y règne donc un froid glacial, dont les plus basses températures des cercles polaires terrestres ne sauraient donner une idée, puisqu'il est à peu près égal à celui des espaces interplanétaires, lequel est évalué par les astronomes à un minimum de 60 degrés au-dessous de notre zéro.

ÉDOUARD. Brrr! cela donne le frisson rien que d'y penser.

MOI. Il est, d'après cela, convenez-en, bien difficile de concevoir des êtres organisés de façon à pouvoir vivre sur un globe où il n'y a ni gaz ni liquides, et où règne une température aussi rigoureuse.

ÉDOUARD. Si la lune est inhabitable à cause de son froid excessif, il est probable que le soleil l'est *a fortiori*, en raison de sa trop grande chaleur, car on conçoit encore moins la vie dans un brasier que sur un glaçon.

MOI. Vous vous trompez. Rien ne prouve que le soleil ne soit pas habitable et habité. Sa constiution est beaucoup moins connue et beaucoup plus difficile à étudier que celle de la lune. L'observation et le raisonnement fournissent cependant sur la nature de ce flambeau de notre monde des données assez positives. Ainsi les taches qu'on remarque sur le soleil, et qui changent continuellement de place et de dimension, prouvent qu'il ne consiste point, comme les anciens l'avaient cru, en une masse de feu, mais qu'il est seulement enveloppé d'une atmosphère de vapeurs incandescentes, au-dessous de laquelle se trouve un noyau solide, relativement obscur et froid.

Le grand astronome anglais William Herschell pensait que la matière qui donne au soleil son éclat est une couche de nuages phosphoriques flottant au-dessus d'une atmosphère transparente analogue à la nôtre, et qui elle-même enveloppe le noyau opaque et solide. Son fils, sir John Herschell, a été plus loin encore : selon lui, le soleil est une grande planète environnée d'une atmosphère ardente. « Sa similitude avec les autres globes du système solaire, dit-il, relativement à la densité, à l'atmosphère, à l'inégalité des surfaces, au mouvement de rotation de son axe et à la chute des graves, nous autorise naturellement à croire que, selon toute apparence, il est, comme les planètes, habité par des êtres dont les organes sont adaptés aux circonstances particulières de ce grand corps. » Ces circonstances consistent en ce que, le soleil étant constamment éclairé et chauffé par sa propre atmosphère, les êtres qui l'habitent ne connaissent probablement ni l'obscurité ni le froid, et jouissent d'un jour sans déclin et d'un printemps éternel.

Édouard. Vraiment ! mais alors c'est un paradis que le soleil. Hélas ! que n'avons-nous aussi autour de notre terre une enveloppe de nuages phosphoriques qui nous chauffe et nous éclaire ? Notre compagne la lune en profiterait peut-être et n'aurait pas aussi froid.

Moi. Pardon. Puisque le soleil ne la peut réchauffer, il y a lieu de croire que nous n'y réussirions pas mieux, bien que nous soyons beaucoup plus près d'elle.

EDOUARD. Au fait, quelle est la distance de la terre à la lune ?

MOI. Pas beaucoup plus de cent cinquante-sept mille lieues, en moyenne, soit environ un quatre-centième de la distance de la terre au soleil, qui est, en moyenne aussi, de trente-huit millions deux cent mille lieues métriques. Si l'on pouvait construire un chemin de fer entre notre planète et la lune, une locomotive parcourant treize lieues à l'heure mettrait trois cent huit jours à parvenir d'un globe à l'autre. Pour aller de la terre au soleil sur un véhicule quelconque, faisant cinquante lieues à l'heure, ou douze cents kilomètres par jour, ou encore quatre cent trente-huit mille kilomètres par an, on mettrait seulement trois siècles et demi. Vous voyez qu'on ferait bien de dire adieu à ses amis et d'emporter des vivres pour soi et ses descendants ; car ceux qui arriveraient au but seraient au moins les arrière-petits-neveux de ceux qui seraient partis.

Jupiter, qui est la plus grosse de toutes les planètes du système solaire (son volume égale 1,414 fois celui de la terre), est à deux cents millions de lieues du soleil, et met onze de nos années à accomplir sa révolution autour de cet astre ; en revanche, son mouvement de rotation sur lui-même est d'une rapidité prodigieuse, puisqu'il s'exécute en moins de dix heures. En d'autres termes, l'année de Jupiter équivaut à onze des nôtres, et le jour, qui dure chez nous vingt-quatre heures, ne dure que les cinq douzièmes environ de ce temps. Au surplus, d'après l'énorme distance qui sépare cette planète du soleil, il est permis de croire que pour ses habitants — si elle en a, ce qui n'est nullement invraisemblable — le jour diffère peu de la nuit et l'hiver de l'été. Ces pauvres gens vivent constamment dans une sorte de pénombre faiblement éclairée par leurs quatre lunes, et par le soleil qui ne leur paraît que comme une cinquième lune, un peu plus lumineuse et un peu plus chaude que les quatre autres, et douée d'un mouvement particulier.

ÉDOUARD. Mais savez-vous, monsieur, que tout cela est prodigieusement intéressant, et que, n'était ma conscience qui me défend de vous laisser vous fatiguer davantage, je passerais volontiers plusieurs heures à voyager avec vous, non plus dans votre chambre, mais à travers les mondes ?

MOI. Je savais bien que vous y prendriez goût. Suivez donc mes conseils, lisez les livres que je vous ai indiqués, et venez me prendre un de ces soirs pour que je vous conduise à l'observatoire de la place de la Concorde.

ÉDOUARD. Je n'aurai garde d'y manquer. Mais aujourd'hui je ne vous questionnerai pas davantage. Le froid devient pénétrant ; je serais coupable de vous retenir sur ce balcon, et moi je dois songer enfin à regagner mon gîte.

Nous rentrâmes, et ce ne fut pas sans plaisir que nous nous rapprochâmes de la cheminée.

— Tandis que vous renouvelez votre provision de calorique, dis-je à Édouard, le moment serait venu de vous exposer, en manière de conclusion philosophique, mes idées sur les rapports présents et à venir de la science avec la littérature et les arts.

Édouard. Je n'osais pas vous le demander.

Moi. Et moi je n'ose plus vous l'offrir : onze heures sont sonnées, et nous avons tous les deux besoin de repos. Cependant, chose promise, chose due... Je vais donc essayer de vous dire sommairement quelle est, selon moi, la part réservée à la science dans l'œuvre de la civilisation, et pourquoi j'estime qu'il n'est permis désormais à aucun homme dont le cerveau pense et travaille d'y demeurer étranger ; quelle que soit d'ailleurs sa spécialité, s'il en a une, et pourvu qu'il ait le moindre souci du mouvement des idées, des productions de l'esprit et du progrès moral et intellectuel de l'humanité. Je vous ajourne, pour les développements que comporte cette vaste thèse, à l'époque indéterminée où il me sera possible de la traiter doctoralement dans quelque discours à l'adresse d'une académie.

Je n'insisterai point sur les bienfaits matériels de la science. C'est en accordant à ces bienfaits trop d'importance, en les vantant outre mesure et en s'appliquant avec trop d'âpreté à les multiplier et à les exploiter, que les *hommes pratiques* de nos jours ont fait déchoir la science de sa majesté souveraine. A les en croire, la science n'est grande, belle et bonne que parce qu'elle a produit les machines à vapeur, les chemins de fer, le télégraphe — parce qu'elle creuse des mines et travaille des métaux — parce qu'elle prépare des teintures et façonne des tissus — parce qu'elle amende et fertilise les terres, perfectionne les cultures, acclimate des plantes et des animaux utiles... Ne parlez pas à ces gens-là de théories, d'hypothèses, de systèmes philosophiques : ils sont des *hommes pratiques*; ils ne s'amusent point à ces balivernes, bonnes pour des songe-creux, et pour lesquelles ils professent, comme pour tout ce qui est du domaine de la raison pure ou de l'imagination, un superbe dédain.

Ce n'est pas moi, certes, qui médirai des applications de la science; mais, à vous parler franchement, je les estime beaucoup moins en raison de l'accroissement qu'elles sont censées avoir donné au bien-être matériel des populations — et qui me semble au fond très-contestable — que parce que j'y vois autant de preuves glorieuses de ce que peut le génie de l'homme.

Et aussi ce que je préfère de beaucoup aux machines locomotives ou autres, aux procédés chimiques, aux inventions de toutes sortes dont on fait tant de bruit, ce sont précisément ces théories, ces hypothèses que j'essayais ce matin de vous expliquer, et auxquelles vous avez rendu un juste hommage, lorsque vous avez dit : « Je commence à croire que la science, en recherchant le Vrai, doit arriver au Beau plus sûrement que l'art et la poésie. »

C'est, en effet, parce que la science est proprement la recherche du vrai en toutes choses, qu'elle est sublime et vraiment utile. C'est pour cela qu'elle est, ou plutôt devrait être le fondement essentiel de toute œuvre ayant pour but la réalisation du beau, en quelque genre que ce soit.

Voilà ce que les anciens comprenaient parfaitement; ce que comprenaient également les grands esprits du dix-septième et du dix-huitième siècle, mais que, dans le nôtre, savants, philosophes, littérateurs, ont beaucoup trop oublié. Les premiers, pour la plupart, ne se doutent point que la science est destinée à régénérer la littérature, la philosophie — qui sait? — la poésie peut-être ; et que, pour cela, il est nécessaire qu'elle se fasse littéraire, philosophique — poétique, au besoin : — ce qu'elle n'est point du tout aujourd'hui.

Absorbés par des calculs abstraits, des observations assidues ou de minutieuses expériences, ils s'élèvent rarement à la conception des idées générales, qu'il importerait surtout d'acquérir et de propager. Lorsqu'ils entreprennent d'exposer les résultats de leurs recherches, ils le font d'ordinaire sans méthode et sans art, et dans une langue qui, le plus souvent, aurait besoin d'être traduite pour être comprise. En un mot, ils travaillent, parlent, écrivent comme si la science n'était qu'à leur usage, et qu'ils fussent chargés d'être savants au lieu et place du reste des hommes. Tant il y a que, s'il se répand un peu de science parmi le public, ce n'est point par le fait des savants de profession, mais d'un très-petit nombre d'écrivains demi-savants, qui prennent le rôle de vulgarisateurs et s'efforcent de mettre la science à la portée de tout le monde.

Quant aux philosophes, ils font consister leur philosophie dans de vaines dissertations sur le *moi* et le *non moi*, l'*objectif* et le *subjectif*, et d'autres subtilités de ce genre. Aussi, qu'est devenue entre leurs mains cette magnifique étude, qui jadis embrassait presque la totalité des connaissances humaines et ne distinguait point la science de la sagesse ?...

La poésie est morte, comme la philosophie. Le fond et la forme lui manquent à la fois. La littérature se soutient encore, ou plutôt se débat contre l'épuisement qui de jour en jour l'envahit. Elle s'agite fiévreuse, haletante de sa fécondité morbide, entre les mièvreries sentimentales du *classicisme*, devenu romanesque, et les trivialités de l'école dite réaliste, produit dégénéré du romantisme.

Les arts enfin se ressentent naturellement de l'anarchie qui désole la république des lettres. On fait toujours des tableaux, des statues et des partitions ; mais l'inspiration, la foi, le sentiment de la beauté, de l'harmonie manquent aux artistes comme aux gens de lettres et aux philosophes.

Que faire donc, sinon de revenir à la nature, source inépuisable de toute création, mais à la nature sérieusement étudiée, consciencieusement interrogée et fouillée, c'est-à-dire à la science, qui ne vieillit ni ne s'épuise, qui sans cesse découvre, invente et transforme, répand sur toutes choses la lumière, corrige les erreurs, fait justice des préjugés et guide l'esprit humain dans la seule voie digne de lui : celle de la vérité?

Je crus pouvoir convenablement terminer mon discours sur cette période. Je m'arrêtai donc, et de fait il m'eût été difficile de prononcer quatre paroles de plus. Mon hôte s'en aperçut, et, sans me laisser le temps de lui renouveler mes recommandations, il m'accabla de remercîments ; il me promit que j'aurais bientôt des nouvelles de ses progrès dans les sciences ; il m'assura enfin que dans aucun voyage il n'avait eu autant d'agrément avec moins de fatigue, et que peu de journées en sa vie lui avaient paru aussi courtes.

Puissiez-vous, gracieuses lectrices et honorables lecteurs, être de son avis!

FIN.

TABLE DES MATIÈRES.

PRÉFACE-ANECDOTE.

INTRODUCTION.

CHAPITRE I.

CHAPITRE II.

CHAPITRE III.

Pages.

CHAPITRE IV.

CHAPITRE V.

CHAPITRE VI.

CHAPITRE VII.

CHAPITRE VIII.

CHAPITRE IX.

CHAPITRE X.

CHAPITRE XI.

CHAPITRE XII.

CHAPITRE XIII.

CHAPITRE XIV.

CHAPITRE XV.

CHAPITRE XVI.

CHAPITRE XVII.

CHAPITRE XVIII.

CHAPITRE XIX.

FIN DE LA TABLE DES MATIÈRES.

Paris. — Typographie HENNUYER, rue du Boulevard, 7.

www.ingramcontent.com/pod-product-compliance
Ingram Content Group UK Ltd.
Pitfield, Milton Keynes, MK11 3LW, UK
UKHW020318200726
13857UKWH00001B/204